유니그래픽스 3D CAD 실습

NX모델링&가공

이광수 · 공성일 공저

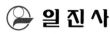 일진사

머리말 foreword

최근 4차 산업 혁명의 도구로 개인용 3D 프린터가 급속히 보급되고 있다. 이에 따라 3D 프린팅 데이터를 만들어 주는 모델링 소프트웨어에 대한 시장도 민감하게 바뀌고 있다. 즉, 산업 현장은 물론 개인적으로도 사용하기 쉽고 안정적이며, 다양한 기능을 탑재한 3D CAD의 요구가 더욱 커지고 있는 실정이다.

최근 SIEMENS에서는 이러한 외부 환경 변화와 비대면 수업에 대응하여 대폭 개선된 학생용 버전이 출시되었다. 많은 부분이 개선되다 보니 기존 버전을 사용하는 작업자들에게는 무척 낯설어 사용하기 어려울 수 있다. 따라서 본 저자는 최신 버전인 학생용의 기능을 가장 적절히 전달할 수 있는 과제를 선정하여 이 책을 집필하였다. 특히 NX의 세밀한 그림 및 정확한 명령 순서 기술, 그리고 동영상을 제작하였다. 또한, 설계자가 설계한 기기나 제품들의 동작 테스트를 위해 Motion Simulation을 새롭게 추가하여 현업 기구 설계나 자동화 설계 사용자의 요구를 반영하였으며, CAM 기능에 대한 내용을 보강하여 따라하기 쉽도록 다음과 같은 특징으로 구성하였다.

첫째, 학습자 중심으로 설계하였다.
NX 입문자가 내용을 이해하는 데 걸리는 시간을 최소화하고, 수업 시뮬레이션을 실시하여 그 내용을 누구나 쉽고 빠르게 따라 할 수 있도록 편집하였다.

둘째, 산업 현장에서 사용자의 요구에 맞추어 제작하였다.
현장 전문가와 교육 전문가 등이 참여한 검증을 통해 현장 입문자에게 맞도록 최적화하였다.

셋째, 관련 자격증 시험을 준비하는 사람들에게 적합하도록 구성하였다.
컴퓨터응용가공산업기사, 기계설계산업기사, 사출금형산업기사, 전산응용기계제도기능사, 컴퓨터응용밀링기능사를 준비하는 수험자가 신속히 관련 기능을 습득할 수 있도록 하였다.

넷째, 세밀하고 적절한 동영상 콘텐츠를 첨부하였다.
본 교재 동영상은 책자와 그 내용이 일치하고 상호 보완적으로 학습 효과를 올릴 수 있도록 하였다.

이 책은 학습자에게 유용하고 효과적인 지름길을 제공하리라 여겨지며, 검토를 해주신 교수님들과 현장 실무자들께 감사를 전한다. 끝으로, 이 책을 출판하기까지 여러모로 도와주신 도서출판 **일진사** 직원 여러분께 감사드린다.

저자 씀

차 례 contents

Chapter 5 Drafting 작업하기

Chapter 6 분해·조립 및 Motion Simulation

Chapter 7 CAM 가공하기

NX의 환경과 구성

1 ▶▶ NX의 초기 화면

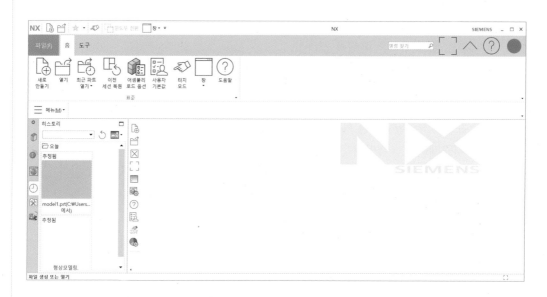

NX를 실행하면 위와 같은 화면이 나타난다. 주요 아이콘별 기능은 다음과 같다.

① 새로 만들기 : 새로운 작업을 시작할 때 선택한다.

② 열기 : 기존에 저장된 작업 파일을 불러온다.

③ 최근 파트 열기 : 가장 최근에 작업한 데이터를 불러온다.

④ 어셈블리 로드 옵션 : 파트 파일이 로드되는 방법과 로드 위치를 정의한다.

⑤ 사용자 기본값 : 사이트, 그룹, 사용자 수준에서 명령과 다이얼로그의 초기 설정과 매개 변수를 제어한다.

⑥ 터치 모드 : UI 요소 주변에 약간의 공간을 추가하여 이러한 UI 요소를 터치하기 쉬운 화면에서 탭할 수 있도록 한다.

새로 만들기를 클릭하면 다음과 같은 새로 만들기 창이 나온다.

주요 탭의 기능은 아래와 같다.

① 모델 : 3차원 공간 상에서 형상을 그린다. 모델링, 어셈블리, 솔리드, NX Sheet Metal 등의 작업을 할 수 있다.
② 도면 : 작업된 3차원 형상의 데이터를 기반으로 2차원 도면을 작성한다.
③ 시뮬레이션 : 작업된 3차원 형상을 기반으로 유한 요소 해석을 한다. MSC Nastran Analysis 등의 해석이 가능하며, Nastran을 기본 Solver로 사용하고 있다.
④ 제조 : CAM 가공을 위한 NC 데이터를 생성한다. CNC 밀링이나 선반과 같은 가공에 필요한 데이터를 생성 정의한다.
⑤ 검사 : 제품에 대한 모델링 파일을 기준으로 검사 프로그램 데이터를 생성한다. 부품의 모델링 파일을 기준으로 측정기를 이용하여 모델링한 데이터와 실제 구현화된 물체를 측정기를 이용하여 측정 검사 프로그램 데이터를 생성한다.
⑥ 메카트로닉스 개념 설계자 : 대화형으로 기계 시스템의 복잡한 움직임을 시뮬레이션하는 응용 프로그램이다.
⑦ 선박 구조 : 선박 설계를 위한 Application으로 선박 설계의 서로 다른 단계를 각각 지원하는 3개의 Application으로 구성되어 있다.
⑧ Line Designer : 제품 생산 라인의 도면을 설계하고 시각화하는 데 사용한다.

NX 9.0 이전 버전에서는 파일 저장 경로의 폴더나 파일 이름은 영문자와 숫자만 인식할 수 있어 폴더나 파일 이름은 반드시 영문자와 숫자만을 사용하였다. 그러나 NX 10.0부터는 영문자와 숫자뿐만 아니라 한글 및 특수문자도 인식할 수 있어 파일 저장 경로의 폴더나 파일 이름은 영문자, 숫자, 한글, 특수문자로 이루어져도 된다.

② ▸▸ NX의 화면 구성

모델 탭상에서 확인을 클릭하면 아래와 같은 NX 모델링 화면이 나온다.

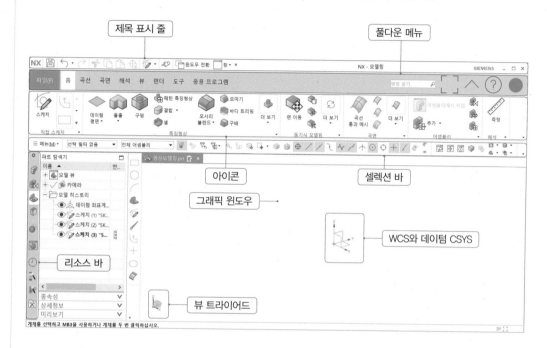

■ 제목 표시 줄(Title Bar)

  저장, 명령 취소(Ctrl+Z), 다시 실행(Ctrl+Y), 잘라내기(Ctrl+X), 복사(Ctrl+C), 붙여넣기(Ctrl+V), 마지막 명령 반복(F4) 등을 실행할 수 있으며, Window 창에서 새 윈도우 계단식 배열, 가로, 세로 바둑판 배열 등을 설정한다.

  현재 작업하는 NX ~ 응용 프로그램과 파일명을 표시한다.

■ 풀다운 메뉴(Full Down Menu)

① 파일(F) : 새로 만들기, 열기, 닫기, 데이터의 저장, 변환, 입력(가져오기), 출력(인쇄, 플로팅, 내보내기) 등을 할 수 있다. 유틸리티에서 환경 설정을 할 수 있으며, 최근 열린 파트가 있고 NX 응용 프로그램(Modeling, 판금, Shape Studio, 드래프팅, 고급 시뮬레이션, 동작 시뮬레이션, Manufacturing, Assembly 등)은 다양한 모듈(작업 환경)을 선택 전환할 수 있다.

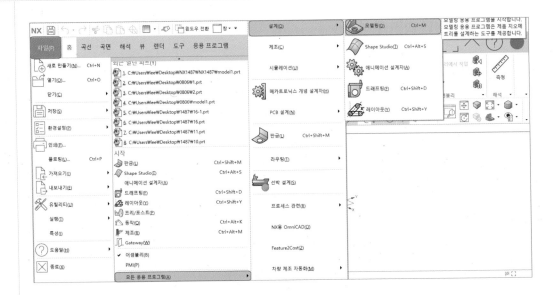

② 홈 : 직접 스케치, 특징형상 설계, 동기식 모델링, 곡면 등을 형상 모델링 및 편집 작업한다.

③ 곡선 : 직접 스케치, 곡선, 파생 곡선, 곡선 편집 등을 Sketch Task Environment(스케치 타스크 환경)의 스케치 모드에서 스케치한다.

④ 곡면 : 곡면, 곡면 오퍼레이션, 곡면 편집 등 곡면 형상을 모델링한다.

⑤ 해석 : 측정, 디스플레이, 곡선 형상, 면 형상, 관계 등 유한 요소 모델을 입력 파일로 만
든 후 솔버로 제출하여 결과를 계산한다. 이 명령은 고급 시뮬레이션 응용 프로그램에서
사용할 수 있다.

⑥ 뷰 : 방향, 가시성, 스타일, 시각화 등의 기능을 활용할 수 있다.

⑦ 렌더 : 렌더 모드, 설정 등을 한다.

⑧ 도구 : 유틸리티, 동영상, 체크 메이트, 재사용 라이브러리 등을 사용할 수 있다.

⑨ 응용 프로그램 : 설계, 제조 등 주요 응용 프로그램을 사용할 수 있다.

⑩ 풀다운 메뉴 추가 : 그래픽 윈도우 상단 공간에서 MB3(오른쪽 마우스 버튼)을 클릭하여 메뉴를 추가할 수 있으며, 사용자 정의에서 메뉴를 추가할 수 있다.

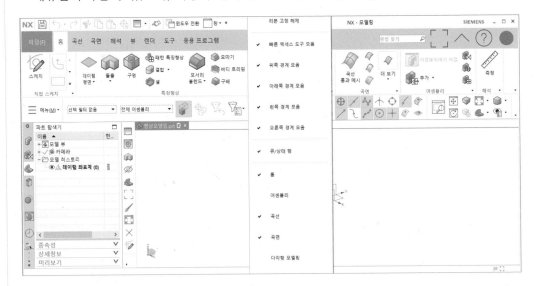

■ **명령어 아이콘**

NX의 기본적인 홈 모드 작업 아이콘들이다.

아이콘은 풀다운 메뉴에서 명령을 찾아 사용하는 번거로움을 줄여 준다. 또한 그래픽 윈도우 상단 공간에서 MB3 버튼을 클릭하여 팝업 메뉴에서 사용자 정의를 통해 필요한 아이콘을 재구성할 수 있다.

■ Top Border Bar

셀렉션 바(Selection Bar)에서는 사용자가 선택하려는 개체를 선택하기 쉽도록 도와주는 선택 필터와 뷰를 전환하는 View Group과 Application별로 전체 메뉴를 확인 가능한 풀다운 메뉴가 포함되어 있다.

① 유형 필터는 사용자가 선택하려는 요소를 쉽게 선택할 수 있도록 도와준다.

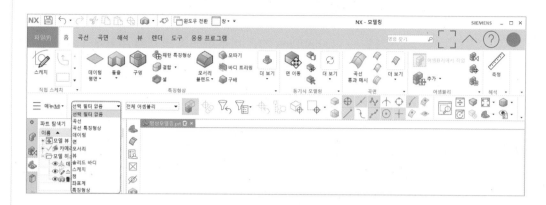

② **선택 범위**는 표시된 모델 부분을 선택하도록 해 준다(스케치/모델 영역 동일).

③ 스냅은 커브를 바로 그리거나 특정 포인트를 잡을 때 유용하며 스케치 모드에서도 같다.

- **스냅 점 활성** : 커브 생성 시 주요 포인트를 인식할 수 있도록 전체 스냅 기능을 활성화한다.
- **중간점** : 선 길이의 중간점을 인식한다.
- **폴** : 스플라인과 곡면의 폴을 선택 가능하도록 허용한다.
- **교차점** : 두 선이 교차하는 점을 인식한다.
- **사분점** : 원의 상하좌우점(사분점)을 인식한다.
- **곡선 상의 점** : 곡선 상에서 커서에 가장 근접한 부분을 인식한다.
- **파셋 꼭짓점 상의 점** : 커서 중심에 가장 가까운 파셋 바디의 꼭짓점을 선택 가능하도록 허용한다.
- **끝점** : 곡선의 끝점을 인식한다.
- **제어점** : 끝점, 접점, 중간점, 수직점 등 다양한 특성의 점을 인식한다.
- **정의점** : 스플라인과 곡면의 정의점을 선택 가능하도록 허용한다.
- **원호 중심** : 원의 중심점을 인식한다.
- **기존점** : 기존에 생성되어 있는 점을 인식한다.
- **면 위의 점** : 면 위에 있는 점을 인식한다.
- **둘러싼 눈금 상의 점** : 둘러싸인 눈금의 스냅 점을 선택하도록 허용한다.

④ QuickPick 창

QuickPick 창은 마우스 커서를 개체 주위에서 잠시 멈추어 있으면 □□□ 작은 사각형 3개가 나타날 때 클릭하면 QuickPick 창이 나타난다.

■ 그래픽 윈도우(Graphic Window)

초기에는 2개가 서로 겹쳐진 상태

모델링 환경으로 NX를 시작하면 작업 창에 WCS와 Datum CSYS를 확인할 수 있다.

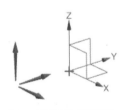

Datum CSYS(좌), WCS(우)

• Datum CSYS는 3개의 축(X축, Y축, Z축)과 3개의 평면(XY 평면, YZ 평면, XZ 평면) 그리고 1개의 점으로 구성되어 있으며, 커브를 생성하거나 다양한 특징형상을 생성할 때 기준으로 사용하거나 참조할 수 있다.
• WCS는 작업 좌표계로 최초 위치는 절대 좌표 원점에 있으며 WCS를 이동하여 참조 좌표계로도 사용할 수 있다.

■ 뷰 트라이어드(View Triad)

화면 좌측 하단에도 데이텀 좌표계와 유사하게 생긴 ABS 뷰가 보인다. 작업 창의 절대 좌표계 방향을 나타내며 일종의 나침반 역할을 한다.

■ 리소스 바(Resource Bar)

리소스 바는 작업 시 필요한 다양한 기능을 제공한다.

① 📦 어셈블리 탐색기 : 조립된 제품의 상태를 트리 구조로 보여준다.
② 🔧 구속조건 탐색기 : 조립된 부품들의 상호 구속조건 상태를 보여준다.
③ ✏️ 파트 탐색기 : 부품 작업 요소 간의 상호 관계 구조 등을 보여준다.
④ 📦 재사용 라이브러리 : 자주 사용하는 개체를 라이브러리화한 후 필요할 때 꺼내어 사용할 수 있다.
⑤ 🔵 HD 3D 도구 : HD 3D 기술로 설계를 확인하고, 제품 요구 사항을 검증한다. 시각적

도구를 사용하면 그래픽 윈도우에서 정보를 개체 상에 시각화할 수 있고 체크 메이트는 제품 검사를 할 수 있다.

⑥ 🌐 웹 브라우저 : Web 주소를 입력하여 실시간으로 온라인 작업을 할 수 있다.

⑦ 🕐 히스토리 : 사용자가 작업한 과거 내용을 보여준다.

⑧ 👤 역할 : 메뉴, 도구 모음, 아이콘 크기 팁 등 사용자가 주로 사용하기 편한 기능들을 메뉴화하여 선택할 수 있도록 한다.

■ 직접 스케치

직접 스케치 메뉴는 여러 단계를 거치지 않고 직접 스케치하고 모델링을 할 수 있다.

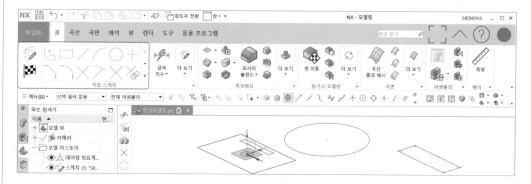

① ✏️ 스케치 생성 : 현재 상태에서 스케치를 생성하고자 할 때 사용한다. 유형 평면에서 새로운 평면이나 좌표계에서 또는 기존 평면이나 면에서 스케치를 생성할 수 있다. 경로에서 Variational Sweep 같은 명령에 대한 입력을 구성하여 경로 상의 스케치를 생성할 수 있다. 평면에서 옵션 스케치 평면 방법 추정 타임스탬프 순서의 스케치 앞에 나타나는 평면 또는 평면형 면을 선택할 수 있다.

② ❎ 스케치 종료(Ctrl+C)

③ 스케치 타스크 환경에서 열기 : 「홈 → 더 보기 → 스케치 특징형상 → 스케치 타스크 환경에서 열기」를 클릭하면 타스크 환경의 스케치로 변환된다.

■ 메뉴(M)

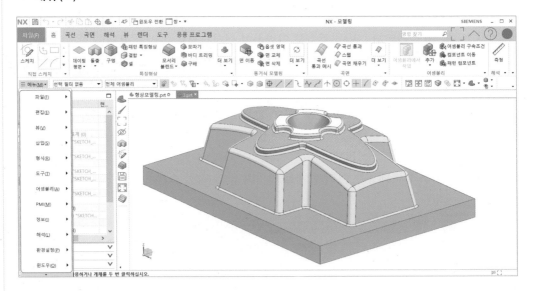

① 파일(F) : 새로 만들기, 열기, 닫기, 데이터의 저장, 변환, 입력(가져오기), 출력(인쇄, 플로팅, 내보내기), 유틸리티 등을 할 수 있다.

② 편집(E) : 실행 취소(Ctrl+Z), 복사(Ctrl+C), 붙여넣기(Ctrl+V), 특징형상 복사, 화면 복사, 삭제, 개체 화면 표시(Ctrl+I), 표시 및 숨기기(Ctrl+W), 개체 이동(Ctrl+T), 스케치 편집 등을 할 수 있다.

③ 뷰(V) : 오퍼레이션, 단면, 시각화, 카메라, 레이아웃 등의 기능을 활용할 수 있다.

④ 삽입(S) : 스케치 곡선을 비롯하여 특징형상 설계, 형상 모델링 및 편집 등 대부분의 모델링 작업을 삽입에서 한다.

⑤ 형식(R) : 레이어 설정, 뷰에서 보이는 레이어, 레이어 카테고리, 레이어 복사, 레이어 이동 WCS, 파트 모듈, 그룹, 패턴 등의 기능을 활용할 수 있다.

⑥ 도구(T) : 사용자 정의 다이얼로그의 옵션 탭에서 메뉴, 아이콘 크기 및 도구 정보 표시를 개별화할 수 있다.

⑦ 어셈블리(A) : 어셈블리 응용 프로그램은 어셈블리를 생성하는 도구를 제공한다. 어셈블리는 설계 작업에 있어 실제로 작업하기 전에 모의 형상을 생성할 수 있다. 조립되는 부품들의 조립 상태, 거리, 각도 등을 측정할 수 있으며, 부품을 분해 조립하는 데 필요한 동작 등을 검증할 수 있다.

⑧ 정보(I) : 정보 옵션은 선택한 개체, 수식, 파트, 레이어 등에 대해 일반적인 정보와 구체적인 정보를 제공한다. 정보 윈도우에는 데이터가 표시된다.

⑨ 해석(L) : 유한 요소 모델을 입력 파일로 만든 후 솔버로 제출하여 결과를 계산한다.

⑩ 환경 설정(P) : 환경 설정은 선택 유형, 화면 표시 옵션, 좌표계, IPW 등 NX의 모든 환경을 설정한다. ugii_env.dat 파일 또는 세션이 실행되는 셀에서 환경 변수를 정의할 수 있다.

⑪ 윈도우(O) : 새 윈도우, 계단식 배열, 가로 세로 바둑판 배열 등을 설정한다. 윈도우 스타일, 윈도우 스타일 옵션은 윈도우 플랫폼에서만 사용할 수 있다.

⑫ 도움말(H) : 설명, 보기 등 도움말을 제공한다.

③ ▶▶ 마우스의 기능

NX는 휠 마우스를 기본으로 사용한다.

① 왼쪽 마우스 버튼(MB1) : 아이콘, 메뉴, 개체 등을 선택할 때 사용한다(Shift+MB1은 선택된 요소를 해제).

② 가운데 마우스 버튼(MB2) : 휠을 스크롤함으로써 줌인, 줌아웃을 실행하며 누른 상태에서 모델을 다양한 방향으로 돌려볼 수 있다(Shift+MB2는 Pan 기능).

③ 오른쪽 마우스 버튼(MB3)

● MB3 기능 1

커서를 그래픽 윈도우 화면에 놓고 MB3를 짧게 클릭하면 자주 사용하는 다른 기능이 화면에 팝업된다.

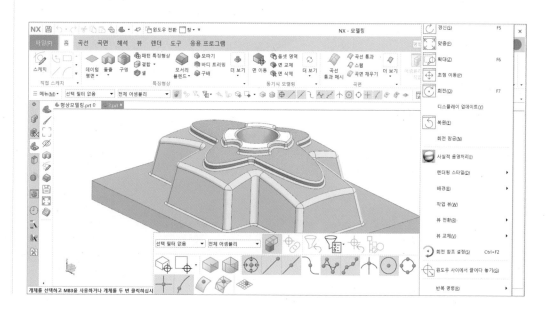

● MB3 기능 2

커서를 그래픽 윈도우 화면에 놓고 오른쪽 마우스 버튼(MB3)을 꾹 길게 클릭하면 아래와 같은 기능이 나온다.

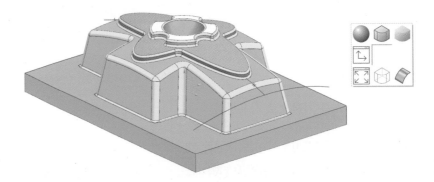

아이콘은 형상을 전체 화면에 꽉 차게 맞춰 주며, 그 외 아이콘은 모델을 와이어 프레임이나 솔리드 방식 등으로 보여 준다.

● MB3 기능 3

커서를 모델링 요소에 두고 MB3를 클릭하면 해당 요소를 삭제, 숨기기, 억제 등을 할 수 있는 기능이 나타난다(숨기기된 요소는 Ctrl+Shift+U로 다시 복원된다).

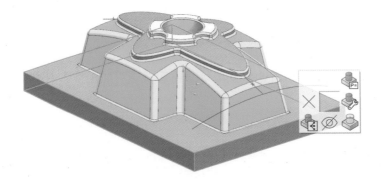

● Ctrl+Shift+마우스 기능

그 외 Ctrl+Shift를 누른 상태에서 각 마우스 버튼을 클릭하면 또 다른 다양한 기능을 사용할 수 있다(해당 기능은 풀다운 메뉴나 아이콘에 존재하는 명령을 더 신속히 호출하기 위함).

Ctrl + Shift + MB1   Ctrl + Shift + MB2   Ctrl + Shift + MB3

4 ▶▶ 단축키

❶ 단축키 생성

01 ≫ 그래픽 윈도우 상단 공간에서 MB3 → 사용자 정의

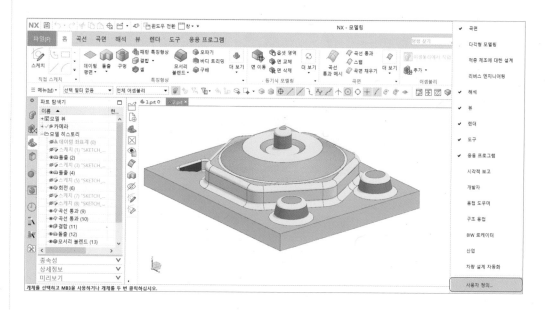

02 ≫ 명령 → 키보드

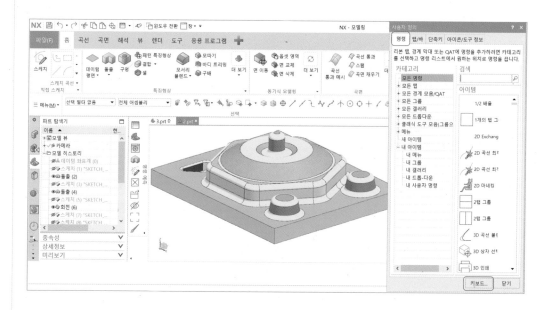

03 >> 카테고리 → 메뉴 → 삽입 → 곡선 → 특징형상 설계 → 명령 →회전(R) → 새 단축
키 누르기 → Ctrl+R → 할당

💡 Ctrl+R을 입력하고 할당을 클릭하면 ⭕ Ctrl+R 전역 이 생성된다.

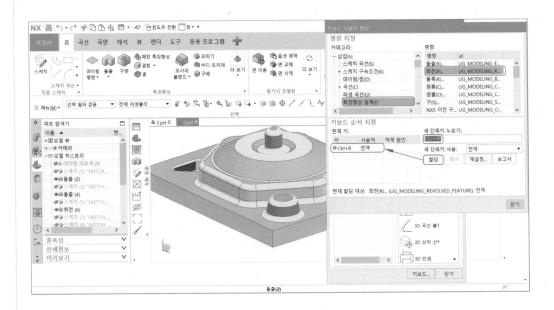

❷ 단축키 제거

01 >> 카테고리 → 메뉴 → 삽입 → 곡선 → 특징형상 설계 → 명령 → 회전(R) → 현재 키
→ ⭕ Ctrl+R 전역 → 제거

💡 ⭕ Ctrl+R 전역 을 선택하고 제거를 클릭하면 ⭕ Ctrl+R 전역 이 제거된다.

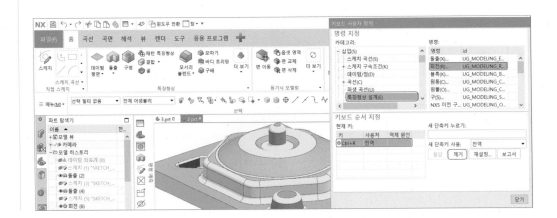

5 ▶▶ 사용자 언어 설정

바탕 화면 → 내 컴퓨터 선택 → MB3 → 속성 → 고급 시스템 설정 → 고급 → 환경 변수
→ 시스템 변수 → UGII_LANG 더블 클릭

💡 윈도우 버전에 따라 바탕 화면에서 내 컴퓨터 속성의 고급 시스템 설정까지 들어가는 것은
다소 차이가 있다.

변수 값 → korean(한글) 또는 english(영문)

시스템 변수 편집	
변수 이름(N):	UGII_LANG
변수 값(V):	korean
디렉터리 찾아보기(D)... 파일 찾아보기(F)...	확인 취소

또는

시스템 변수 편집	
변수 이름(N):	UGII_LANG
변수 값(V):	english
디렉터리 찾아보기(D)... 파일 찾아보기(F)...	확인 취소

Chapter

2

스케치

1 스케치(Sketch)

스케치는 NX의 모델링을 하기 위한 기본 단계로 곡선 등 개체들 사이의 구속조건 기반 모델링의 핵심을 구성한다. 구속조건은 치수 사이의 수를 변수화하는 크기와 곡선과 곡선 관계를 정의하는 Geometry가 있으며, 신속하고 쉽게 변경할 수 있는 장점이 있다. 완료된 스케치는 필요에 따라 언제든지 수정이 가능하다.

① ▶▶ 직접 스케치

직접 스케치 메뉴는 여러 단계를 거치지 않고 직접 스케치하여 모델링을 할 수 있다.
홈에서 스케치( ) 아이콘을 클릭하면 다음과 같은 창이 뜬다.

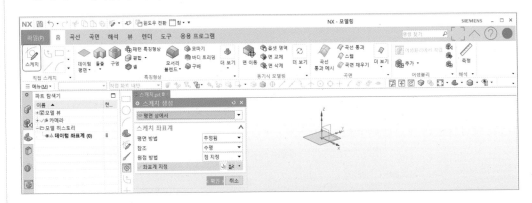

① 스케치 생성 : 홈 상태에서 스케치를 생성하고자 할 때 사용한다. 스케치 유형은 평면 상에서와 경로 상에서 할 수 있으며, 평면 상에서는 기존 평면을 선택하거나 새 평면을 생성하는 평면 선택 방법이 있다. 경로 상에서는 경로를 선택하여 경로 상의 스케치(On Path)를 생성할 수 있다.

- 평면 상에서 – 평면 상에 정의한다.

  데이텀 평면 등 기존의 평면에 면을 지정하여 작업 면을 구성한다.

  새롭게 데이텀 평면을 생성하여 작업 면을 구성한다.

- 경로 상에서 – 공간 상의 Curve에 정의한다.

  기존의 Plane이나 새로운 Plane 또는 Face를 지정하여 작업 면을 구성한다.

② 스케치 종료(Ctrl+C) : 스케치 작업을 종료하려면 스케치 종료 아이콘을 클릭하면 스케치가 종료된다.

③ 스케치 타스크 환경에서 열기 : 2D 스케치 상에서 스케치하는 기능이다.

직접 스케치 더 보기▼에서 스케치 타스크 환경에서 열기를 클릭하면 스케치 화면이 변환 된다.

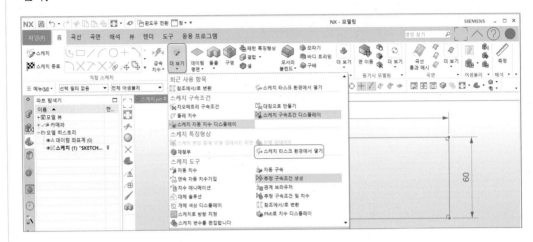

④ 스케치 타스크 환경에서의 스케치

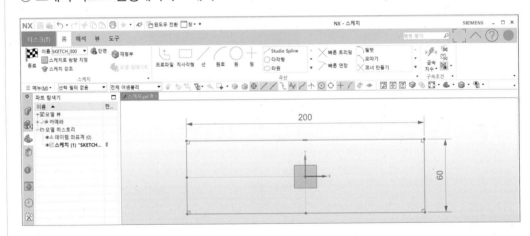

2 ▶▶ 스케치 도구

❶ ⌐ 프로파일(Z) : 스프링 모드에서 일련의 연결된 선/원호를 생성한다. 즉, 최종 선의 끝 이 다음 선의 시작이 된다. 끝점에서 잠시 MB1을 클릭한 상태로 움직이면 원호 작업도 가능하다. 좌표, 각도 및 길이 입력 작업이 가능하다.

프로파일을 실행하면 서브 메뉴가 나타난다.

서브 메뉴로 선 또는 원호를 선택하여 연속성 있는 곡선을 생성할 수 있다.

두 개의 점을 잇는 프로파일선으로 Esc 또는 마우스 볼을 클릭하면 선의 기능이 종료된다.

■ 홈 ⇨ 직접 스케치 ⇨ 프로파일( )
① 작업창에서 선의 시작점을 선택한다.

② 마우스를 수평으로 이동하여 길이 60과 각도 0을 입력하고 Enter↵ 한다.

③ 마우스를 수직으로 이동하여 길이 20과 각도 90을 입력하고 Enter↵ 한다.

④ 마우스를 수평으로 이동하여 길이 60과 각도 180을 입력하고 Enter↵ 한다.

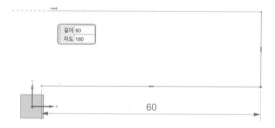

⑤ 마우스를 수직으로 이동하여 시작점을 클릭하여 사각형을 완성한다.

■ 선과 호 작성
① 첫 번째 점을 클릭 → 두 번째 점을 클릭한 상태

② 두 번째 점을 클릭한 후 팝업창에서 3점 원호를 선택하거나 마우스 왼쪽 버튼을 꾹 누르면 반경과 스위핑 각도 팝업창이 뜬다. 이 창에 반경 50과 스위핑 각도 150을 입력하고 Enter↵ 한다.

③ 마우스를 이동하여 다음 작업을 한다.

❷  직사각형(R) : 대각선 코너를 선택하여 직사각형을 생성한다.

사각형을 그리는 3가지 방법으로 직사각형을 그릴 수 있고, 2가지 방법으로 Parameter를 입력하거나 정의할 수 있다.

■ 홈 ⇨ 직접 스케치 ⇨ 직사각형(□)

By 2 Points : 아이콘의 그림과 같이 대각선 두 개의 점을 선택하여 그린다.	By 3 Points : 그림과 같이 3개의 모서리 점을 정의하여 그린다.	From Center : 그림과 같이 중심점을 기준으로 나머지 두 점을 정의하여 그린다.

❸ 선(L) : 선 특징형상을 생성하고, 단순 직선을 생성한다.

원하는 포인트를 클릭하여 생성하며, 좌표 및 길이, 각도 입력 등으로 작업이 가능하다. 원하는 축 방향으로 쉽게 커브를 생성할 수 있다.

■ 홈 ⇨ 직접 스케치 ⇨ 선(╱)

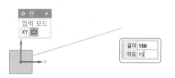

첫 번째 점을 클릭 → 두 번째 점은 길이, 각도를 입력하거나 점을 클릭한다.

❹ 원호(A) : 연속하는 3점을 지정하거나 중심 및 시작점, 끝점을 지정하여 그린다.

아이콘의 그림과 같이 3점을 이용한 생성 방식과 원호의 중심점, 시작점, 끝점을 이용한 생성 방식이 있다. 각 점은 좌표나 각도, 길이 등으로 입력할 수도 있다.

■ 홈 ⇨ 직접 스케치 ⇨ 원호(◠)

연속하는 3점 P₁, P₂, P₃ 또는 P₁, P₂를 반경으로 그린다.	중심 및 시작점, 끝점 또는 중심 및 시작점, 반경, 스위핑 각도로 그린다.
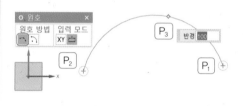	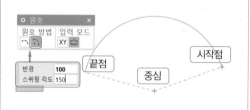

❺ 원 : 원은 중심과 지름을 지정하는 방법과 3점을 지정하는 방법이 있다.

아이콘의 그림과 같이 원호의 중심점과 지름 값을 이용한 생성 방식과 3점을 이용한 생성 방식이 있다.

■ 홈 ⇨ 직접 스케치 ⇨ 원(◯)

중심과 지름을 지정하는 방법	2점과 지름 또는 3점을 지정하는 방법

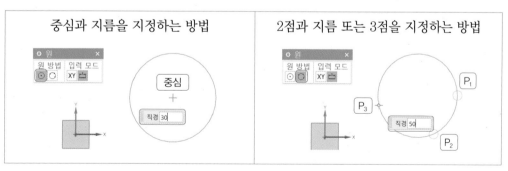

❻ 점 : 임의 점을 생성한다.

스케치 점을 생성한다.

■ 홈 ⇨ 직접 스케치 ⇨ 점(十)

마우스로 임의의 점을 생성하거나 선의 끝점, 중간점, 원의 중심점, 원의 사분점, 교차점 등을 클릭하여 점을 생성한다.

❼ 스튜디오 스플라인(S) : 다수의 점을 통과하는 곡선을 만든다.

- 유형 : 점 통과 플로의 두 가지 방식으로 스플라인을 생성할 수 있다.
- 점 위치 : 스튜디오 스플라인을 만들 줌을 클릭한다.
- 매개변수화 : 스플라인의 정의 데이터를 매개변수에 맞게 위치시키는 기능이다.
- 이동 : 스플라인의 방향과 방법을 정의한다.
- 연장 : 스플라인의 양쪽 끝 라인의 연장을 할 수 있는 기능이다.
- 설정 : 방향 도구 사용
- 상세 위치 지정 : 스플라인를 세밀하게 수정할 때 사용한다.
- 확인, 적용, 취소

■ 홈 ⇨ 직접 스케치 ⇨ ▼ ⇨ 추가 곡선 ⇨ 스튜디오 스플라인( )

점 통과로 그린 스플라인 : Degree값과 같은 양의 점을 선택하여 스플라인을 그린다. 그려진 스플라인은 폴 점을 이동하여 다시 정의할 수 있다.	폴로로 그린 스플라인 : Degree값보다 점을 한 개 더 정의하여 스플라인을 그린다.
	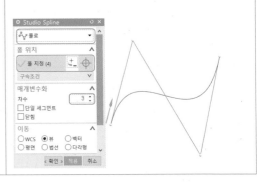

❽ ⬡ 다각형 : 지정한 변의 수를 가지는 다각형을 생성한다.

- 중심 점 : 다각형의 중심 포인트를 선택한다.
- 변 : 다각형의 변 수를 입력한다.
- 크기 : 다각형의 사이즈를 결정할 수 있다.
  - 내접 반경 : 내접원의 다각형 크기를 결정한다.
  - 외접 반경 : 외접원의 다각형 크기를 결정한다.
  - 변의 길이 : 변의 길이로 다각형의 크기를 결정한다.
  - 회전 : 다각형의 중심점에서 회전 각도를 결정한다.

■ 홈 ⇨ 직접 스케치 ⇨ ▼ ⇨ 추가 곡선 ⇨ 다각형(⬡)

오각형 그리기	육각형 그리기
중심점을 선택하고 변수를 입력한다. 두 번째 점은 내접 반경, 외접 반경, 변의 길이 중 하나를 선택하여 치수를 입력하고, 회전 각도를 입력한다.	

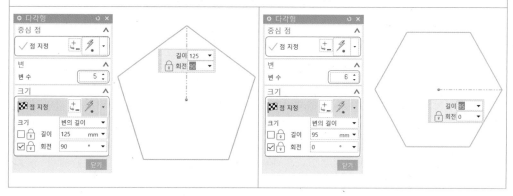

❾ ◯ 타원 : 중심과 원호 사이의 치수로 타원을 생성한다.

- 중심점 : 타원의 중심 포인트를 선택한다.
- 외반경 : 타원의 X축 방향의 반지름을 결정한다.
- 내반경 : 타원의 Y축 방향의 반지름을 결정한다.
- 한계 : 타원의 시작점에서 끝점을 각도로 결정한다.
- 회전 : X축을 기준으로 회전 각도를 결정한다.
- 미리보기

■ 홈 ⇨ 직접 스케치 ⇨ ▼ ⇨ 추가 곡선 ⇨ 타원(◯)

각도가 0°인 타원 그리기	각도가 30°인 타원 그리기
중심점 지정 ⇨ 외반경 : 70 ⇨ 내반경 : 110 ⇨ 회전 ⇨ 각도 : 0 ⇨ 확인	중심점 지정 ⇨ 외반경 : 70 ⇨ 내반경 : 110 ⇨ 회전 ⇨ 각도 : 30 ⇨ 확인

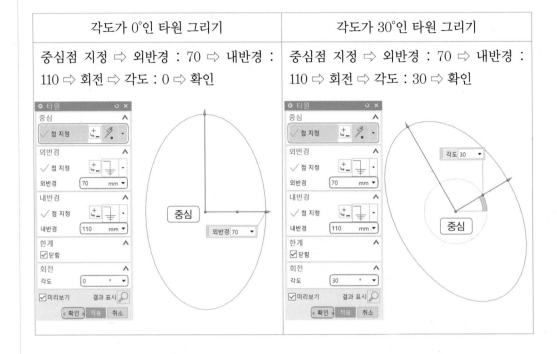

열린 타원 그리기
한계에서 □ 닫힘을 체크 해제하고 시작 각도와 끝 각도 값을 입력하면 값만큼 타원이 그려진다.

중심점 지정 ⇨ 외반경 : 70 ⇨ 내반경 : 110 ⇨ 한계 ⇨ □ 닫힘 체크 해제 ⇨ 시작 각도 : 0 ⇨ 끝 각도 : 270 ⇨ 회전 ⇨ 각도 : 0 ⇨ 확인

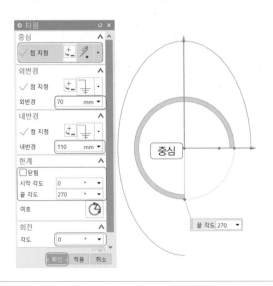

⑩ 🔲 옵셋 곡선 : 곡선을 외측이나 내측으로 지정 값만큼 옵셋한다.

■ 홈 ⇨ 직접 스케치 ⇨ ▼ ⇨ 추가 곡선 ⇨ 옵셋 곡선(🔲) ⇨ 옵셋할 곡선 ⇨ 곡선 선택 ⇨ 옵셋 ⇨ 거리 : 5 ⇨ 확인

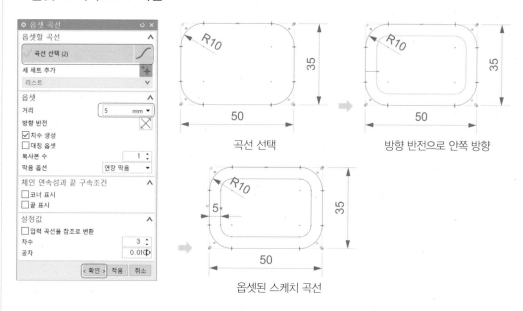

곡선 선택

방향 반전으로 안쪽 방향

옵셋된 스케치 곡선

⑪ ✂ 패턴 곡선 : 스케치 평면 상에 있는 곡선 체인에 패턴을 지정한다.

선형 패턴 : 객체를 일정한 간격의 행과 열로 배열하는 직사각형으로 일정한 거리를 유지하며 배열이 된다.	원형 패턴 : 원형 배열에서 객체의 기준점을 선택하면 중심점으로부터 일정한 거리를 유지하며 배열이 된다.
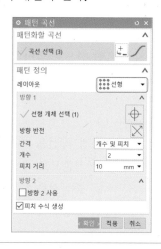	

■ 홈 ⇨ 직접 스케치 ⇨ ▼ ⇨ 추가 곡선 ⇨ 패턴 곡선(✂)⇨ 패턴화할 곡선 ⇨ 곡선 선택 ⇨ 패턴 정의 ⇨ 레이아웃 : 선형(원형)

스케치 곡선을 1개 또는 2개의 선형 객체 방향으로 배열하며, 배열 방법은 개수 및 피치, 개수 및 범위, 피치 및 범위를 선택하여 패턴한다.

스케치 곡선을 회전축 또는 점을 기준으로 방사형 방향으로 배열하며, 배열 방법은 개수 및 피치, 개수 및 범위, 피치 및 범위를 선택하여 패턴한다.

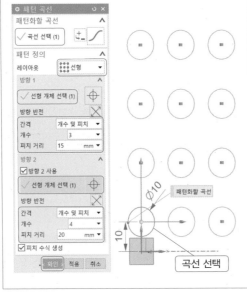

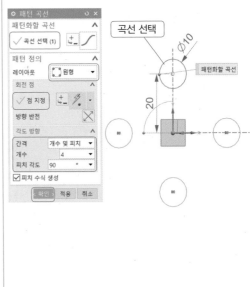

⑫ 🔺 대칭 곡선 : 스케치 평면 상에 있는 곡선 체인의 대칭 패턴을 지정한다.

- 대칭 곡선 : 대칭시킬 원본 곡선을 선택한다.
- 중심선 : 대칭할 곡선의 기준이 되는 데이텀 축 또는 직선을 말한다.
- ☑ 중심선을 참조로 변환을 체크하면 중심선이 참조선으로 변환되며, 체크하지 않으면 선으로 남아 있다.
  ☑ 끝 표시를 체크하면 끝점이 표시된다.

■ 홈 ⇨ 직접 스케치 ⇨ ▼ ⇨ 추가 곡선 ⇨ 대칭 곡선(🔺)

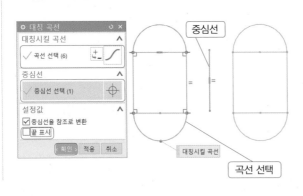

- 특정 곡선을 데이텀 축 또는 직선을 기준으로 곡선을 대칭한다.
- ☑ 중심선을 참조로 변환을 체크하면 중심선이 참조선으로 변환된다.

- 그림은 ☐ 끝 표시를 체크 해제

• 그림은 ☑ 끝 표시를 체크

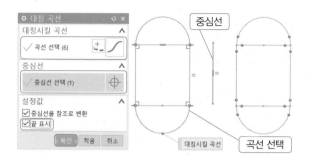

⓭ ✦ 교차점 : 곡선과 스케치 평면 사이에 교차점을 생성한다.

• 교차시킬 곡선 : 스케치 평면에 교차시킬 곡선을 선택한다.
• 설정값 : ☑ 연관

■ 홈 ⇨ 직접 스케치 ⇨ ▼ ⇨ 추가 곡선 ⇨ 교차점(✦)
 스케치 평면과 선택한 곡선의 교차되는 부분에 점을 생성시킨다.

⓮ 🖾 교차 곡선 : 면과 스케치 평면 사이에 교차 곡선을 생성한다.

• 교차시킬 면
 – 면 선택 : 교차 곡선을 생성하는 데 사용할 면을 선택
 – 사이클 솔루션 : 교차 곡선을 생성하는 다른 조건의 커브를 선택할 수 있다.
• 설정값
 – 구멍 무시 : 교차 커브를 생성할 때 ☑ 체크하면 구멍을 무시하고 교차 커브를 생성한다.
 – 곡선 결합 : ☑ 체크 시 여러 면에 있는 곡선을 단일 스플라인 곡선으로 병합한다. ☐ 체크 해제 시 각 면에 따른 일반 곡선으로 생성된다.
 – 곡선 맞춤 : 3차 수, 5차 수, 고급 곡선을 생성한다.
 – 거리 공차 : 거리 공차에 대한 값을 정의할 수 있다.

– 각도 공차 : 각도 공차에 대한 값을 정의할 수 있다.

■ 홈 ⇨ 직접 스케치 ⇨ ▼ ⇨ 추가 곡선 ⇨ 교차 곡선(🖼)

스케치 평면에 면이 교차할 때 이면과 스케치 사이에 교차 곡선을 생성한다.

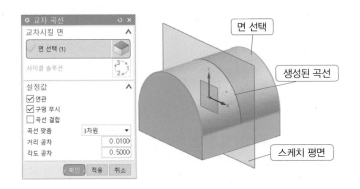

⑮ 🖼 곡선 투영 : 3차원으로 생성된 모서리, 곡선 등을 현재 스케치 면에 그대로 투영해 온다. 스케치 평면과 다른 위치에 있는 곡선이나 바디의 모서리를 스케치 평면에 투영시켜 새로운 곡선을 생성한다. 이때 Setting 의 Associative를 활성화시킬 경우 생성된 곡선은 원본 곡선과 연관성을 갖게 된다. 따라서 원본 곡선이 수정되면 연관성을 갖는 생성된 곡선도 같이 수정된다.

■ 홈 ⇨ 직접 스케치 ⇨ ▼ ⇨ 추가 곡선 ⇨ 곡선 투영(🖼)

스케치 평면과 다른 위치에 있는 곡선이나 바디의 모서리를 스케치 평면으로 투영시켜 새로운 곡선을 생성시킨다. 이때 ☑ 연관에 체크 할 경우, 생성된 곡선은 원본 곡선 과 연관성을 갖게 된다. 따라서 원 본 곡선이 수정되면 연관성을 갖는 생성된 곡선도 같이 수정된다.

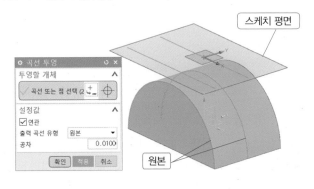

⑯ ⌒ 원뿔형 : 지정된 점을 통해 원뿔형 곡선을 생성한다.

• 한계

– 시작 점 : 처음 포인트를 선택한다.

– 끝 점 : 끝 점의 포인트를 선택한다.

• 제어 점 : 원뿔 형상의 꼭짓점을 선택한다.

• Rho : 1보다 작고 0.0보다 큰 값을 입력함으로써 원뿔 형상 의 꼭짓점 부분을 부드럽게 생성하는 기능이다.

⑰ ⬚ 파생선 : 선 하나를 선택하면 옵셋된 선을 만들 수 있고, 둘을 선택하면 두 선의 정중앙을 지나는 선을 생성한다. 단, 곡선은 파생선을 생성할 수 없다.

■ 홈 ⇨ 직접 스케치 ⇨ ▼ ⇨ 추가 곡선 ⇨ 파생선(⬚)

두 선 사이 거리의 중심 위치에 새로운 선을 생성하려 한다면 두 선을 차례로 선택하여 중심에 위치한 곳에 선을 생성한다.	두 선 사이 각도를 이등분 하는 선을 생성하고자 한다 면 두 선을 차례로 선택하 여 중심에 위치한 곳에 선 을 생성한다.	특정 한 선을 옵셋하려 한다면 선을 선택하고 옵셋 값을 입력하면 된다. 이때 마우스 포인트 위치가 옵셋 선이 생성되는 방향이 된다.

⑱ ⊹ 곡선 이동 : 곡선 세트를 이동하고 이에 따라 인접 곡선도 조절한다.

• 곡선 : 이동할 곡선을 선택한다.
• 변환 : 교차 경계 곡선 세트를 선택한다. 이동할 곡선의 거리와 각도 변환 방법을 지정한다.
• 확인, 적용, 취소

⑲ ⊹ 2D 곡선 최적화 : 2D 와이어프레임 지오메트리를 최적화한다.

• 곡선 및 점 : 곡선 및 점을 선택한다.
• 설정값
  – 거리 임계값을 설정한다.
  – 각도 임계값을 설정한다.
  – ☐ 점 포함을 체크 해제하면 선택된 곡선만 지정된다.

⑳ 기존의 곡선 추가 : 동일 평면 상의 기존 곡선을 추가하고 스케치를 가리킨다.

바꾸고자 하는 곡선을 선택한 후 확인 버튼을 클릭한다.

DXF 파일이 있을 경우 다시 스케치하는 것이 아니라 DXF 파일을 Open Sketch Curve로 변환하여 작업이 가능하다.

Existing Curve로 Curve를 변환하였을 때 기존의 Basic Curve는 변환되어 사라지므로 신중히 변환해야 한다.

㉑ ✕ 빠른 트리밍(T) : 교차한 선의 경우, 선택된 부분을 제거한다.

- 경계 곡선 : 트리밍을 하기 위한 경계 곡선
- 트리밍할 곡선 : 트리밍할 곡선을 선택한다.
- 설정값 : ☑ 경계 곡선에서의 트리밍에 체크

■ 홈 ⇨ 직접 스케치 ⇨ ▼ ⇨ 곡선 편집 ⇨ 빠른 트리밍 (✕)

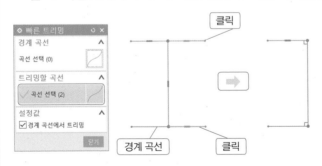

- 트리밍을 하기 위한 경계 곡선을 선택하지 않으면 걸친 모든 곡선이 기본적으로 경계 곡선으로 되어 트리밍할 수 있다.
- 트리밍하고자 하는 경계 곡선을 선택하면 선택된 곡선에 걸친 곡선만 트리밍할 수 있다.

㉒ ╱ 빠른 연장(E) : 선택된 선을 진행 방향의 교차할 선까지 연장한다.

- 경계 곡선 : 연장을 하기 위한 경계 곡선
- 연장할 곡선 : 연장할 곡선을 선택한다.
- 설정값 : ☑ 경계 곡선까지 연장에 체크

■ 홈 ➪ 직접 스케치 ➪ ▼ ➪ 곡선 편집 ➪ 빠른 연장 (⟋)

· 연장을 하기 위한 경계 곡선을 선택하지 않으면 모든 곡선이 기본적으로 경계 곡선으로 되어 연장할 수 있다.

· 연장하고자 하는 경계 곡선을 선택하면 선택된 곡선까지만 곡선 연장을 할 수 있다.

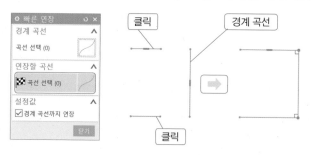

㉓ ⟋ 필렛(F) : 두 선을 지정하여 코너에 원호를 생성한다. 작업 후 잔여 선을 남기거나 제거할 수도 있다. 두 개의 곡선이 만나는 교차점을 선택하여 한 번에 필렛을 생성하며 Dynamic Input Box에 먼저 값을 입력하여 같은 동일한 필렛을 생성할 수 있다.

■ 홈 ➪ 직접 스케치 ➪ ▼ ➪ 곡선 편집 ➪ 필렛 (⌐)

트리밍 : 두 개의 곡선이 만나는 교차점에 필렛을 생성한다.	Untrim : 트리밍을 하지 않고 필렛만 생성한다.	세 번째 곡선 삭제 : 3개의 선에 필렛을 생성할 때 두 선 사이의 선, 즉 세 번째 선을 삭제한다.

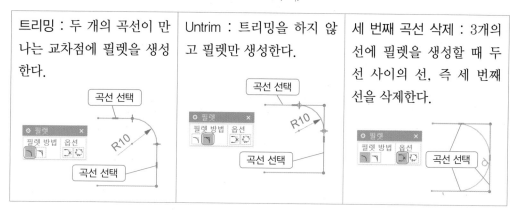

㉔ ⟋ 모따기 : 두 선을 모따기하며 활성 창에서 길이를 지정한다. 대칭, 비대칭, 옵셋 및 각도 등 다양한 모양으로 작업이 가능하다. 작업 후 잔여 선을 남기거나 제거할 수도 있다.

· 모따기할 곡선 : 접하는 두 개의 곡선을 선택한다.

☑ 입력 곡선 트리밍에 체크 시 모따기되는 구간의 곡선이 트리밍된다. ☐ 체크 해제 시 곡선이 남아 있는 상태에서 모따기가 진행이 된다.

· 옵셋 : 대칭, 비대칭, 옵셋 및 각도의 3가지 방법으로 모따기를 할 수 있다.

· 모따기 위치 : chamfer가 만들어지는 위치를 정의한다.

■ 홈 ⇨ 직접 스케치 ⇨ ▼ ⇨ 곡선 편집 ⇨ 모따기(◠)

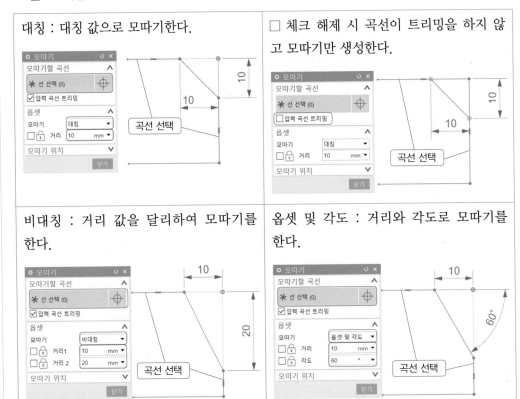

㉕ ✕ 코너 만들기 : 선택된 두 선을 연장하거나 잘라 모서리를 만든다.

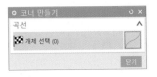

교차되는 2개의 Curve Corner를 트리밍 또는 연장할 때 사용한다.

㉖ 급속 치수 : 선택한 개체와 커서 위치로부터 치수 유형을 추정하여 치수 구속조건을 생성한다.

㉗ 지오메트리 구속조건(C) : 선택된 요소에 정의될 수 있는 다수의 구속을 제시한다. 여기서 선택하여 결정한다(🄒 고정, 수평, 수직, 접선 등).

㉘ 대칭으로 만들기 : 대칭선을 기준으로 좌우 혹은 상하의 두 요소를 상호 대칭되도록 한다.

㉙ 스케치 구속조건 디스플레이 : 활성 스케치의 지오메트리 구속조건을 표시한다.

㉚ ✎ 자동 구속 : 활성 창에 각 옵션을 체크하면 스케치 작업 시 해당 옵션이 자동으로 적용된다. 그려진 요소에 자동으로 구속조건을 부여할 수 있다.

㉛ ✎ 자동 치수 : 그려진 요소에 자동으로 치수를 부여할 수 있다.

㉜ ‖ 참조에서/로 변환 : 기존 선을 참조선으로 변환하거나 그 반대로 활성화한다.

㉝ ⌯ 대체 솔루션 : 정의된 치수 값을 기준으로 요소 위치를 바꾼다.

㉞ ⋈ 추정 구속조건 및 치수 : 커브 생성 시 자동으로 부여되는 구속조건을 정한다.

㉟ ⋈ 추정 구속조건 생성 : 자동 구속된 조건이 활성화된다.

㊱ ⋯ 연속 자동 치수 기입 : 커브 생성 시 자동으로 치수가 기입된다. 스케치 객체 생성 시 자동으로 치수를 생성하는 연속 자동 치수 기능을 On/Off 한다.

2 치수 입력

선택된 요소의 치수 형식을 추정하여 값을 입력한다. 원하는 바와 다를 경우, 오른쪽에 있는 삼각표를 클릭하여 수평, 수직, 지름, 각도 등으로 지정하여 작업한다.

■ 치수 입력의 기능과 아이콘

① ✎ 급속 치수 : 선택한 개체의 커서 위치로부터 치수 유형을 추정하여 치수 구속조건을 생성한다.

• 참조 : 치수를 기입할 첫 번째 개체와 두 번째 개체를 지정한다.

• 원점 : ☑ 자동으로 배치에 체크가 되어 있을 시 Method에 맞게 치수가 자동으로 기입된다.

• 측정 : 기입할 치수의 방법을 선택한다. 수평, 수직, 점-점, 직교, 원통형 치수를 선택한다.

② ✎ 자동 치수 : 설정된 규칙에 따라 곡선에 치수를 자동으로 생성한다.

• 치수기입할 곡선 : 치수 기입할 곡선 및 포인트를 선택한다.

• 자동 치수기입 규칙 : 선택한 Object의 완벽 구속을 적용할 룰의 순서를 정렬한다.

• 치수 유형 : 운전과 자동 두 가지의 타입으로 치수를 생성할 수 있다.

3 구속 조건

■ 선택된 요소에 정의될 수 있는 다수의 구속을 제시한다. 여기서 선택하여 결정한다.

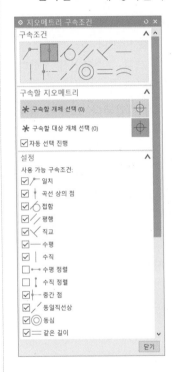

- 구속조건 : 사용할 구속조건을 선택한다.
- 구속할 지오메트리 : 구속에 적용할 개체를 선택한다.
  ☑ 자동 선택 진행을 체크하면 하나의 개체 선택 시 자동적으로 다음 과정으로 넘어간다.
- 설정
  - 사용 가능 구속조건 : ☑ 체크한 항목은 상단의 구속조건 탭에 사용 가능하도록 표시된다.

■ **스케치 구속조건**

기하학적 구속과 치수 구속을 적용하는 각 곡선에 대한 자유도는 제한되며, 스케치가 완전히 구속되면 스케치 내에서 개체는 구속된다. 이는 곧 각 요소의 스케치 자유도가 제거되는 것을 의미하며, 구속조건을 어떻게 사용하느냐에 따라 설계 변경이 편리해질 수도 어려워질 수도 있다.

① 일치(⟋) : 일치 구속조건을 사용하여 객체의 서로 다른 점과 점 또는 점과 곡선 끝점 등을 구속한다.

직선의 끝점과 끝점의 일치	직선의 끝점과 원의 중심점 일치	점과 점의 일치

② 곡선 상의 점(⫪) : 곡선 상의 점 구속조건을 사용하여 객체의 서로 다른 점과 곡선에 곡선 상의 점을 구속한다.

직선과 점의 곡선 상의 점 구속	원의 중심점과 직선의 곡선 상의 점 구속

③ **접함(⌒)** : 곡선이 서로 접하게 되는 구속조건은 모든 곡선이 다른 곡선에 접하도록 한다. 물리적으로 점을 공유하지 않더라도 곡선은 다른 곡선에 접할 수 있다.

직선과 원의 접함 구속	원과 원호의 접함 구속

④ **평행(∥)** : 평행 구속조건은 선과 선 또는 선과 타원 축을 서로 평행하게 배치되도록 한다.

선과 선의 평행 구속조건	선과 타원의 평행 구속조건

⑤ **직교(⊿)** : 직각 구속조건은 선과 선 또는 선과 타원 축을 서로 $90°$가 되도록 배치한다.

선과 선의 직교 구속조건	선과 원호의 직교 구속조건

⑥ **수평(一)** : 수평 구속조건은 선, 타원 축 또는 점(점과 점)을 좌표계의 X축에 평행하게 배치한다.

선의 수평 구속조건	타원의 수평 구속조건

⑦ 수직(|) : 수직 구속조건은 선, 타원 축 또는 점(점과 점)을 좌표계의 Y축에 평행하게 배치한다.

선의 수직 구속조건	타원의 수직 구속조건

⑧ 중간점(⊢) : 점을 직선 혹은 곡선의 중간 위치로 구속한다.

점을 직선 중간 위치로 구속	선의 끝점을 직선 중간 위치로 구속

⑨ 동일직선상(╱) : 동일선상 구속조건은 선택된 선과 선 또는 선과 데이텀 축의 동일선상에 구속한다.

선과 선의 동일선상 구속	선과 선의 동일선상 구속	선과 데이텀 축의 동일선상 구속

⑩ 동심(◎) : 동심 구속조건은 두 개 이상의 호, 원 또는 타원이 동일한 중심점을 갖게 한다.

원과 원의 동심 구속조건	타원과 원의 동심 구속조건

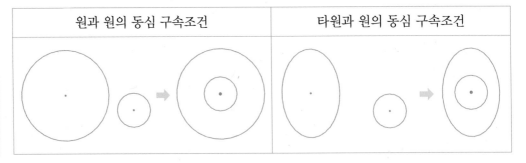

⑪ 같은 길이(〓) : 같은 길이 구속조건은 두 개 이상의 선과 선의 길이가 같도록 한다.

선과 선의 길이를 같은 길이로 구속	사다리꼴선의 길이를 같은 길이로 구속

⑫ 같은 반지름(〰) : 같은 반지름 구속조건은 두 개 이상의 원과 호의 반지름을 동일한 반지름으로 구속한다.

호와 호의 반지름을 동일한 반지름으로 구속	원과 호의 반지름을 동일한 반지름으로 구속

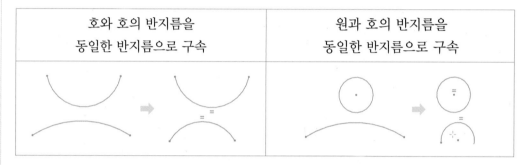

⑬ 고정(⊥) : 2D 객체의 위치를 구속한다.

⑭ 완전히 고정(⊥⊥) : 2D 객체의 위치와 길이를 완전히 구속한다.

⑮ 일정 각도(∠) : 직선의 각도를 일정하게 구속한다.

⑯ 일정 길이(↔) : 직선의 길이를 일정하게 구속한다.

⑰ 스트링 상의 점(⌐) : 투영된 곡선 상에 점이 위치하도록 구속한다.

⑱ 비-균일 배율(〰)

⑲ 균일 배율(≎)

⑳ 곡선의 기울기(⌇)

스케치 예제 1

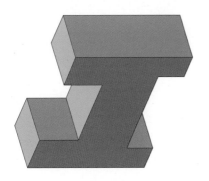

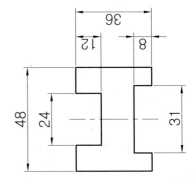

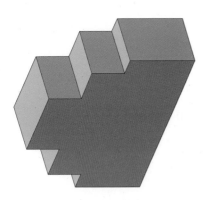

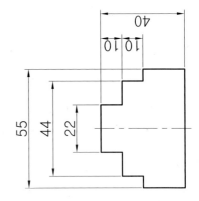

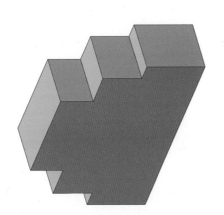

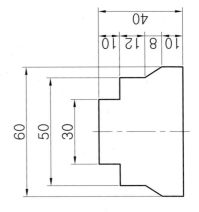

스케치 예제 2

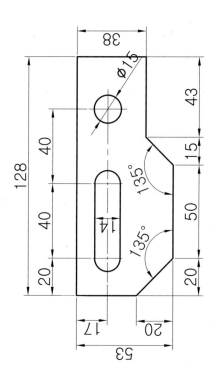

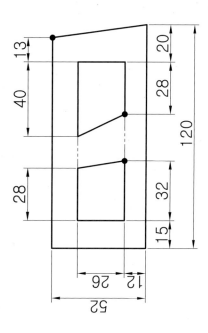

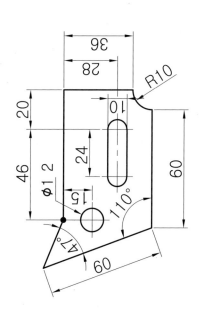

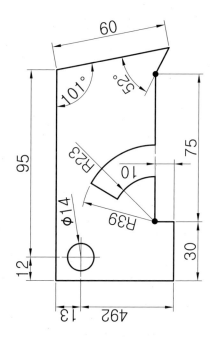

스케치 예제 3

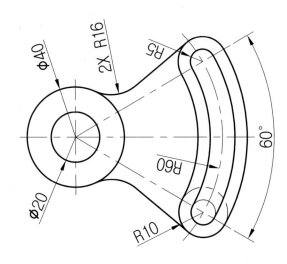

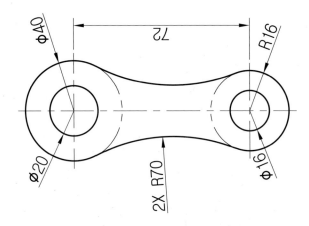

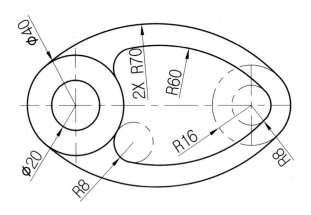

스케치 예제 4

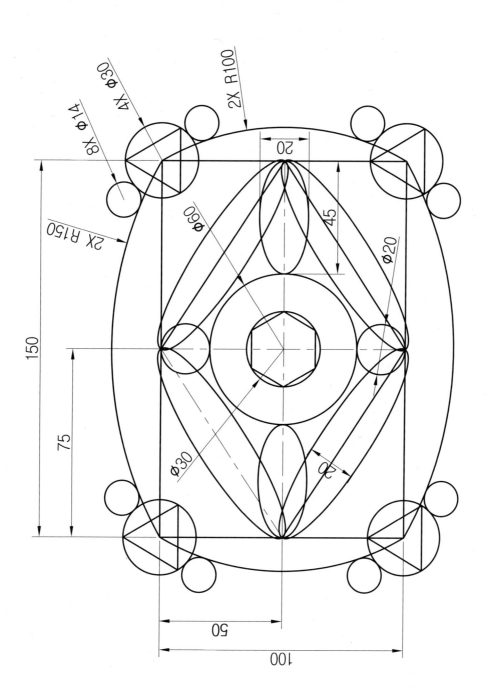

솔리드 모델링하기

1 ▶▶ **돌출 모델링하기**

3D 모델링에서 가장 많이 사용하는 명령으로 NX에서 돌출 명령에 여러 가지 옵션이 있어 형상을 보다 편리하게 생성할 수 있다. 돌출(Extrude)을 NX 사용자가 정의하는 방향에 따라 다양한 옵션 등을 선택하여 원하는 형상을 생성하는 기능도 있고, 곡선, 모서리, 면, 스케치 또는 곡선, 특징형상의 2D, 3D 프로파일을 선택하여 바디(Body)를 보다 편리하게 생성할 수 있으며, 스케치를 직접 열어 곡선을 스케치하여 단면 곡선으로 사용할 수 있다.

■ **돌출**

• 단면 : 돌출할 곡선을 선택 및 스케치를 생성하여 선택한다.

• 방향 : 돌출할 때 방향을 지정한다.

• 한계 : 시작의 거리 값과 끝의 거리 값을 입력하여 바디를 생성한다.
값/대칭/다음까지/선택까지/연장까지/끝부분까지의 옵션을 선택하여 한계를 설정할 수 있다.

• 부울 : 돌출할 때 바디를 바로 차집합/교집합/합집합의 부울 연산이 가능하다.

• 구배 : 돌출할 때 각도를 지정하여 바디를 생성할 수 있다.

• 옵셋 : 돌출할 때 방향을 높이가 아닌 폭 방향으로 지정할 수 있다.

• 설정값 : 바디 유형은 바디를 생성할 때 솔리드 또는 시트를 선택하여 바디를 생성한다.

• 미리보기

■ 방향

- 방향 반전 ⊠ : 돌출 방향을 반전할 수 있다.
- 벡터 다이얼로그 ⟰ : 벡터 설정 방법을 정할 수 있는 별도의 대화상자를 연다.
- 면/평면 수직 ⟱ : 돌출 방향을 지정한다.

■ 한계

- 값 : 입력한 치수만큼 돌출한다.
- 대칭 : 입력한 치수만큼 대칭으로 돌출한다.
- 다음까지 : 바로 다음에 있는 면 혹은 시트 바디까지 돌출한다.
- 선택까지 : 선택한 면 혹은 시트 바디까지 돌출한다(단면이 선택한 면의 영역 밖에 존재 하는 경우는 실행 불가).
- 연장까지 : 선택한 면 혹은 시트 바디까지 돌출한다.
- 끝부분까지 : 선택 곡선으로부터 돌출 방향으로 가장 마지막에 있는 면, 시트 바디를 모 두 통과하여 돌출한다.

■ 부울

- 없음 : 독립적인 바디로 생성한다.
- 추정됨 : 추정된 바디를 생성한다(자동으로 결합되거나 빼어진다).
- 결합 : 다른 바디와 결합하여 생성한다.
- 빼기 : 선택하는 바디에서 생성되는 바디를 빼기한다.
- 교차 : 생성된 바디가 다른 바디와 교차하는 부분만 바디를 생성한다.

■ 구배

- 시작 한계로부터 : 돌출이 시작되는 부분부터 구배 각이 형성된다.
- 시작 단면 : 단면 위치부터 구배 각이 형성된다.
- 시작 단면–비대칭 각도 : 단면을 기준으로 다른 구배 각이 형성된다.
- 시작 단면–대칭 각도 : 단면을 기준으로 같은 구배 각이 형성된다.
- 시작 단면–일치하는 끝 : 구배 각이 형성되는 서로 맞은 편 끝부분이 일치하게 형성된다.

■ 옵셋

- 한면 : 돌출될 커브를 기준으로 한쪽 방향으로 옵셋하여 돌출시킬 수 있다.
- 양면 : 돌출될 커브를 기준으로 양쪽 방향으로 서로 다른 값을 주어 돌출시킬 수 있다.
- 대칭 : 돌출될 커브를 기준으로 대칭 값을 지닌 형상을 돌출시킬 수 있다.

돌출 모델링 예제 1

돌출 높이는 15mm이다.

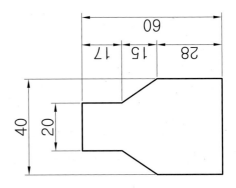

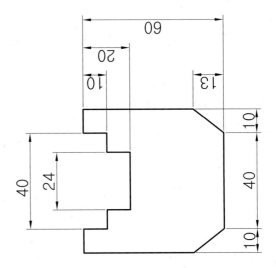

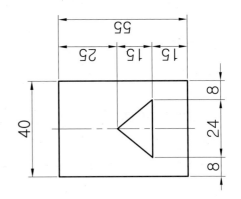

돌출 모델링 예제 2

한 눈금은 10mm이다.

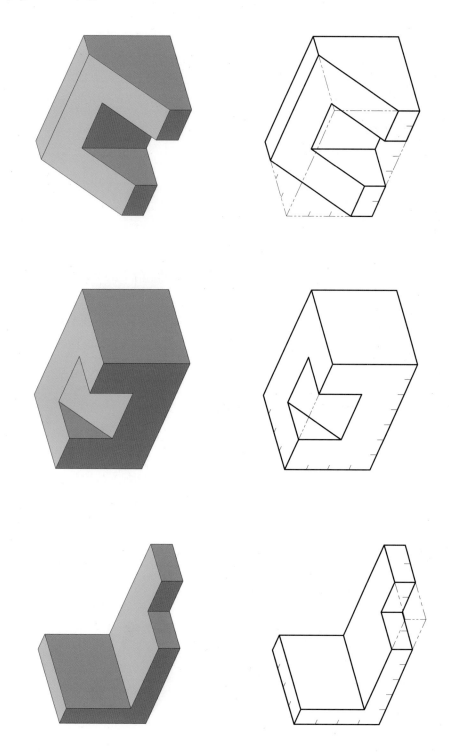

돌출 모델링 예제 3

한 눈금은 10mm이다.

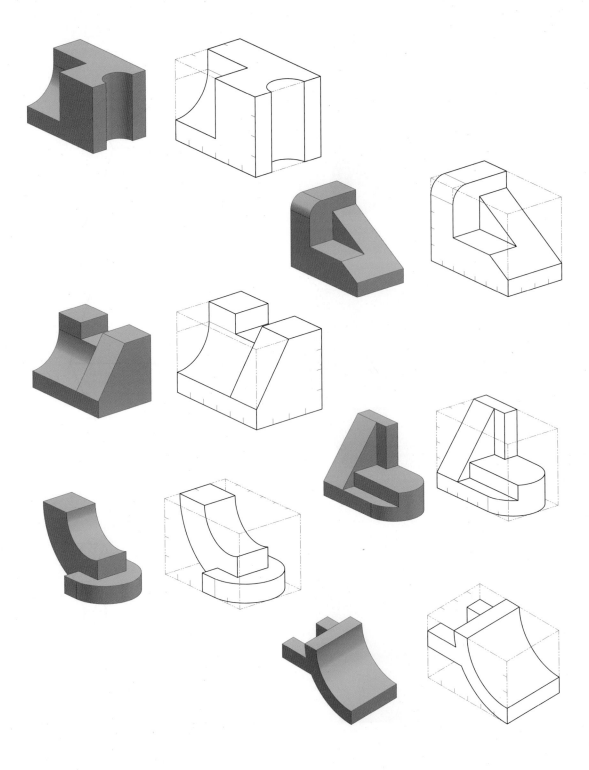

② ▸▸ 회전 모델링하기

　　단면 곡선을 0° 이외의 각도로 주어진 축을 기준으로 단면을 회전하여 특징형상을 생성한다. 단면에서 회전시킬 커브를 선택한다. 축을 포함하여 곡선, 모서리 또는 벡터를 이용하여 회전축을 지정한다. 회전축으로 WCS를 지정하면 Specify Point를 지정해야 한다. 곡선, 모서리, 스케치 또는 면을 선택하여 단면을 정의할 수 있다

- ■ 회전
- • 단면 : 회전할 곡선을 선택 및 스케치를 생성하여 선택한다.
- • 축 : 회전할 모델링의 중심 회전축을 지정한다.
- • 한계 : 시작의 각도와 끝의 각도를 입력하여 바디를 생성한다.

　값/선택까지의 옵션을 선택하여 한계를 설정할 수 있다.

- • 부울 : 돌출할 때 바디를 바로 차집합/교집합/합집합의 부울 연산이 가능하다.
- • 옵셋 : 이 옵션을 선택하면 선택한 오브젝트에 옵셋을 하여 회전할 수 있다.
- • 설정값 : 바디 유형은 바디를 생성할 때 솔리드 또는 시트를 선택하여 바디를 생성한다.
- • 미리보기

회전 모델링 예제

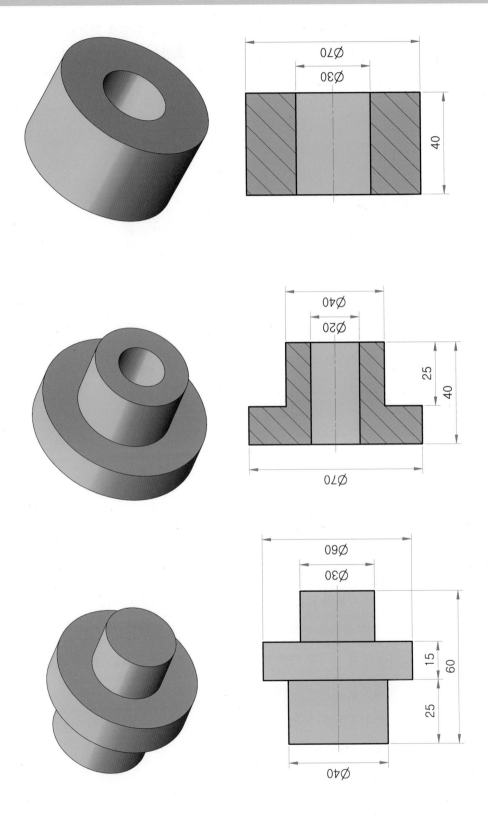

2 설계 특징형상

① ▶▶ 블록(Block)

코너 위치와 치수를 정의하여 블록을 생성한다.
블록 생성 유형은 원점과 모서리 길이, 두 점과 높이, 두 개의 대각선 점이 있다.

- 원점 : 블록을 모델링할 원점을 지정한다.
- 치수 : 길이(X축), 폭(Y축), 높이(Z축)의 치수를 입력한다.
- 부울 : 돌출할 때 바디를 바로 차집합/교집합/합집합의 부울
  연산이 가능하다.
- 설정값 : ☑ 연관 원점을 체크하면 블록을 형성하게 되는 원
  점이 연관된다.

- 홈 ⇨ 특징형상 ⇨ 더 보기▼ ⇨ 설계 특징형상 ⇨ 블록(⬢) ⇨ 원점과 모서리 길이 ⇨ 점
  지정 : 원점 ⇨ 치수(X : 50, Y : 50, Z : 100) ⇨ 부울 : 없음 ⇨ 확인

- 블록 생성 유형
  - 원점과 모서리 길이 유형은 원점과 X, Y, Z의 길이를 정의하여 블록을 생성한다.
  - 두 점과 높이는 기준의 두 대각선 점과 높이를 정의하여 블록을 생성한다.
  - 두 개의 대각선 점은 마주보는 코너를 나타내는 두 개의 3D 대각선 점을 정의하여 블
    록을 생성한다.

② ▶▶ 원통(Cylinder)

축 위치와 치수를 정의하여 원통을 생성한다.
다음 옵션을 사용하여 방향, 크기 및 위치를 지정하여 원통 기본을 생성한다.
원통 생성 유형은 축, 반경, 높이 그리고 원호와 높이 두 가지의 유형이 있다.

• 축
  – 벡터 지정 : 원통을 모델링할 벡터 방향을 지정한다.
  – 점 지정 : 원통을 모델링할 원점을 지정한다.
• 치수 : 직경과 높이 치수를 입력한다.
• 부울 : 돌출할 때 바디를 바로 차집합/교집합/합집합의 부울 연산이 가능하다.
• 설정값 : ☑ 연관 축을 체크하면 축 방향에 대해 연관성 있는 작업을 할 수 있다.

• 축, 반경, 높이의 유형은 직경 및 높이 값을 정의한다.
• 원호와 높이의 유형은 원호를 선택하고 높이 값을 입력하여 원통을 생성한다.

■ 홈 ⇨ 특징형상 ⇨ 더 보기▼ ⇨ 설계 특징형상 ⇨ 원통(◖) ⇨ 축, 반경, 높이 ⇨ 벡터 지정 : Z축 ⇨ 점 지정 : 원점 ⇨ 치수(직경 : 50, 높이 : 100) ⇨ 부울 : 없음 ⇨ 확인

■ 원통 생성 유형
  – 축, 반경, 높이 유형은 원점과 원통의 직경과 높이 치수를 정의하여 원통을 생성한다.
  – 원호와 높이 유형은 스케치 곡선 또는 원통의 모서리를 선택하고 높이를 입력한다.

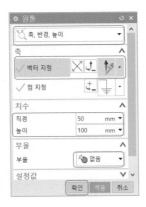

③ ▶▶ 원뿔(Cone)

다음 옵션을 사용하여 방향, 크기 및 위치를 지정하여 원뿔 기본을 생성한다.
원뿔 생성 유형은 직경과 높이 등 다섯 가지의 유형이 있다.

- 축
  - 벡터 지정 : 원뿔을 모델링할 벡터 방향을 지정한다.
  - 점 지정 : 원뿔을 모델링할 원점을 지정한다.
- 치수 : 기준 직경과 위쪽 직경 그리고 높이 치수를 입력한다.
- 부울 : 돌출할 때 바디를 바로 차집합/교집합/합집합의 부울
  연산이 가능하다.
- 설정값 : ☑ 연관 축을 체크하면 원뿔을 형성하게 되는 축
  방향에 대한 연관성을 얻을 수 있다.

■ 홈 ⇨ 특징형상 ⇨ 더 보기▼ ⇨ 설계 특징형상 ⇨원 뿔(🔔) ⇨ 직경과 높이 ⇨ 벡터 지정 :
Z축 ⇨ 점 지정 : 원점 ⇨ 치수(기준 직경 : 50, 위쪽 직경 : 0, 높이 : 100) ⇨ 부울 : 없음 ⇨
확인

■ 원뿔 생성 유형
  – 직경과 높이 : 직경과 높이 값을 정의한다.
  – 직경과 반각도 : 직경과 반각 값을 정의한다.
  – 기준 직경과 높이, 반각도 : 기준 직경, 높이 및 절반 꼭짓점 각도 값을 정의한다.
  – 위쪽 직경과 높이, 반각도 : 위쪽 직경, 높이 및 절반 꼭짓점 각도 값을 정의한다.
  – 두 개의 동일 축 원호 : 두 원호를 선택하여 정의한다.

④ ▶▶ 구 (Sphere)

다음 옵션을 사용하여 방향, 크기 및 위치를 지정하여 구를 생성할 수 있다.
구 생성 유형은 중심점과 직경, 원호 두 가지의 유형이 있다.

- 중심점 : 구를 모델링할 원점을 지정한다.
- 치수 : 구의 직경 치수를 입력한다.
- 부울 : 돌출할 때 바디를 바로 차집합/교집합/합집합의 부울 연산이 가능하다.
- 설정값 : ☑ 연관 중심점을 체크하면 구을 형성하게 되는 원점이 연관된다.

■ 홈 ⇨ 특징형상 ⇨ 더 보기▼ ⇨ 설계 특징형상 ⇨ 구(◯) ⇨ 중심점과 직경 ⇨ 점 지정 : 원점 ⇨ 치수(직경 : 100) ⇨ 부울 : 없음 ⇨ 확인

■ 구 생성 유형
　- 중심점과 직경 : 원의 중심점의 위치와 직경의 값으로 구를 생성한다.
　- 원호 : 미리 만들어 놓은 원이나 원호로 구를 생성한다. 사용자가 선택한 원호는 완전한 원이 아니어도 된다. 원호 오브젝트에 상관없이 이를 기반으로 완전한 구가 자동으로 생성된다. 사용자가 선택한 원호를 통해 구의 중심과 직경이 정의된다.

⑤ ▶▶ 엠보스

- 단면 : 기준이 되는 곡선을 선택한다.
- 엠보스할 면 : 기준이 되는 면을 선택한다.
- 엠보스 방향 : Project 방향을 지정한다.
- 끝 막음 : 유형을 정의한다.
- 드래프트 엠보스에 드래프트를 정의한다.
- 자유 모서리 트리밍 : 추출 방향 또는 단면에 수직으로 정의된다.
- 설정값 : 생성 방향을 지정 방식은 Pocket/Pad 혼합형으로 정의된다.

■ 홈 ⇨ 특징형상 ⇨ 더 보기▼ ⇨ 설계 특징형상 ⇨ 엠보스(🖾) ⇨ 곡선 선택 ⇨ 면 선택 ⇨ 벡터 지정 : Z축 ⇨ 각도 : 5° ⇨ 확인

- 단면 : 생성하고자 하는 곡선을 선택한다.
- 엠보스할 면 : 엠보스를 생성할 면을 선택한다.
- 엠보스 방향 : 단면 곡선이 Project할 방향을 선택한다.
- 끝 막음 : 엠보스 생성 유형을 정의한다.
- 구배 : 테이퍼 값을 입력한다.
- 설정값 : 생성 방향을 지정한다.

💡 먼저 생성하고자 하는 곡선과 엠보스를 생성할 면이 생성되어 있어야 엠보스를 할 수 있다.

⑥ ▸▸ 옵셋 엠보스(Offset Emboss)

옵셋 엠보스 유형을 선택한다.

- 옵셋할 바디 : 기준이 되는 시트 바디 면을 선택한다.
- 따라갈 경로 : 옵셋하려고 하는 곡선을 선택한다.
- 옵셋 : 측면 옵셋 값을 입력한다.
- 폭 : 선택한 곡선을 기준으로 폭 값을 입력한다.
- 설정값 : 생성되는 형상의 공차 값을 입력한다.

■ 홈 ⇨ 특징형상 ⇨ 더 보기▼ ⇨ 설계 특징형상 ⇨ 옵셋 엠보스(🖼) ⇨ 곡선 ⇨ 옵셋할 바디 : 시트 바디 면 선택 ⇨ 피어싱할 경로 : 곡선 선택 ⇨ 옵셋(측면 옵셋 : 5, 높이 : 10) ⇨ 폭(오른쪽 폭 : 15, 왼쪽 폭 : 15) ⇨ 확인

옵셋 엠보스를 정의한다. 정의 방식은 곡선과 점의 두 가지 방식으로 정의한다.

- 옵셋할 바디 : 옵셋 엠보스를 생성할 면을 선택한다.
- 따라갈 경로 : 옵셋 엠보스하려고 하는 곡선을 선택한다.
- 옵셋 : 옵셋 값을 입력한다.
- 폭 : 선택한 곡선을 기준으로 폭 값을 입력한다.

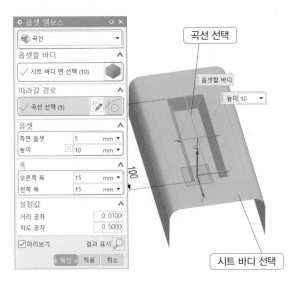

💡 먼저 시트 바디와 곡선이 생성되어 있어야 옵셋 엠보스를 할 수 있다.

⑦ ▸▸ 리브(Rib)

리브 기능을 사용하면 교차하는 평면 부분을 돌출시켜 솔리드 바디에 얇은 벽 리브 또는 리브 네트워크를 추가하는 기능을 할 수 있다.

리브 기본 절차는 하나 이상의 타겟 바디를 선택하여야 하며, 적어도 하나 이상의 곡선을 생성하여 선택할 수 있다.

- 타겟 : 리브를 생성할 바디를 선택한다.
- 단면 : 하나 이상의 닫힌 곡선 또는 열린 곡선을 선택한다.
- 벽면
  - 절단면에 직교 : 리브 벽면을 절단면에 직교
  - 절단면에 평행 : 리브 벽면을 절단면에 평행(단, 단일 곡선만 사용할 수 있다.)
  - 치수 : 치수 타입은 대칭 또는 비대칭을 설정한다.
  - 두께 : 두께 값을 입력한다.
  - ☑ 리브와 타겟 결합 : 리브와 솔리드 바디 결합 여부
- 막음 : Cap 위의 방향으로 형상을 생성한다.
- 구배 : 리브에 각도를 주는 기능이다.

■ 홈 ⇨ 특징형상 ⇨ 더 보기▼ ⇨ 설계 특징형상 ⇨ 리브(⬤) ⇨ 타겟 : 바디 선택 ⇨ 단면 : 곡선 선택 ⇨ 벽면 : ◉절단면에 평행 ⇨ 리브 방향 반전(치수 : 대칭, 두께 : 10) ⇨ ☑ 리브와 타겟 결합 ⇨ 확인

- 타겟 : 리브를 생성할 바디를 선택한다.
- 단면 : 단면은 미리 스케치해놓은 곡선을 선택한다.
- 벽면
  - ◉절단면에 평행을 체크한다.
  - 치수 : 두께 치수 타입은 대칭을 선택한다.
  - 두께 : 두께 값 10mm를 입력한다.
  - ☑ 리브와 타겟 결합 : 리브와 솔리드 바디에 결합한다.

💡 리브는 바디와 곡선을 먼저 생성한 상태에서 리브를 할 수 있다.

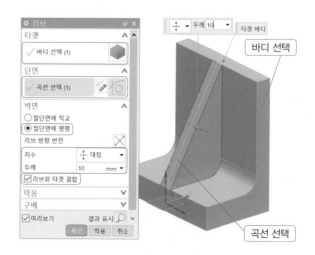

⑧ ▸▸ 스레드 (Thread)

스레드(나사) 명령은 특징형상의 구멍이나 원통형 형상에 대해 심볼 및 상세적인 형상을 생성할 수 있다.

- 스레드 유형 : 심볼, 상세 형태의 형상을 생성한다.
  - Major Diameter : 외경 값, Minor Diameter : 내경 값
  - 피치 : 나사산의 서로 대응하는 두 점을 축선에 평행하게 측정한 거리
  - 각도 : 나사산의 각도
  - ☑ 전체 스레드 체크 시 전체 길이 반영
  - 길이 : 나사가 생성될 길이
- 회전
  - ⊙오른쪽 나사
  - ⊙왼쪽 나사

■ 홈 ⇨ 특징형상 ⇨ 더 보기▼ ⇨ 설계 특징형상 ⇨ 스레드(▮) ⇨ 스레드 유형 : ⊙상세 ⇨ 원통 선택 ⇨ 회전 : ⊙오른쪽 ⇨ 확인

- 스레드 유형을 ⊙상세에 체크하면 나사산의 형상을 모델링하게 된다.
- 원통을 선택하면 자동으로 나사의 데이터 값이 생성되나 값은 수정할 수 있다.
  - 외경 : 외경 값
  - 내경(골지름) : 내경 값
  - 길이 : 나사가 생성될 길이
  - 피치 : 나사산의 서로 대응하는 두 점을 축선에 평행하게 측정한 거리
  - 각도 : 나사산의 각도
- 회전
  - ⊙오른쪽 나사
  - ⊙왼쪽 나사

💡 • 원통을 선택하고 나사의 내경, 길이, 피치, 각도를 입력한다.
  • 나사는 원통 또는 구멍을 먼저 생성한 상태에서 나사 모델링을 할 수 있다.

원통 선택

3 특징형상

1 ▶▶ 셀(Shell)

셀 명령을 사용하면 지정된 두께 값을 사용하여 솔리드 바디의 내부를 비우거나 셀을 생성할 수 있다. 각 면에 대해 개별 두께를 할당하고 중공 과정에서 천공할 면의 영역을 선택할 수 있다.

- 유형은 면을 제거한 다음 셀 생성과 모든 면 셀 생성의 두 가지 유형이 있다.
- 피어싱할 면 : 셀하고자 하는 면을 선택한다.
- 두께 : 셀의 두께를 정의한다.
- 대체 두께 : 서로 다른 두께를 정의한다.
- 설정값 : ☑ 패치를 사용하여 자체 교차 결정

- 홈 ⇨ 특징형상 ⇨ 셀(◉) ⇨ 면을 제거한 다음 셀 생성 ⇨ 피어싱할 면 : 면 선택 ⇨ 두께 : 5 ⇨ 확인

- 유형은 면을 제거한 다음 셀 생성을 선택한다.
- 셀하고자 하는 면을 선택한다.
- 셀의 두께 5mm를 입력한다(남는 면의 두께가 모두 5mm로 같다).
- 대체 두께는 서로 다른 두께를 정의한다.

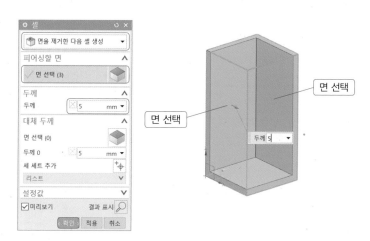

💡 셀은 셀할 모델링을 먼저 생성한 상태에서 셀 모델링을 할 수 있다.

② ▶▶ 구배(Draft)

구배 명령은 지정된 벡터 방향으로 선택한 참조 구배(고정 면)를 기준으로 면 또는 모서리에 구배를 적용할 수 있다.

- 유형 : 작업 유형을 선택한다.
- 추출 방향 : 벡터 지정을 정의한다.
- 참조 구배
  - 고정 면 : 기준 면을 고정 면으로 정의한다.
  - 파팅 면 : 기준 면을 파팅 면으로 정의한다.
  - 고정 및 파팅 면 : 고정 면과 파팅 면 두 개 다 정의한다.
- 구배할 면
  - 구배할 면을 선택한다.
  - 구배할 면의 각도를 입력한다.
- 설정값
  - 구배 방법은 등경사 구배와 실제 구배가 있다.
  - 거리 공차와 각도 공차를 정의한다.

■ 홈 ⇨ 특징형상 ⇨ 구배(◉) ⇨ 면 ⇨ 참조 구배 : 고정 면 선택 ⇨ 구배할 면 : 면 선택 ⇨
 각도 : 20° ⇨ 확인

■ 구배 유형
 - 면 : 특정 평면 혹은 곡면을 기준으로 구배할 수 있다.
 - 모서리 : 선택된 모서리를 따라 지정된 각도로 구배할 수 있다.
 - 면에서 접함 : 선택한 면에 접선으로 주어진 구배 각도를 통해 구배할 수 있다.
 - 파팅 모서리 : 선택된 모서리 세트를 따라 지정된 각도로 구배를 줄 수 있다.

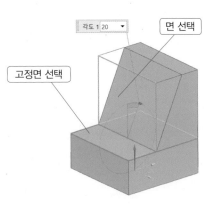

💡 구배는 바디를 먼저 생성한 상태에서 구배를 할 수 있다.

③ ▶▶ 모서리 블렌드(Edge Blend)

모서리 블렌드 작업은 면과 면이 만나는 모서리에 볼이 계속 접촉하도록 유지하면서 블렌드할 모서리를 따라 볼을 굴려 수행된다. 블렌드 볼은 둥근 모서리 블렌드 또는 필렛 모서리 블렌드를 생성하는지에 따라 면의 안쪽 또는 바깥쪽에서 굴러간다.

- 모서리 : 블렌드할 모서리 선택 옵션이다.
  - 원형 : 일정한 값을 지닌 블렌드를 생성할 수 있다.
  - 원뿔형 : 주어진 반지름 안에 또 다른 반지름을 생성할 수 있다.
- 가변 반경 : Point 가변형 블렌드 생성 옵션이다.
- 코너 셋백 : 코너 셋백 거리 지정 옵션이다.
- 코너에 못미쳐 정지 : Corner Blend End Point 선택 옵션이다.
- 길이 한계 : 블렌드 트림 면 선택 옵션이다.
- 오버플로우 : 블렌드와 블렌드의 접선 부분이나 블렌드와 모서리의 접선 부분을 부드럽게 연결시키는 옵션이다.

■ 홈 ⇨ 특징형상 ⇨ 모서리 블렌드(◉) ⇨ 모서리 ⇨ 모서리 선택 ⇨ 반경 : 10 ⇨ 확인

- 블렌드할 모서리를 선택한다.
- 원형의 일정한 값을 지닌 블렌드를 생성한다.
- 반경 10mm이다.

💡 모서리 블렌드는 바디를 먼저 생성한 상태에서 모서리 블렌드를 할 수 있다.

4 ▶▶ 모따기(Chamfer)

모따기 명령을 사용하면 원하는 솔리드 바디의 모서리에 모따기를 할 수 있다.

- 모따기할 모서리를 선택한다.
- 옵셋 : 대칭/비대칭/옵셋 및 각도 세 가지 유형이 있다.
- 설정값 : 옵셋 방법은 면의 모서리 옵셋과 면을 따라 옵셋 모서리 설정 옵셋 면 및 트림한다.

■ 홈 ➪ 특징형상 ➪ 모따기(⬤) ➪ 모서리 : 모서리 선택 ➪ 옵셋(단면 : 대칭, 거리 : 10) ➪ 확인

- 대칭 : 대칭은 두 면을 따라 동일한 단순 모따기를 생성한다.
- 비대칭 : 비대칭은 면을 따라 해당 길이가 각각 다른 모따기를 생성한다.
- 옵셋 및 각도 : 옵셋 값과 각도에 의해 결정되는 모따기를 생성한다.

💡 모따기는 바디를 먼저 생성한 상태에서 모따기를 할 수 있다.

5 ▶▶ 바디 트리밍(Trim Body)

바디 트리밍 명령을 사용하면 면, 데이텀 평면 등을 기준으로 하나 이상의 타겟 바디를 트리밍할 수 있다. 유지하려는 바디의 부분을 선택하면 트리밍 지오메트리의 셰이프가 트리밍된 바디에 적용된다.

- 타겟 : 바디 트리밍할 타겟 바디를 선택한다.
- 툴 : 면 또는 데이텀 평면 등을 선택하여 타겟 바디를 트리밍한다.

■ 홈 ⇨ 특징형상 ⇨ 바디 트리밍(🗐) ⇨ 타겟 : 바디 선택 ⇨ 툴 : 면 또는 평면 선택 ⇨ 확인

• 하나 또는 복수의 타겟 바디를 선택한다.
• 면 또는 데이텀 평면, 평면을 선택하여 타겟 바디를 트리밍한다.
• 벡터의 방향은 방향 반전을 클릭하여 트리밍 방향을 바꿀 수 있다.

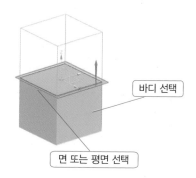

바디 선택

면 또는 평면 선택

💡 바디 트리밍은 바디와 면을 먼저 생성한 상태에서 바디 트리밍을 할 수 있다.

⑥ ▶▶ 구멍(Hole)

구멍은 솔리드 바디에 간단한 구멍, 카운터 보어 구멍 또는 카운터 싱크 구멍을 생성한다.

• 구멍을 생성하는 유형은 일반 구멍 등 다섯 가지의 유형이 있다.
• 위치 : 점 지정은 미리 만들어 놓은 점을 선택하거나 스케치에서 새로운 점을 치수나 구속조건을 이용하여 홀의 위치를 설정하여 구멍을 생성한다.
• 방향 : 구멍의 방향을 설정할 수 있다.
• 폼 및 치수 : 구멍의 크기나 모양, 깊이를 입력하여 구멍을 생성하며, 공구의 날 끝 각도를 설정한다.
• 부울 : 기본 값으로 빼기가 설정되어 있다.
    없음 설정 시 하나의 원통의 솔리드가 생성된다.
• 설정값 : 공차에 의한 연장을 할 수 있다.
  – ☑ 시작 연장을 체크하면 공차에 의한 연장을 할 수 있다.
  – ☐ 시작 연장을 체크 해제하면 입력한 옵션에 따라 홀이 만들어지게 된다.

- 홈 ⇨ 특징형상 ⇨ 구멍(🔘) ⇨ 일반 구멍 ⇨ 위치 : 점 지정 ⇨ 폼 : 단순 ⇨ 치수(직경 : 20, 깊이 : 50, 공구 팁 각도 : 118˚) ⇨ 부울 : 빼기 ⇨ 확인

- 일반 구멍 : 드릴 직경을 사용자가 지정한다.
- 드릴 구멍 크기 : ISO(국제 규격)에 있는 값을 사용한다.
- 나사 간격 구멍 : 카운터 보어, 카운터 싱크의 작업 실행 시 관통할 때 모따기의 각도 작업을 쉽게 정의한다.
- 나사 : 도면 작업에서 나사 작업을 2D 도면화 또는 3D 모델링한다.
- 구멍 시리즈 : 분리된 형상에 대해 관통하는 구멍을 생성한다.

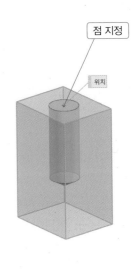

💡 구멍작업은 바디를 먼저 생성한 상태에서 구멍을 할 수 있다.

---

4 연관 복사

1 ▶▶ 대칭 지오메트리(Mirror Geometry)

대칭 지오메트리 명령은 독립된 솔리드 바디, 시트 바디 및 곡선 등을 평면 기준으로 대칭 복사한다.

- 대칭할 지오메트리 : 대칭 복사할 개체를 선택한다.
- 대칭 평면 : 대칭 복사할 기준 평면을 선택한다.
- 설정값 : ☑ 연관과 ☑ 스레드 복사를 체크하면 나사가 복사되며, 체크 해제하면 나사 구멍만 복사된다.

■ 홈 ⇨ 특징형상 ⇨ 더 보기▼ ⇨ 연관 복사 ⇨ 대칭 지오메트리(🦝) ⇨ 대칭할 지오메트리:
개체 선택 ⇨ 대칭 평면 : 평면 지정(XY평면) ⇨ 거리 : 20 ⇨ 확인

• 대칭 복사할 개체를 선택한다.
• 대칭 복사할 기준 평면을 선택한다. 대칭이 되는 기준 평면은 거리를 지정할 수 있다.
• 설정값 : : ☑ 연관과 ☑ 스레드 복사를 체크하여 나사를 복사한다.

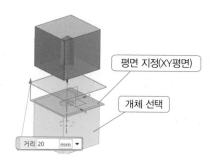

💡 대칭작업은 바디와 평면을 먼저 생성한 상태에서 대칭 복사할 수 있다.

② ▶▶ 패턴 지오메트리(Pattern Geometry)

패턴 지오메트리 명령은 독립적인 개체를 선형, 원형, 오각형 등으로 복사할 수 있는 기능이다.

• 패턴화할 지오메트리 : 배열할 솔리드 바디, 시트 바디,
  선, 점 등의 독립 개체를 선택하여 배열한다.
• 패턴 정의 : 패턴 지오메트리 방법으로 어떤 배열을 할지
  를 정의한다.
• 인스턴스 형상의 모든 기능은 단지 배열을 위해 선택할 수
  있는 패턴 대상이다.
  – 패턴 특징 : 지오메트리
  – 패턴 형상 : 독립된 바디 혹은 곡선
• 설정값 : ☑ 연관과 ☑ 스레드 복사를 체크하면 나사가 복
  사되며, 체크 해제하면 나사 구멍만 복사된다.

■ 홈 ⇨ 특징형상 ⇨ 더 보기▼ ⇨ 연관 복사 ⇨ 패턴 지오메트리(⊛) ⇨ 패턴화할 지오메트리 : 개체 선택 ⇨ 레이아웃 : 선형 ⇨ 방향 1 : 벡터 지정(모서리) ⇨ 간격 : 개수 및 피치, 개수 : 4, 피치 거리 : 30 ⇨ 확인

• 배열할 개체는 솔리드 바디, 시트 바디, 선, 점 등의 독립 개체만 배열할 수 있다.
• 패턴 지오메트리 방법을 지정하여 배열할 수 있다(선형, 원형 등).
• 선형 배열은 방향 1과 2를 지정하여 배열할 수 있다.
• 원형 배열은 벡터를 기준으로 배열할 수 있다.
• 패턴 간격에서 개수 및 피치를 지정하고 개수(4), 피치 거리(30)를 입력한다.

벡터 선택

개체 선택

💡 패턴 작업은 바디를 먼저 생성한 상태에서 패턴을 할 수 있다.

---

③ ▶▶ **대칭 특징형상(Mirror Feature)**

특징형상 명령은 대칭할 개체를 평면을 기준으로 대칭 복사한다.

• 대칭화할 특징형상 : 대칭 복사할 특징형상을 선택한다.
• 대칭 복사할 기존 평면 : 대칭 복사하게 될 기존 평면을 선택한다.

■ 홈 ⇨ 특징형상 ⇨ 더 보기▼ ⇨ 연관 복사 ⇨ 대칭 특징형상(🔧) ⇨ 대칭화할 특징형상 :
  특징형상 선택 ⇨ 대칭 평면 : 기존 평면 ⇨ 평면 선택 ⇨ 확인

- 대칭 지오메트리는 독립된 개체만 대칭 복사할 수 있으나, 대칭 복사할 특징형상은 결합
  되어 있는 특징형상 중 하나의 특징형상을 대칭 복사할 수 있다.
- 대칭 복사하게 될 평면은 기존 평면을 선택하거나
  새로 평면을 만들어 선택할
  수 있다.

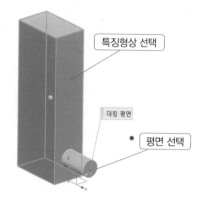

💡 패턴 작업은 바디를 먼저
   생성한 상태에서 패턴을
   할 수 있다.

④ ▸▸ 패턴 특징형상(Pattern Feature)

패턴 특징형상 명령은 기존의 형상에서 패턴 배열을 생성할 수 있다. 패턴 배열 방법은
선형과 원형, 다각형, 나선 등 다양한 패턴을 생성할 수 있다.

- 패턴화할 특징형상 : 패턴할 특징형상을 선택한다.
- 패턴 정의 : 패턴 특징형상 방법으로 어떤 배열을 할지를
  정의한다.
- 패턴 특징형상의 모든 기능은 단지 배열을 위해 선택할 수
  있는 패턴 대상이다.
  - 패턴 간격 : 개수 및 피치, 개수 및 범위, 피치 및 범위,
    리스트를 지정하여 배열한다.
  - 패턴 형상 : 특징형상 혹은 곡선
- 설정값 : 패턴 특징형상, 특징형상 복사, 특징형상 그룹으
  로 특징형상 복사를 할 수 있다.

- 홈 ⇨ 특징형상 ⇨ 더 보기▼ ⇨ 연관 복사 ⇨ 패턴 특징형상(🐝) ⇨ 패턴화할 특징형상 : 특징형상 선택 ⇨ 레이아웃 : 선형 ⇨ 방향 1 : 벡터 지정(모서리) ⇨ 간격 : 개수 및 피치, 개수 : 4, 피치 거리 : 30 ⇨ 확인

- 패턴 지오메트리는 독립된 개체만 패턴 복사할 수 있으나, 패턴 복사할 특징형상은 결합되어 있는 특징형상 중 하나의 특징형상을 패턴 복사할 수 있다.
- 패턴 지오메트리 방법을 지정하여 배열할 수 있다(선형, 원형 등).
- 선형 배열은 방향 1과 2를 지정하여 배열할 수 있다.
- 원형 배열은 벡터를 기준으로 배열할 수 있다.
- 패턴 간격에서 개수 및 피치를 지정하고 개수(4), 피치 거리(30)를 입력한다.

> 💡 패턴 특징형상은 바디를 먼저 생성한 상태에서 패턴 특징형상 할 수 있다.

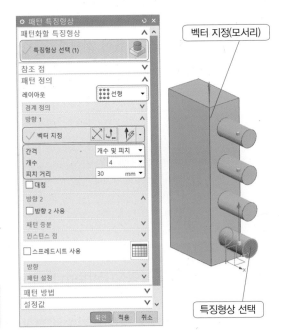

5 결합 트리밍 옵셋하기

① ▶▶ 두께주기(Thicken)

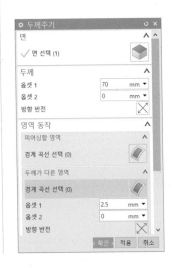

두께주기 명령은 시트 바디에 지정된 두께 값을 사용하여 솔리드 바디를 생성할 수 있다.

- 면 : 두께를 줄 시트 바디나 솔리드 바디의 면을 선택한다.
- 두께 : 부여할 두께 값을 입력한다.
- 옵셋 1과 옵셋 2를 입력한다. 옵셋을 서로 반대 방향으로 하려면 하나를 −를 붙인다.
- 영역 동작
  - 피어싱할 영역 : 천공할 면을 선택한다.
  - 두께가 다른 영역 : 기본 두께 값과는 다른 두께 값을 줄 영역을 선택한다.

■ 홈 ⇨ 특징형상 ⇨ 더 보기▼ ⇨ 옵셋/배율 ⇨ 두께주기(🝙) ⇨ 면 : 면 선택 ⇨ 두께(옵셋 1 : 5, 옵셋 2 : 20) ⇨ 확인

- 면의 두께를 줄 시트 바디의 면을 선택한다.
- 두께는 옵셋 1과 옵셋 2에 각각 입력한다.
- 옵셋을 서로 반대 방향으로 하려면 하나를 치수 앞에 – 를 붙인다.
- 벡터의 방향은 방향 반전을 클릭하여 옵셋 방향을 바꿀 수 있다.

면 선택

---

② ►► 바디 분할(Split)

바디 분할 명령을 사용하면 면, 데이텀 평면 또는 시트 바디를 사용하여 시트 바디나 솔리드 바디를 분할할 수 있다.

- 타겟
  - 바디 선택 : 분할할 시트 바디나 솔리드 바디를 선택한다.
- 툴 : 잘라 낼 기준면인 면, 데이텀 평면 또는 시트 바디를 선택한다.

■ 홈 ⇨ 특징형상 ⇨ 더 보기▼ ⇨ 트리밍 ⇨ 바디 분할(🝙) ⇨ 타겟 : 바디 선택 ⇨ 툴 : 툴 옵션 : 면 또는 평면 ⇨ 면 또는 평면 선택 ⇨ 확인

- 분할할 바디를 선택한 후, 분할할 데이텀 평면을 선택하여 바디를 분할할 수 있다.
- 시트 바디를 툴로 사용하여 바디를 분할하는 경우 시트 바디는 타겟 바디를 완전히 포함되어 있어야 바디를 분할할 수 있다.

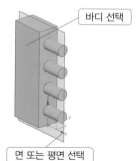

바디 선택

면 또는 평면 선택

③ ▶▶ 패치(Patch)

패치 명령은 시트 바디를 솔리드 바디의 면으로 교체한다. 면을 다른 시트 면으로 교체하여 솔리드로 만든다.

- 타겟 : 솔리드를 선택한다. 솔리드 바디가 없이 사용될 때는 시트 바디를 선택한다.
- 툴 : 패치 특징형상의 공구로 사용될 시트를 선택할 수 있다.
- 제거할 타겟 영역 : 패치되는 방향을 설정한다.
- 툴 방향 면 : 패치되는 방향에 지시되는 면을 설정한다.

- 홈 ⇨ 특징형상 ⇨ 더 보기▼ ⇨ 결합 ⇨ 패치(⬡) ⇨ 타겟 : 바디 선택 ⇨ 툴 : 시트 바디 선택 ⇨ 툴 방향 면 : 면 선택 ⇨ 확인

- 패치는 다음과 같은 경우에 유용하다. 트림으로 정의를 할 수 있지만, 트림 면으로 지정할 때 패치되는 부분에 대해서 정확하게 만나 있어야 한다.
- 시트는 잇기한 다음 패치한다.
- 툴의 벡터 방향은 항상 타겟 쪽으로 향해야 한다.

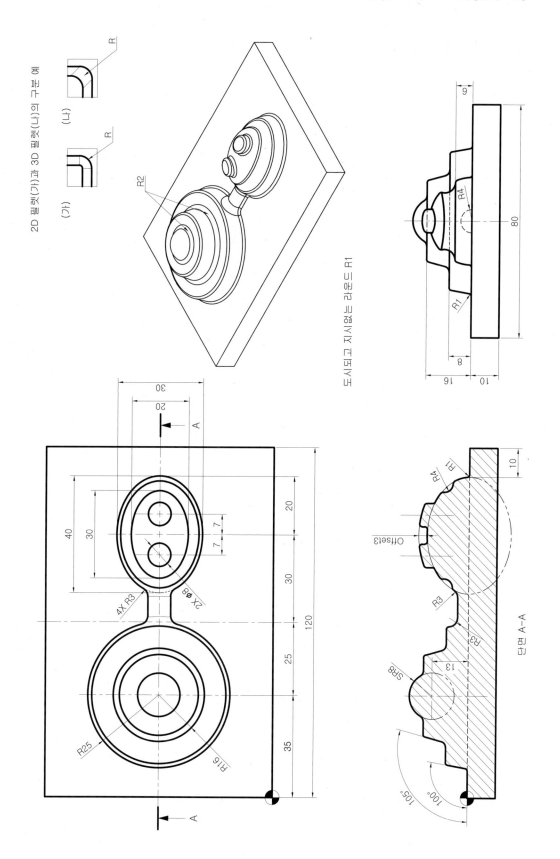

2D 필렛(가)과 3D 필렛(나)의 구분 예

(가) (나)

도시되고 지시없는 라운드 R1

단면 A-A

6 NX 형상 모델링 1

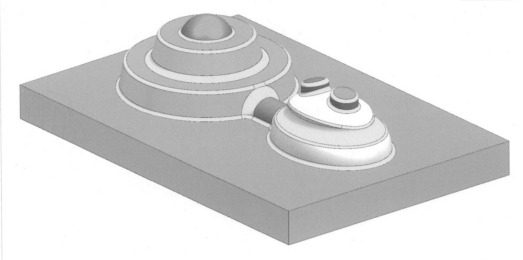

1 ▶▶ 베이스 블록 모델링하기

01 ≫ XY평면에 사각형을 스케치하고 구속조건은 중간점으로 구속, 치수를 입력한다.

02 ≫ 그림처럼 원을 스케치하고 치수를 입력, 구속조건은 X축에 원의 중심을 곡선 상의 점으로 구속한다. 두 원은 동심원이다.

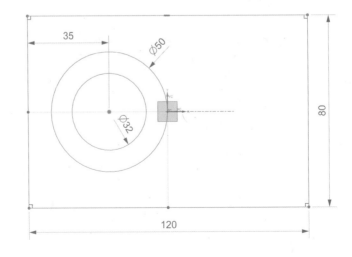

03 >> 홈 ⇨ 특징형상 ⇨ 돌출 ⇨ 단면 ⇨ 곡선 선택 ⇨ 한계 ⇨ 시작 ⇨ 거리 0 ⇨ 적용
⇨ 끝 ⇨ 거리 10

💡 벡터 방향은 벡터 지정의 반전을 클릭하여 아래쪽으로 바꾸어 준다.

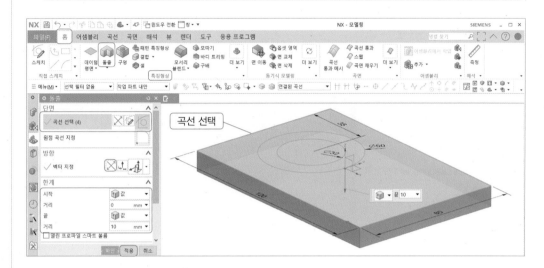

(2) ▶▶ 단일 구배 돌출 모델링하기

01 >> 홈 ⇨ 특징형상 ⇨ 돌출 ⇨ 단면 ⇨ 곡선 선택 ⇨ 한계 ⇨ 시작 ⇨ 거리 0 ⇨ 부울
⇨ 끝 ⇨ 거리 8

⇨ 결합 ⇨ 바디 선택 ⇨ 구배 ⇨ 시작 한계로부터 ⇨ 각도 10° ⇨ 적용

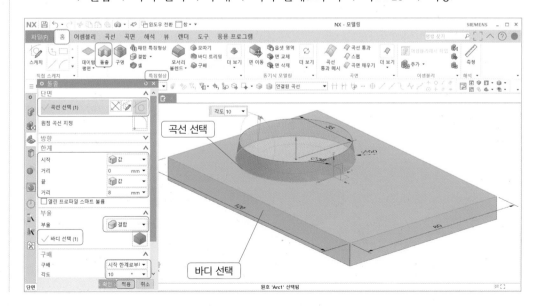

02 ≫ 홈 ⇨ 특징형상 ⇨ 돌출 ⇨ 단면 ⇨ 곡선 선택 ⇨ 한계 ⇨ 시작 ⇨ 거리 8 ⇨ 부울
⇨ 끝 ⇨ 거리 16

⇨ 결합 ⇨ 바디 선택 ⇨ 구배 ⇨ 시작 한계로부터 ⇨ 각도 15° ⇨ 확인

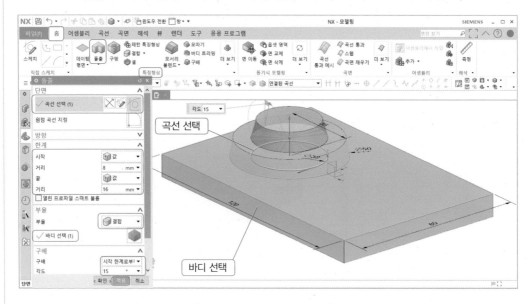

③ ▸▸ 구 모델링하기

01 ≫ 홈 ⇨ 특징형상 ⇨ 더 보기▼ ⇨ 설계 특징형상 ⇨ 구 ⇨ 중심점과 직경 ⇨ 중심 점
⇨ 점 지정 ⇨ 치수(직경 : 16) ⇨ 부울 ⇨ 결합 ⇨ 바디 선택 ⇨ 확인

02 ≫ 구의 중심은 점 지정 ⇨ 점 다이얼로그에서 X : −25, Y : 0, Z : 13을 입력하고 확
인한다.

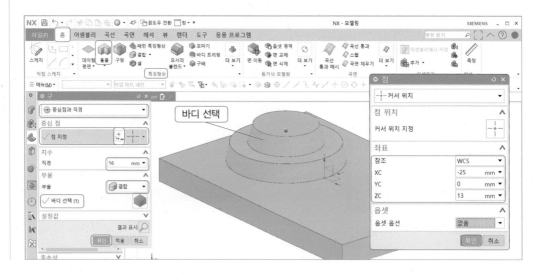

④ ▶▶ 회전 모델링하기

01 ≫ XY평면에서 ⇨ 홈 ⇨ 직접 스케치 ⇨ ▼스케치 곡선 ⇨ 타원 선택

02 ≫ 타원과 직선을 스케치하여 치수를 입력하고 구속조건은 타원 중심을 X축에 곡선 상의 점으로 구속, 직선을 X축에 동일직선으로 구속, 타원을 안쪽으로 옵셋 5한다.

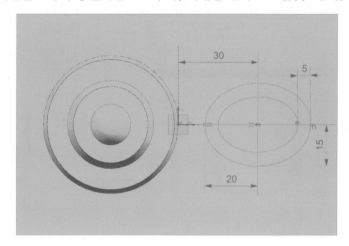

💡 타원은 구속조건이 1개 부족한 상태가 완전 구 속된 것이다.

03 ≫ 홈 ⇨ 특징형상 ⇨ 회전 ⇨ 단면 ⇨ 곡선 선택 ⇨ 축 ⇨ 벡터 지정 ⇨ 한계

⇨ 시작 ⇨ 각도 0 ⇨ 부울 ⇨ 결합 ⇨ 바디 선택 ⇨ 확인

⇨ 끝 ⇨ 각도 180

💡 셀렉션 바에서 단일 곡선으로 교차에서 정지 아이콘을 클릭하고 곡선을 선택한다.

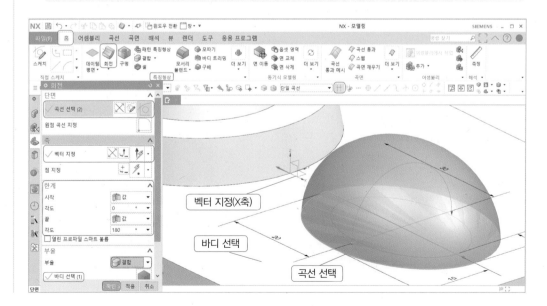

5 ▸▸ 돌출 모델링하기

홈 ⇨ 특징형상 ⇨ 돌출 ⇨ 단면 ⇨ 곡선 선택 ⇨ 한계 ⇨ 시작 ⇨ 거리 6 ⇨ 부울 ⇨ 빼기
⇨ 끝 ⇨ 거리 15

⇨ 바디 선택 ⇨ 확인

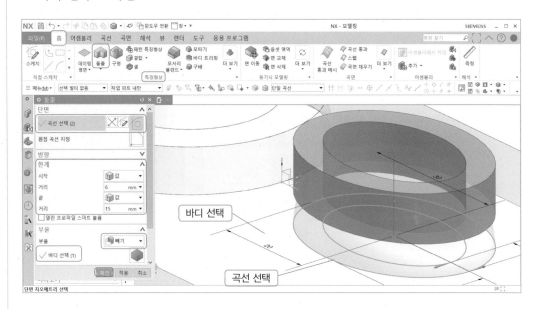

6 ▸▸ 돌출 모델링하기

01 >> XY평면에 원을 스케치하여 구속조건은 원호 중심점을 X축에 곡선 상의 점으로 구
속, 치수를 입력한다.

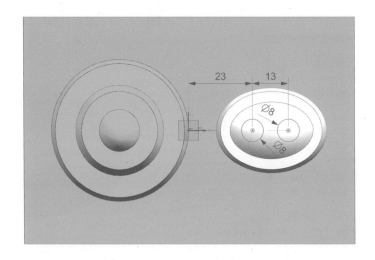

02 >> 홈 ⇨ 특징형상 ⇨ 돌출 ⇨ 단면 ⇨ 곡선 선택 ⇨ 한계 ⇨ 시작 ⇨ 거리 0 ⇨ 부울
⇨ 끝 ⇨ 거리 20

⇨ 결합 ⇨ 바디 선택 ⇨ 확인

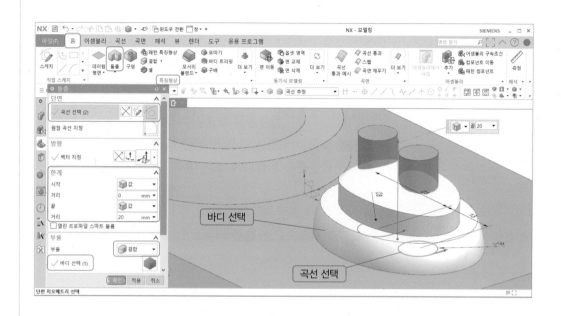

(7) ▶▶ 면 교체(옵셋 3mm)

홈 ⇨ 동기식 모델링 ⇨ 면 교체 ⇨ 초기면 ⇨ 면 선택 ⇨ 교체할 새로운 면 ⇨ 면 선택 ⇨
옵셋 ⇨ 거리 : 3 ⇨ 확인

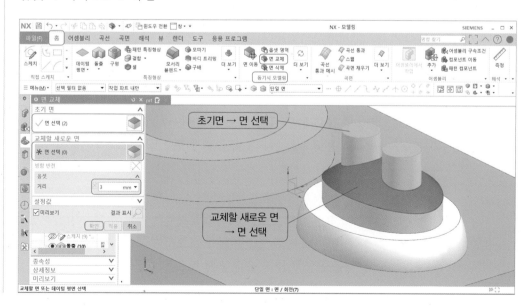

8 ▸▸ 원통 돌출 모델링하기

01 ≫ YZ평면에 그림처럼 원을 스케치하고 치수를 입력, 구속조건은 원의 중심점을 원점
에 일치 구속한다.

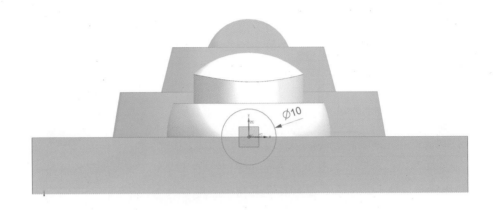

02 ≫ 홈 ⇨ 특징형상 ⇨ 돌출 ⇨ 단면 ⇨ 곡선 선택 ⇨ 한계 ⇨ 끝 ⇨ 대칭 값 ⇨ 부울 ⇨
⇨ 거리 20

결합 ⇨ 바디 선택 ⇨ 확인

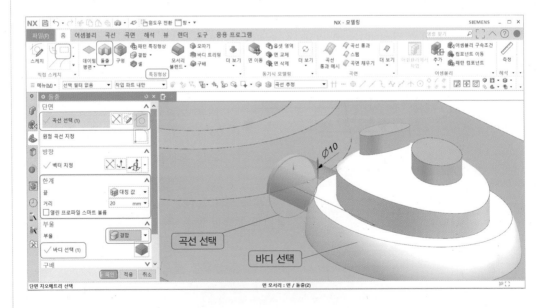

⑨ ▶▶ 모서리 블렌드(R) 모델링하기

01 ≫ 홈 ⇨ 특징형상 ⇨ 모서리 블렌드 ⇨ 모서리 선택 ⇨ 반경(R) 3 ⇨ 적용

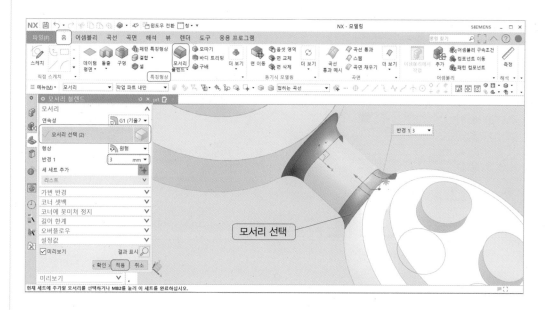

02 ≫ 모서리 선택 ⇨ 반경(R) 4 ⇨ 적용

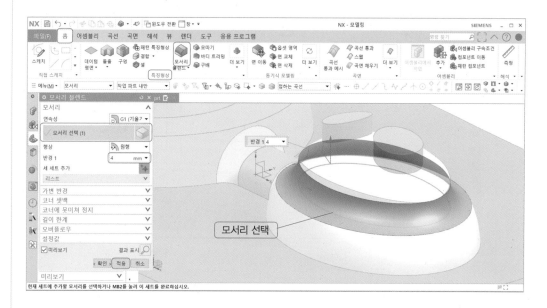

03 >> 모서리 선택 ⇨ 반경(R) 2 ⇨ 적용

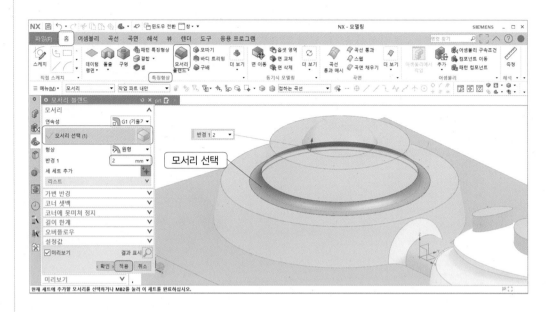

04 >> 모서리 선택 ⇨ 반경(R) 1 ⇨ 확인

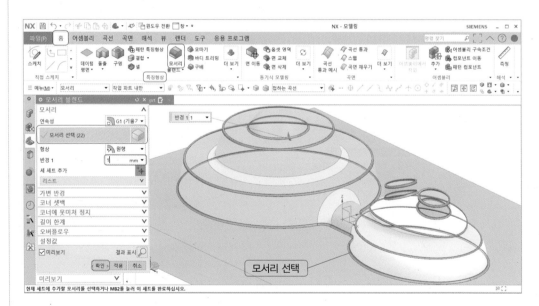

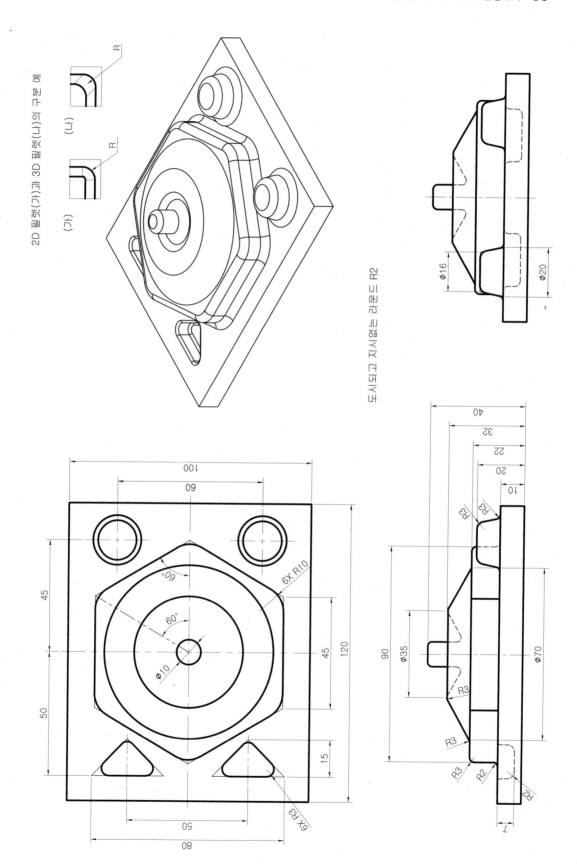

2D 필릿(가)과 3D 필릿(나)의 구분 예

(가)   (나)

도시되고 지시없는 라운드 R2

7 NX 형상 모델링 2

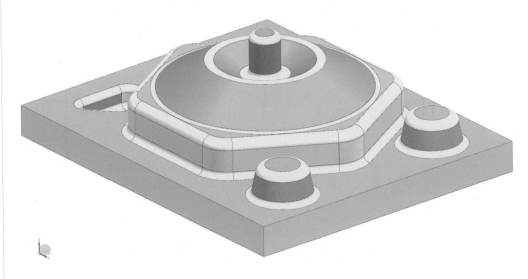

① ▶▶ 베이스 블록 모델링하기

01 ≫ XY평면에 사각형을 스케치하고 구속조건은 중간점으로 구속하여 치수를 입력한다.

02 ≫ 그림처럼 육각형을 스케치하고 치수 입력, 구속조건은 육각형 중심점과 원점을 일치 구속, 아래쪽 직선을 수평 구속한다.

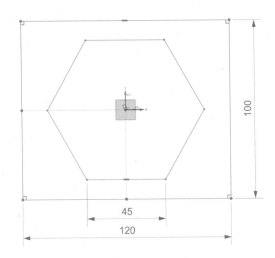

03 >> 홈 ⇨ 특징형상 ⇨ 돌출 ⇨ 단면 ⇨ 곡선 선택 ⇨ 한계 ⇨ 시작 ⇨ 거리 0 ⇨ 적용
　　　　　　　　　　　　　　　　　　　　　 ⇨ 끝 ⇨ 거리 10

💡 벡터 방향은 벡터 지정의 반전을 클릭하여 아래쪽으로 바꾸어 준다.

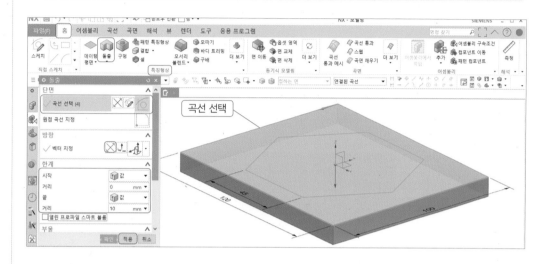

② ▶▶ 육각형 돌출 모델링하기

홈 ⇨ 특징형상 ⇨ 돌출 ⇨ 단면 ⇨ 곡선 선택 ⇨ 한계 ⇨ 시작 ⇨ 거리 0 ⇨ 부울 ⇨ 결합
　　　　　　　　　　　　　　　　　　　　　　 ⇨ 끝 ⇨ 거리 12

⇨ 바디 선택 ⇨ 확인

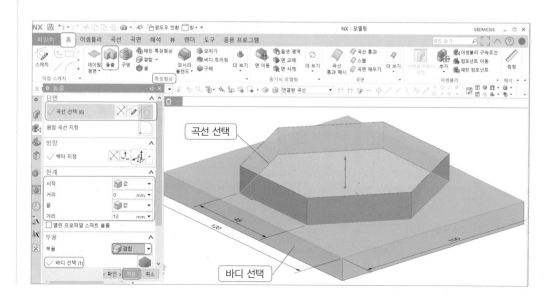

3 ▶▶ 회전 모델링하기

01 ≫ XZ평면에 그림처럼 스케치하고 치수 입력, 구속조건은 수직선을 Z축에 동일직선
으로 구속하고, 수평선은 모서리에 동일직선으로 구속한다.

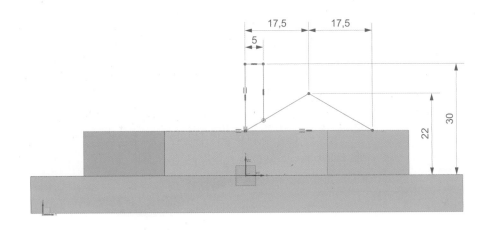

02 ≫ 홈 ⇨ 특징형상 ⇨ 회전 ⇨ 단면 ⇨ 곡선 선택 ⇨ 축 ⇨ 벡터 지정 ⇨ 한계

⇨ 시작 ⇨ 각도 0 ⇨ 부울 ⇨ 결합 ⇨ 바디 선택 ⇨ 확인
⇨ 끝 ⇨ 각도 360

💡 셀렉션 바에서 연결된 곡선으로 교차에서 정지 아이콘을 클릭하고 곡선을 선택한다.

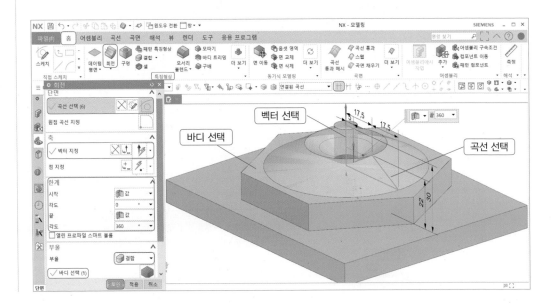

④ ▶▶ 대칭 곡선 그리기

01 ≫ XY평면에 그림처럼 원과 삼각형을 스케치하여 치수를 입력하고 구속조건은 이등변 삼각형이므로 두 직선을 같은 길이로 구속한다.

02 ≫ 대칭 곡선 ⇨ 개체 선택 ⇨ 곡선 선택 ⇨ 중심선 ⇨ 중심선 선택(X축) ⇨ 확인

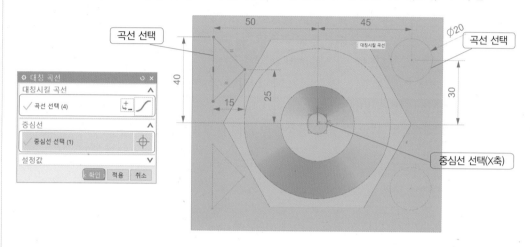

⑤ ▶▶ 원 그리기

01 ≫ XY평면에서 거리 10인 스케치 평면 생성은 스케치 ⇨ 스케치 면 ⇨ 평면 방법 : 새 평면 ⇨ 평면 지정(XY평면) ⇨ 스케치 방향 ⇨ 참조 ⇨ 수평 ⇨ 벡터 지정(모서리 선택) ⇨ 스케치 원점 ⇨ 점 다이얼로그 클릭(X : 0, Y : 0, Z : 0) ⇨ 확인

02 ≫ 원을 스케치하고 구속은 동심원, 같은 원호, 치수 입력한다.

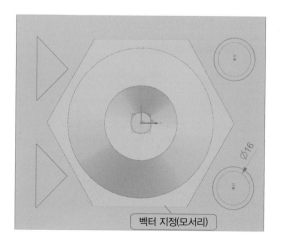

⑥ ▸▸ 곡선 통과 모델링하기

01 ⟫ 홈 ⇨ 곡면 ⇨ 곡선 통과 ⇨ 단면 ⇨ 곡선 선택 1 ⇨ 세 세트 추가 ⇨ 곡선 선택 2 ⇨
적용

02 ⟫ 같은 방법으로 1개를 추가로 모델링한다.

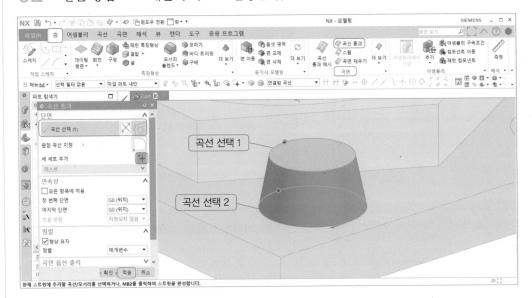

⑦ ▸▸ 결합 모델링하기

홈 ⇨ 특징형상 ⇨ 결합 ⇨ 타겟 ⇨ 바디 선택 ⇨ 공구 ⇨ 바디 2개 선택 ⇨ 확인

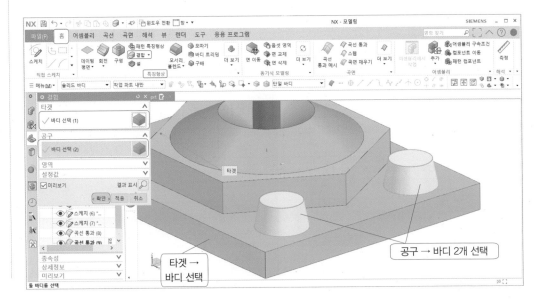

⑧ ▶▶ 돌출 모델링하기

홈 ⇨ 특징형상 ⇨ 돌출 ⇨ 단면 ⇨ 곡선 선택 ⇨ 한계 ⎡⇨ 시작 ⇨ 거리 0⎤ ⇨ 부울 ⇨ 빼기
⎣⇨ 끝 ⇨ 거리 7⎦

⇨ 바디 선택 ⇨ 확인

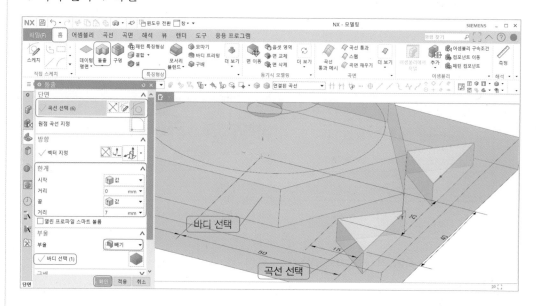

⑨ ▶▶ 모서리 블렌드(R) 모델링하기

01 ▶▶ 홈 ⇨ 특징형상 ⇨ 모서리 블렌드 ⇨ 블렌드할 모서리 ⇨ 모서리 선택 ⇨
반경(R) 10 ⇨ 적용

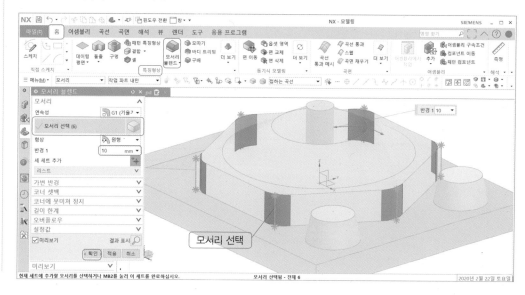

02 >> 모서리 선택 ⇨ 반경(R) 3 ⇨ 적용

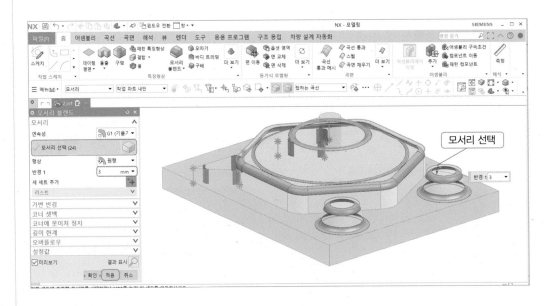

03 >> 모서리 선택 ⇨ 반경(R) 2 ⇨ 확인

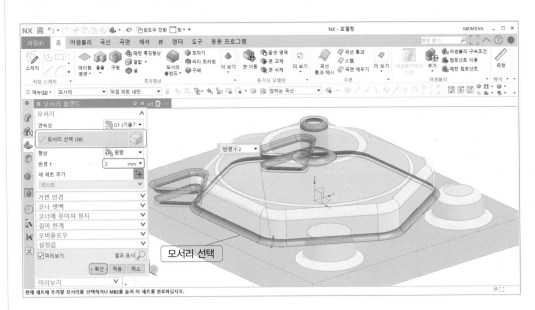

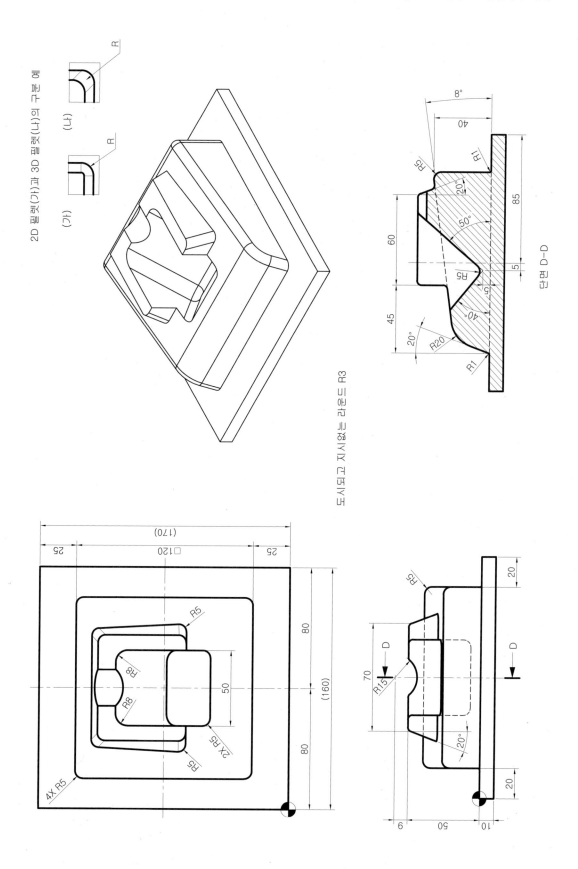

2D 필렛(가)과 3D 필렛(나)의 구분 예

(나)

(가)

도시되고 지시없는 라운드 R3

단면 D-D

8 NX 형상 모델링 3

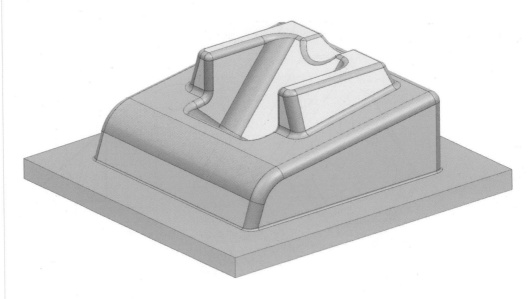

1 ▶▶ 베이스 블록 모델링하기

01 ›› XY평면에 사각형을 스케치하고 구속조건은 중간점으로 구속, 치수를 입력한다.

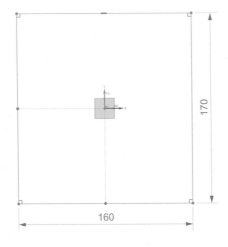

02 》 홈 ⇨ 특징형상 ⇨ 돌출 ⇨ 단면 ⇨ 곡선 선택 ⇨ 한계 ⇨ 시작 ⇨ 거리 0 ⇨ 확인
⇨ 끝 ⇨ 거리 10

💡 벡터 방향은 벡터 지정의 반전을 클릭하여 아래쪽으로 바꾸어 준다.

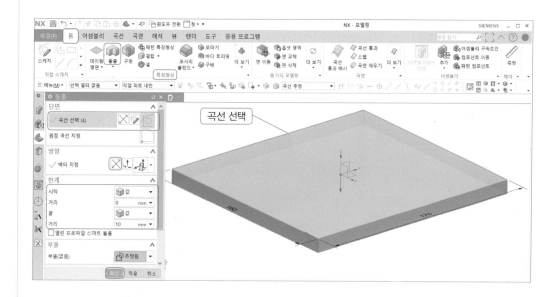

② ▶▶ 돌출 모델링하기

01 》 YZ평면에 그림처럼 스케치하고 치수와 구속조건은 X축에 동일직선으로 구속한다.

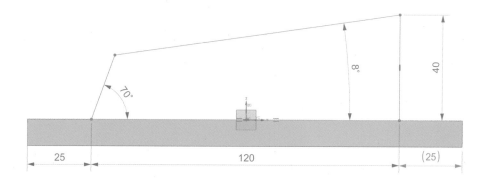

02 >> 홈 ⇨ 특징형상 ⇨ 돌출 ⇨ 단면 ⇨ 곡선 선택 ⇨ 한계 ⏐ 끝 ⇨ 대칭값 ⏐ ⇨ 부울
⇨ 거리 60

⇨ 결합 ⇨ 바디 선택 ⇨ 확인

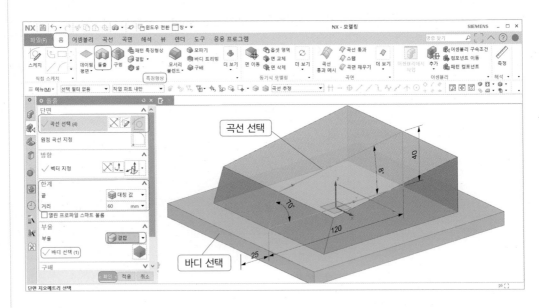

3 ▶▶ 돌출 모델링하기

01 >> XY평면에 그림처럼 사각형을 스케치하여 치수를 입력한다.

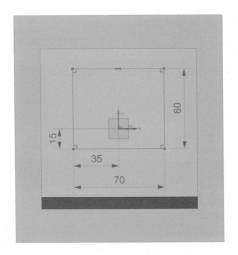

02 >> 홈 ⇨ 특징형상 ⇨ 돌출 ⇨ 단면 ⇨ 곡선 선택 ⇨ 한계 ⇨ 시작 ⇨ 거리 0 ⇨ 부울
⇨ 끝 ⇨ 거리 50

⇨ 결합 ⇨ 바디 선택 ⇨ 확인

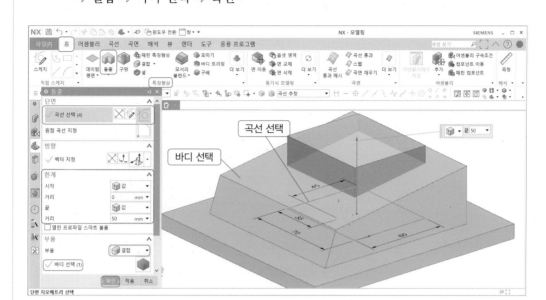

④ ▶▶ 구배 모델링하기

홈 ⇨ 특징형상 ⇨ 구배 ⇨ 참조 구배 ⇨ 고정 면 선택 ⇨ 구배할 면 ⇨ 면 선택 1, 2, 3 ⇨
각도 20° ⇨ 확인

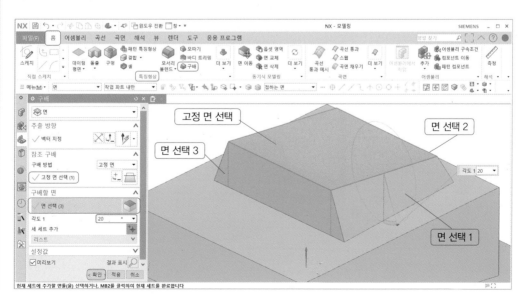

⑤ ▶▶ 돌출 모델링하기

01 >> YZ평면에 3점 사각형으로 스케치하고 치수를 입력한다. 3점 사각형 변의 치수 40
과 60은 임의 치수이다.

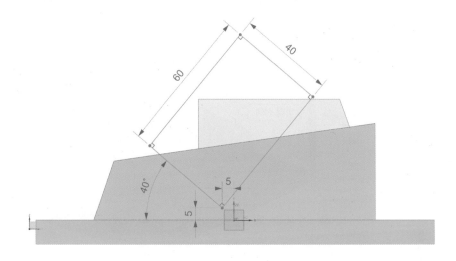

02 >> 홈 ⇨ 특징형상 ⇨ 돌출 ⇨ 단면 ⇨ 곡선 선택 ⇨ 한계 [끝 ⇨ 대칭값] ⇨ 부울
⇨ 거리 25

⇨ 빼기 ⇨ 바디 선택 ⇨ 확인

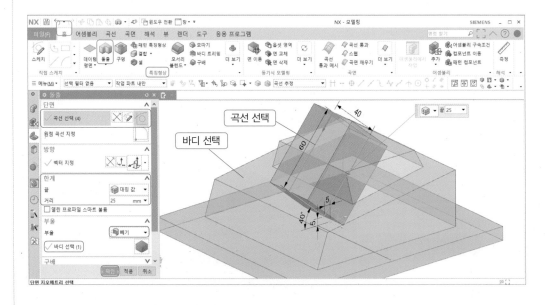

⑥ ▶▶ 원통 모델링하기

홈 ⇨ 특징형상 ⇨ 더 보기▼ ⇨ 설계 특징형상 ⇨ 원통 ⇨ 유형 ⇨ 축, 반경, 높이 ⇨ 축 ⇨
Yc ⇨ 점 지정 ⇨ 점 다이얼로그 ⇨ 좌표 ⇨ X : 0, Y : 0, Z : 59 ⇨ 확인 ⇨ 치수 ⇨
직경 30, 높이 50 ⇨ 부울 ⇨ 빼기 ⇨ 바디 선택 ⇨ 확인

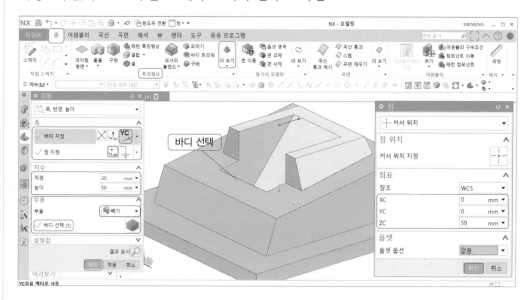

⑦ ▶▶ 모서리 블렌드(R) 모델링하기

01 ›› 홈 ⇨ 특징형상 ⇨ 모서리 블렌드 ⇨ 모서리 선택 ⇨ 반경(R) 20 ⇨ 적용

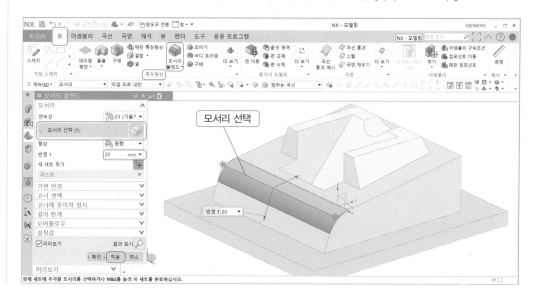

02 ›› 모서리 선택 ➪ 반경(R) 8 ➪ 적용

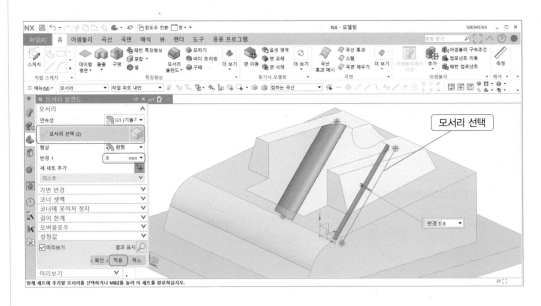

03 ›› 모서리 선택 ➪ 반경(R) 5 ➪ 적용

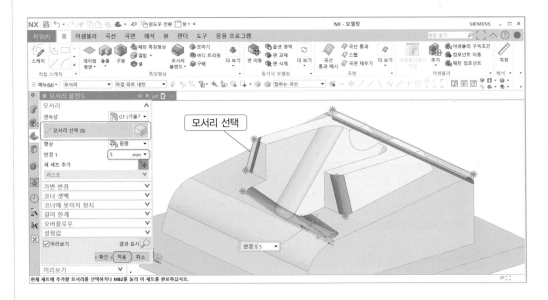

04 >> 모서리 선택 ⇨ 반경(R) 5 ⇨ 적용

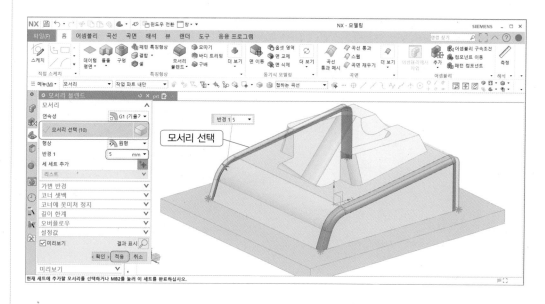

05 >> 모서리 선택 ⇨ 반경(R) 3 ⇨ 적용

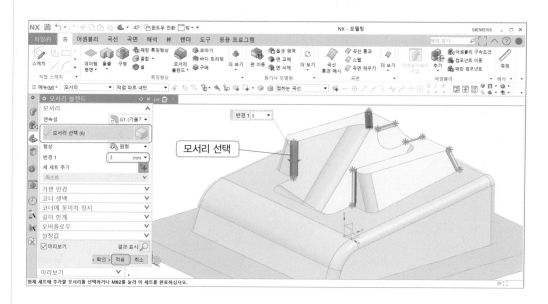

06 ≫ 모서리 선택 ⇨ 반경(R) 3 ⇨ 적용

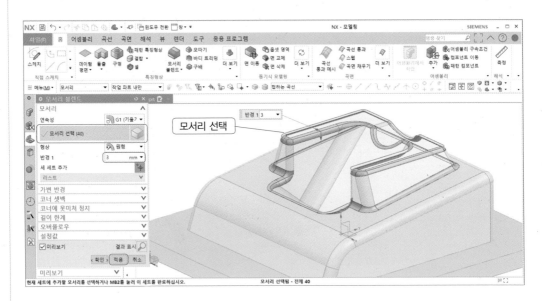

07 ≫ 모서리 선택 ⇨ 반경(R) 1 ⇨ 확인

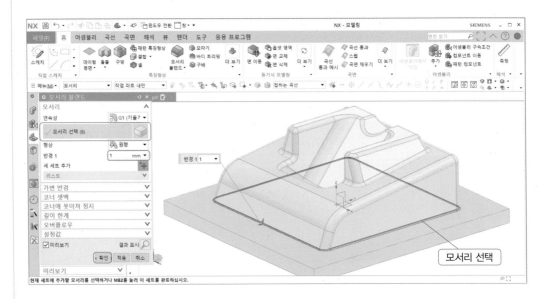

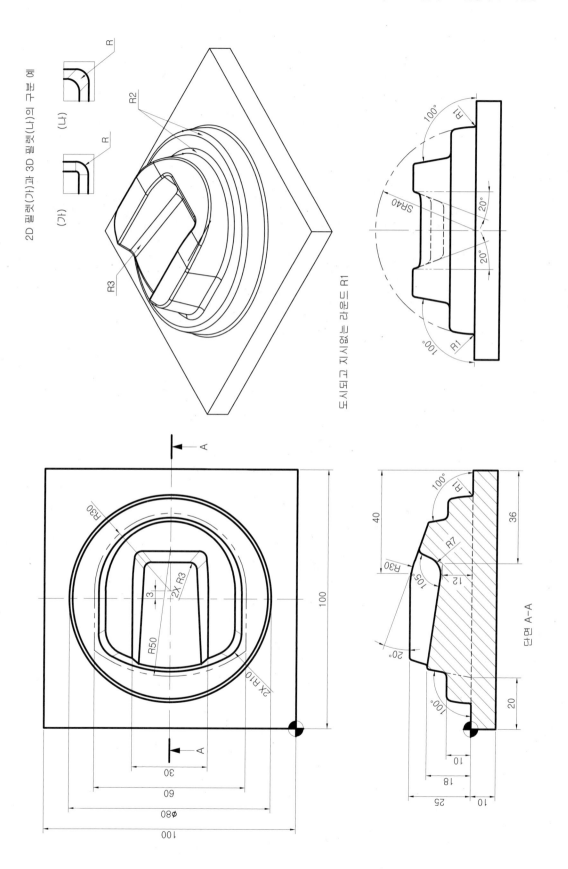

2D 필렛(가)과 3D 필렛(나)의 구분 예

도시되고 지시없는 라운드 R1

단면 A-A

9 NX 형상 모델링 4

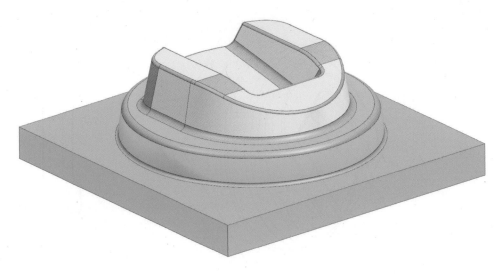

① ▶▶ 베이스 블록 모델링하기

01 ≫ XY평면에 스케치하고 구속조건은 같은 길이와 중간점으로 구속, 치수를 입력한다.

02 ≫ 그림과 같이 원의 중심점을 원점에 일치 구속하여 스케치하고 치수 입력, 직선을
스케치하고, X축에 동일 직선으로 구속한다.

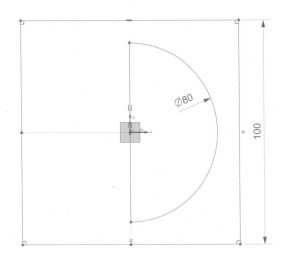

03 >> 홈 ⇨ 특징형상 ⇨ 돌출 ⇨ 단면 ⇨ 곡선 선택 ⇨ 한계 ┌ ⇨ 시작 ⇨ 거리 0 ┐ ⇨ 확인
└ ⇨ 끝 ⇨ 거리 10 ┘

💡 벡터 방향은 벡터 지정의 반전을 클릭하여 아래쪽으로 바꾸어 준다.

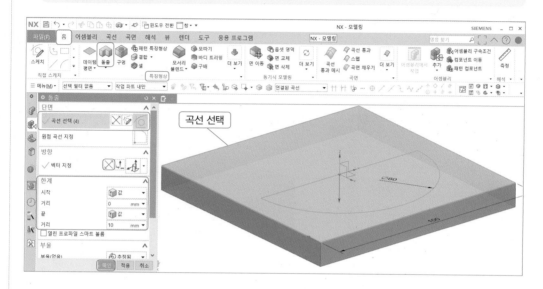

곡선 선택

2 ▶▶ 회전 모델링하기

홈 ⇨ 특징형상 ⇨ 회전 ⇨ 단면 ⇨ 곡선 선택 ⇨ 축 ⇨ 벡터 지정 ⇨ 한계 ┌ ⇨ 시작 ⇨ 각도 0 ┐
└ ⇨ 끝 ⇨ 각도 180 ┘

⇨ 부울 ⇨ 결합 ⇨ 바디 선택 ⇨ 확인

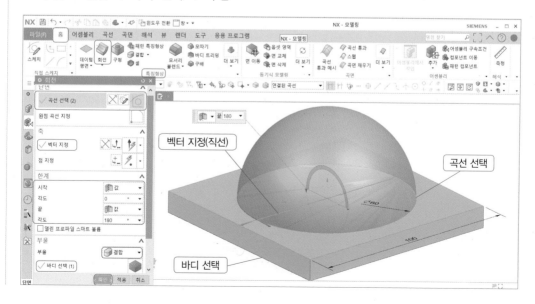

벡터 지정(직선)

곡선 선택

바디 선택

③ ▶▶ 돌출 모델링하기

홈 ⇨ 특징형상 ⇨ 돌출 ⇨ 단면 ⇨ 곡선 선택 ⇨ 한계 | ⇨ 시작 ⇨ 거리 10 | ⇨ 부울 ⇨ **빼기**
| ⇨ 끝 ⇨ 거리 40 |

⇨ 바디 선택 ⇨ 확인

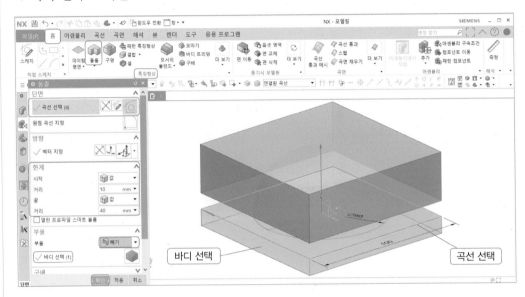

④ ▶▶ 단일 구배 돌출 모델링하기

01 ≫ XY평면에 그림처럼 스케치하고 치수 입력, 구속조건은 원의 중심을 X축에 곡선 상의 점으로 구속, 직선을 원에 접함 구속한다.

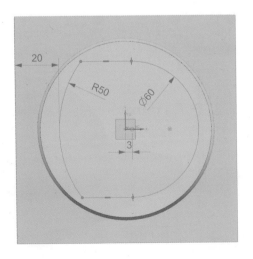

02 >> 홈 ⇨ 특징형상 ⇨ 돌출 ⇨ 단면 ⇨ 곡선 선택 ⇨ 한계 ⇨ 시작 ⇨ 거리 10 ⇨ 부울
⇨ 끝 ⇨ 거리 25

⇨ 결합 ⇨ 바디 선택 ⇨ 구배 ⇨ 시작 한계로부터 ⇨ 각도 10° ⇨ 확인

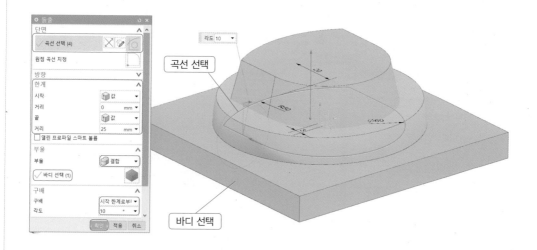

5 ▸▸ **돌출 모델링하기**

01 >> XZ평면에 그림처럼 직삼각형을 스케치하고 치수와 구속조건은 위 모서리와 직선
을 동일 직선으로 구속한다. 수직선 치수 10은 임의 치수이다.

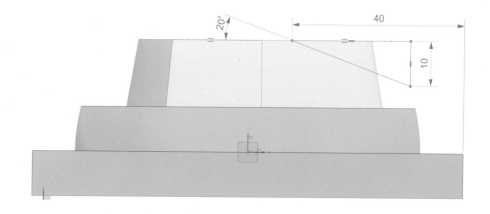

02 》 홈 ⇨ 특징형상 ⇨ 돌출 ⇨ 단면 ⇨ 곡선 선택 ⇨ 한계 ⇨ 끝 ⇨ 대칭값 ⇨ 부울 ⇨ 거리 25

  ⇨ 빼기 ⇨ 바디 선택 ⇨ 확인

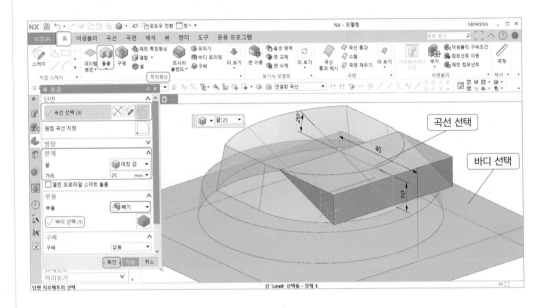

6 ▶▶ 돌출 모델링하기

01 》 XZ평면에 교차 곡선을 스케치하고 곡선을 클릭하여 참조하도록 변환한다.

02 》 그림처럼 스케치하고 수직선의 끝점을 참조 선에 곡선 상의 점으로 구속, 치수 입력한다.

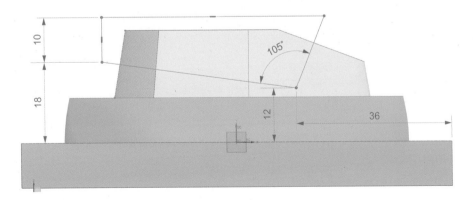

03 >> 홈 ⇨ 특징형상 ⇨ 돌출 ⇨ 단면 ⇨ 곡선 선택 ⇨ 한계 끝 ⇨ 대칭값 ⇨ 부울

⇨ 거리 15

⇨ 빼기 ⇨ 바디 선택 ⇨ 확인

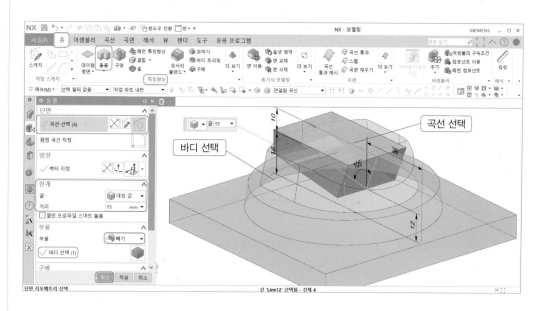

7 ▶▶ 구배 모델링하기

홈 ⇨ 특징형상 ⇨ 구배 ⇨ 참조 구배 ⇨ 고정 면 선택 ⇨ 구배할 면 ⇨ 면 선택 ⇨ 각도 20°
⇨ 확인

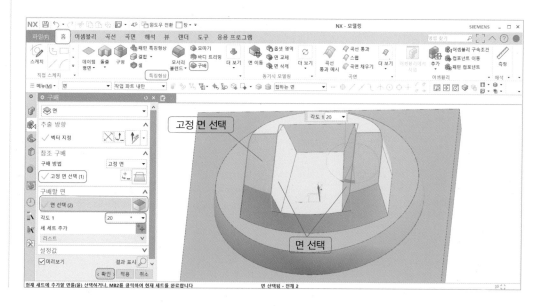

8 ▶▶ 모서리 블렌드(R) 모델링하기

01 ≫ 홈 ⇨ 특징형상 ⇨ 모서리 블렌드 ⇨ 모서리 선택 ⇨ 반경(R) 30 ⇨ 적용

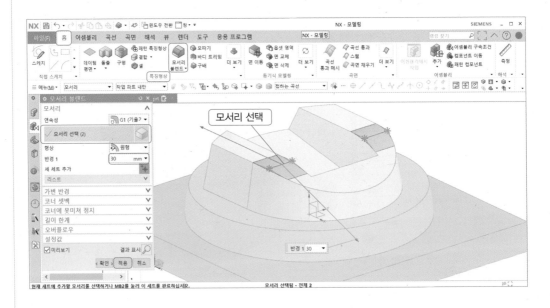

02 ≫ 모서리 선택 ⇨ 반경(R) 10 ⇨ 적용

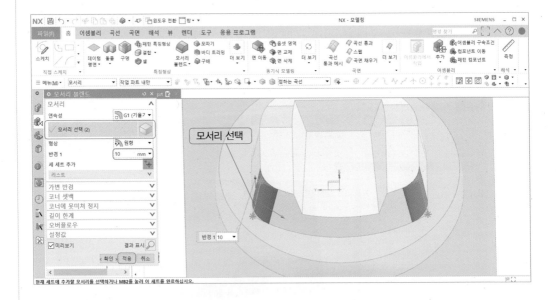

03 >> 모서리 선택 ➡ 반경(R) 7 ➡ 적용

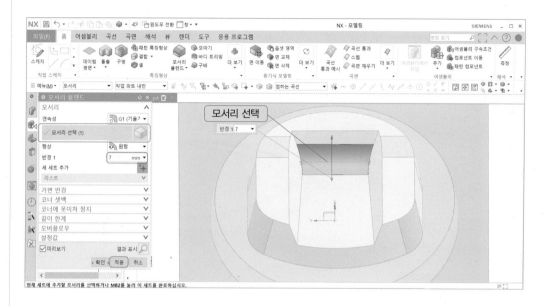

04 >> 모서리 선택 ➡ 반경(R) 3 ➡ 적용

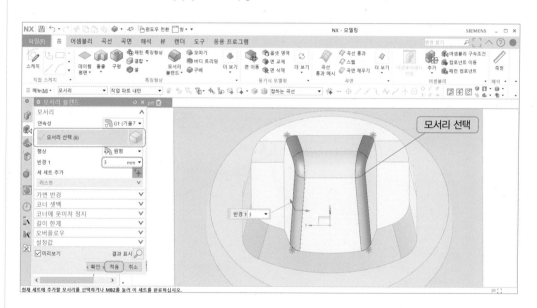

05 >> 모서리 선택 ⇨ 반경(R) 2 ⇨ 적용

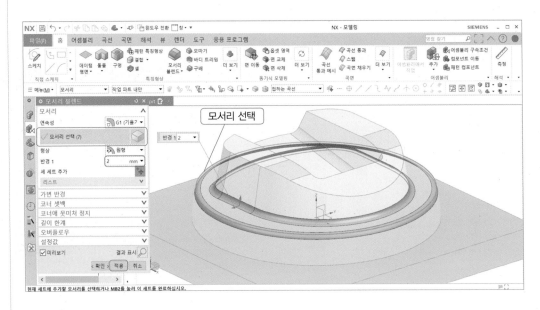

06 >> 모서리 선택 ⇨ 반경(R) 1 ⇨ 확인

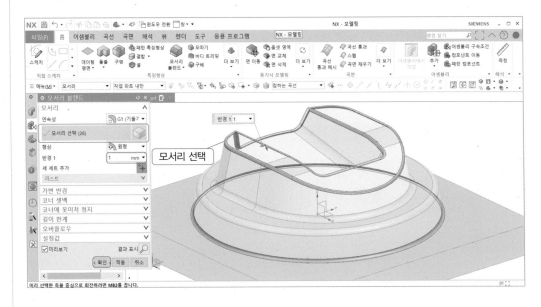

Chapter 4

서피스 모델링하기

1 스웹 모델링하기

1 ▶▶ 가이드를 따라 스위핑

가이드를 따라 스위핑 명령은 곡선, 모서리 또는 면을 통해 구성된 가이드를 따라 스위핑할 단면인 곡선, 모서리 또는 면을 돌출시켜 단일 바디를 생성할 수 있다.

- 단면 : 단면 곡선으로 사용할 곡선을 선택한다. 선택 의도를 사용하면 보다 쉽게 오브젝트를 선택할 수 있고 선택 규칙을 설정할 수 있다.
- 가이드 : 단면 곡선을 안내할 길을 만들어준다. 가이드의 직각 방향으로 단면이 생성된다.
- 옵셋 : 첫 번째 옵셋, 두 번째 옵셋 값을 입력한다.
- 부울 : 가이드를 따라 스위핑할 때 바디를 바로 차집합/교집합/합집합의 부울 연산이 가능하다.
- 설정값 : 바디 유형에는 솔리드와 시트 바디를 설정할 수 있다.

■ 홈 ⇨ 곡면 ⇨ 더 보기▼ ⇨ 곡면 ⇨ 가이드를 따라 스위핑() ⇨ 단면 : 곡선 선택 ⇨ 가이드 : 곡선 선택 ⇨ 확인

- 단면 곡선을 사용하는 경우 가이드 곡선을 따라 단면을 스윕하여 솔리드 또는 시트 바디를 생성할 수 있다. 이 명령은 스웹 명령과 유사하게 보일 수도 있다. 그러나 가이드를 따라 스윕 특징형상에서는 다듬기 가이드 오브젝트가 있는지 여부에 상관없이 하나의 단면과 하나의 가이드만 선택할 수 있다.

- 가이드 곡선과 단면 곡선이 직교하지 않는 경우 옵셋이 원하는 형상이 되지 않을 수 있다.

💡 그림과 같은 단면의 옵셋은 0이다.

---

② ▶▶ 스웹(Swept)

스웹 명령은 가이드 곡선을 따라가는 단면 곡선을 선택하여 솔리드 바디나 시트 바디를 생성할 수 있다. 단면 곡선은 반드시 가이드 곡선에 연결될 필요는 없다.

- 단면 : 단면 곡선은 1~150개까지 선택 가능하며, 선택할 수 있는 객체로는 곡선, 솔리드 모서리를 지정할 수 있다.
- 가이드 : 가이드 곡선은 1~3개의 가이드를 선택할 수 있으며, 선택할 수 있는 객체로는 곡선, 솔리드 모서리를 지정할 수 있다.
- 스파인 : 단면 연속성의 방향을 더 자세히 제어할 때 사용된다. 스파인은 단면이 1개인 경우에만 시트 길이에 영향을 준다.
- 단면 옵션 : 면의 형태를 정렬하거나, 단면 또는 가이드의 개수가 하나일 때 방향이나 배율을 제어할 수 있다.
  ☑ 형상 유지를 체크하면 각진 모서리가 생성된다.

■ 홈 ⇨ 곡면 ⇨ 스웹(🔗) ⇨ 단면 : 곡선 선택 ⇨ 가이드 : 곡선 선택 ⇨ 확인

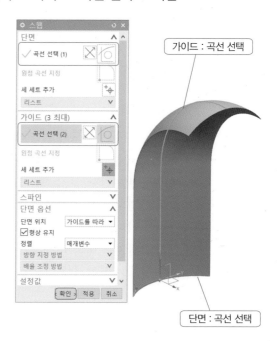

• 단면 곡선은 열린 가이드 경로의 시작점 또는 닫힌 가이드 경로 곡선의 끝점에 가이드를 기준으로 배치한다.
• 단면 곡선과 가이드 곡선이 너무 멀리 떨어져 있는 경우 원하지 않은 형상이 생성될 수도 있다.
• 스웹 방향은 가이드 곡선 방향이고, 스웹 길이는 가이드 곡선 길이이다.
• 가이드 경로에 원호가 사용되면 시스템에서는 회전 방법을 사용한다.
• 회전축은 원호 평면에 법선으로 원호 중심에 배치되는 원호 축이다.
• 회전 각도는 원호의 시작과 끝 각도 사이 각이다.

2 메시 곡면

① ▶ Ruled

Ruled 명령은 두 개의 단면 사이의 곡선 또는 모서리를 선택하여 시트 바디나 솔리드 바디를 생성한다.

• 단면 스트링 1 : 첫 번째 곡선 또는 점을 선택하여 첫 번째 단면이 된다.
• 단면 스트링 2 : 첫 번째 곡선을 선택하여 두 번째 단면이 된다.
• 정렬
  – 매개변수 : 정의된 곡선을 따라 같은 매개변수 간격으로 동일한 매개변수 곡선이 지나가도록 점을 배치한다.
  – 원호 길이 : 정의 곡선의 길이를 같은 비율로 나누어 매개변수 곡선이 지나도록 점을 배치한다.
  – 거리 : 두 단면의 교차 지점에 곡면을 생성한다.
  – 점 : 매개변수 곡선이 지나가는 점을 직접 생성한다.
  – 각도 : 각도 반지름 내의 곡면을 생성한다.
  – 스파인 곡선 : 기준 곡선에 대하여 생성한다.

■ 곡면 ⇨ 곡면 ⇨ 더 보기▼ ⇨ 메시 곡면 ⇨ Ruled() ⇨ 단면 스트링 1 : 곡선 또는 점 선택 ⇨ 단면 스트링 2 : 곡선 선택 ⇨ 확인

- 곡선 선택 : 곡선의 벡터 방향은 같은 방향으로 해야 하며, 곡선의 벡터 방향이 잘못된 경우 시트가 생성되지 않거나, 꼬인 시트가 생성된다.
- 매개변수 : 곡선을 따라 같은 매개변수 간격으로 동일한 곡선이 되도록 점을 배치한다.
- 원호 길이 : 곡선의 길이를 같은 비율로 지나도록 점을 배치한다.
- 거리 : 두 단면의 교차 지점에 곡면 생성
- 점 : 곡선이 지나가는 점을 직접 생성
- 각도 : 각도 반지름 내의 곡면을 생성
- 스파인 곡선 : 기준 곡선에 대하여 생성

② ▶▶ 곡선 통과

곡선 통과 명령은 2개 이상의 단면 곡선을 선택하여 시트 바디나 솔리드 바디를 생성한다. 단면 곡선은 한 객체 또는 여러 객체로 구성될 수 있다. 각 객체로는 곡선, 솔리드 모서리 또는 솔리드 면을 사용할 수 있다.

- 단면 : 곡선 또는 점 선택을 할 수 있다.
  - 2개 이상의 단면 곡선을 선택하여 시트 바디나 솔리드 바디를 생성한다.
  - 단면 곡선 1 선택 후 세 세트 추가를 클릭하여 단면 곡선 2를 추가할 수 있으며, 계속 세 세트 추가해서 150개까지 단면을 추가할 수 있다.
    - 연속성 : 정의된 곡선의 연속성은 새 곡면이 접하는 곡면에 연속인 G0, G1 또는 G2가 되도록 구속한다.
    - 정렬
      - 매개변수 : 정의된 곡선을 따라 같은 매개변수 간격으로 동일한 매개변수 곡선이 지나가도록 점을 배치한다.
      - 원호 길이 : 정의 곡선의 길이를 같은 비율로 나누어 매개변수 곡선이 지나가도록 점을 배치한다.
      - 거리 : 두 단면의 교차 지점에 곡면을 생성한다.
      - 점 : 매개변수 곡선이 지나가는 점을 직접 생성한다.
      - 각도 : 각도 반지름 내의 곡면을 생성한다.
      - 스파인 곡선 : 기준 곡선에 대하여 생성한다.

■ 곡면 ⇨ 곡면 ⇨ 통과 곡선() ⇨ 단면 : 곡선 선택 1 ⇨ 세 세트 추가 : 곡선 선택 2 ⇨ 세 세트 추가 : 곡선 선택 3 ⇨ 확인

- 곡선 선택은 세 세트 추가하여 150개까지 단면을 추가할 수 있다.
- Ruled와 마찬가지로 벡터 방향에 주의하여 곡선을 선택해야 한다.
- 곡선이 닫혀있을 경우에는 시트 바디와 솔리드 바디로 생성할 수 있다.
- 단면이 접하는 곡면에 연속인 G0, G1 또는 G2가 되도록 구속한다.

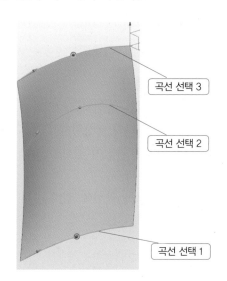

3 ▶▶ 곡선 통과 메시(Through curve Mesh)

곡선 통과 메시는 2개 이상의 기본 곡선과 2개 이상의 교차 곡선을 선택하여 시트 바디나 솔리드 바디를 생성한다. 교차 곡선이 기본 곡선을 따라가면서 생성된다. 기본 곡선은 곡선이나 점을 선택한다.

- 기본 곡선 : 곡선 또는 점 선택을 한다. 세 세트 추가를 클릭하면 곡선을 추가 선택할 수 있다. 2~150개의 기본 곡선을 선택할 수 있다.
- 교차 곡선 : 기본 곡선과 교차된 곡선을 선택한다. 세 세트 추가를 클릭하면 곡선을 추가 선택할 수 있다. 2~150개의 기본 곡선을 선택할 수 있다.
- 연속성 : 첫 번째 또는 마지막 기본 곡선과 교차 곡선의 면과 맞닿는 다른 면에 접함 또는 Curvature 구속을 줄 수 있다.
- 새 곡면이 접하는 곡면에 연속인 G0, G1 또는 G2가 되도록 구속한다.

■ 곡면 ⇨ 곡면 ⇨ 곡선 통과 메시() ⇨ 기본 곡선 : 곡선 선택 1 ⇨ 세 세트 추가 : 곡선 선택 2 ⇨ 교차 곡선 : 곡선 선택 1 ⇨ 세 세트 추가 : 곡선 선택 2 ⇨ 세 세트 추가 : 곡선 선택 3 ⇨ 확인

• 기본 곡선과 교차 곡선이 교차하지 않으면 공차 값을 떨어진 거리보다 크게 해야 한다. 기본 곡선과 교차 곡선이 교차하지 않을 경우 아래 그림과 같이 공차를 떨어진 거리 값보다 크게 주어야 한다.

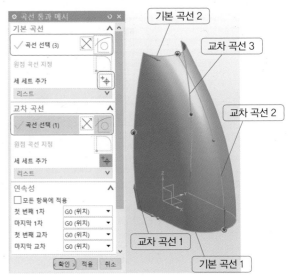

• 곡면 옵션 출력
  – 양쪽 : 기본 곡선과 교차 곡선 사이에 바디가 생성된다.
  – 1차 : 기본 곡선에 접하는 바디가 생성된다.
  – 교차 : 교차 곡선에 접하는 바디가 생성된다.

(4) ▶▶ N-변 곡면(N-side Surface)

N-변 곡면 명령은 곡선 로프트로 둘러싸인 곡면을 생성한다. 열려있거나 닫혀있는 단순 루프를 생성하거나 무제한의 곡선 모서리를 갖는 곡면을 생성한다.

• 유형 : 트리밍됨, 삼각형 두 유형이 있다.
• 외부 루프 : 채우려는 선을 선택한다.
• 구속조건 면 : 선 주위의 면을 선택하여 면에 대하여 접함 구속 작업을 할 때 사용한다.
• UV 방향 : 방향을 정하여 준다.
  – 면적 : 영역 안에서 임의로 정하여 준다.
  – 벡터 : 벡터를 지정한다.
  – 스파인 : 기준을 지정한다.

■ 곡면 ⇨ 곡면 ⇨ 더 보기▼ ⇨ 메시 곡면 ⇨ N–변 곡면(◐) ⇨ 트리밍됨 ⇨ 외부 루프 : 곡
선 선택 ⇨ 구속조건 면 : 면 선택 ⇨ 설정값 : ☑경계에 대한 트리밍 ⇨ 확인

• 구속조건 면 : 곡선 주위의 면을 선택하여 면에 대하여 접함 구속되어 자연스럽게 접하는
곡면을 형성한다.
  – 면 선택은 곡선 주위의 면을 선택
  – ☑ 경계에 대한 트리밍을 체크하면 곡면이 경계에서 트리밍된다.

2D 필렛(가)과 3D 필렛(나)의 구분 예

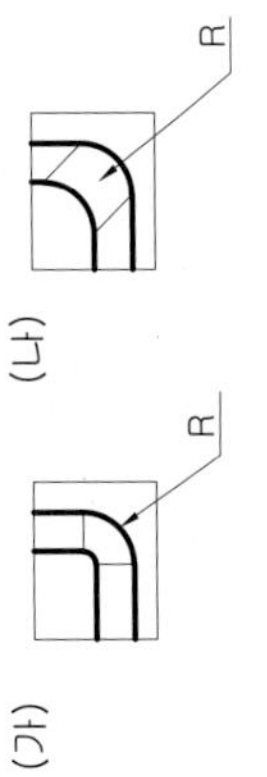

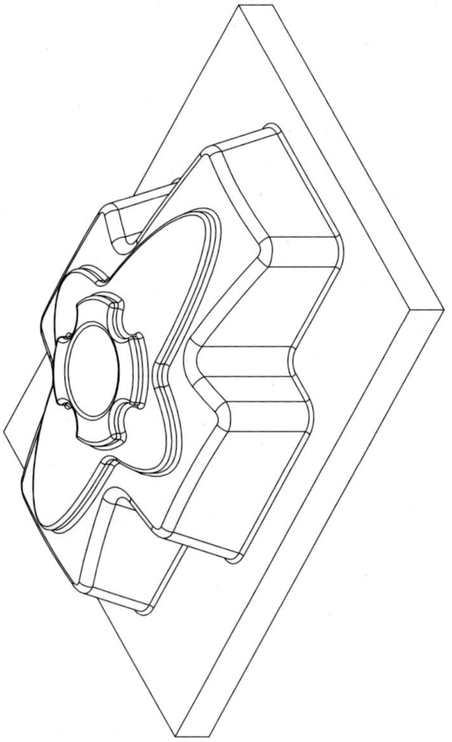

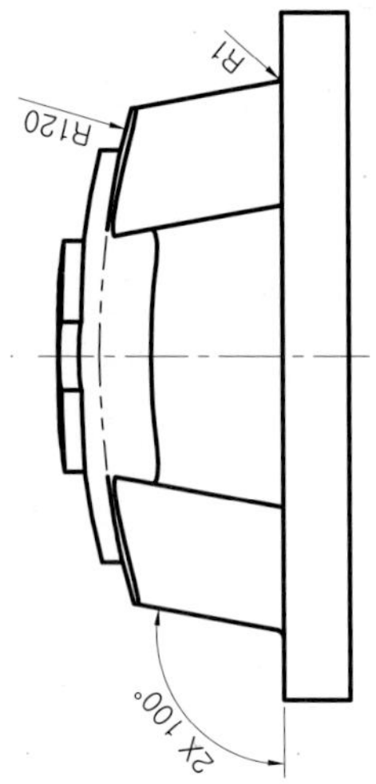

(가) (나)

R R

도시되고 지시없는 라운드 R1

100
60
44

140
120
50

4X Ø10
Ø35
4X R5
12X R5
30
100
10
30
80

20
10
R1
R200
Offset3
Offset3
SR13
41
R3
2X 100°
20

R120
R1
2X 100°

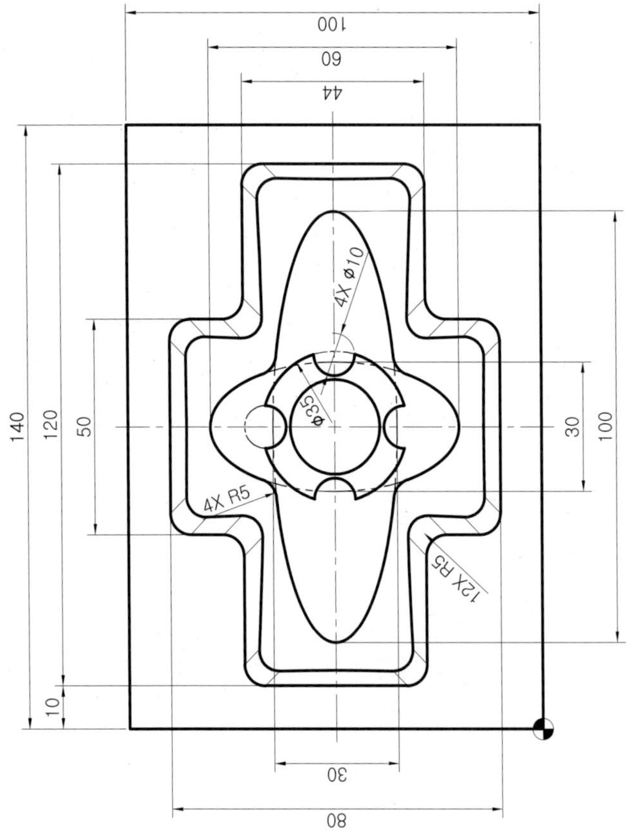

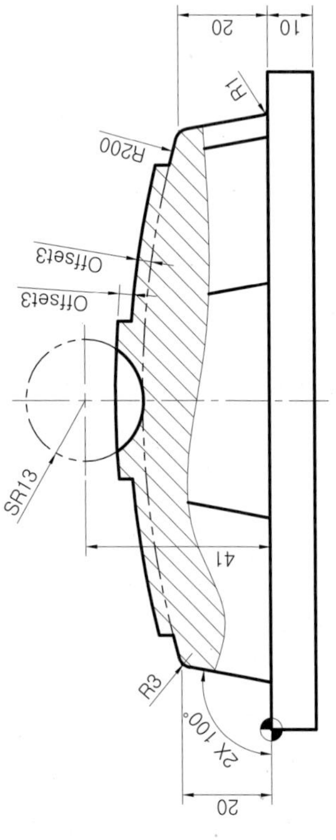

3 **형상 모델링 1**

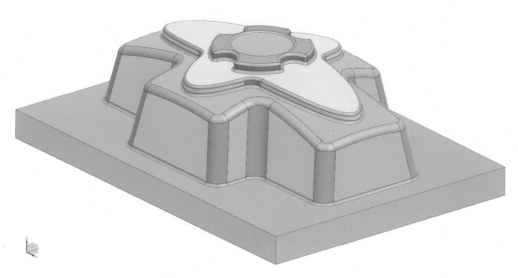

1 ▶▶ 베이스 블록 모델링하기

01 ≫ XY평면에 스케치하고 구속조건은 중간점으로 구속, 치수를 입력한다.

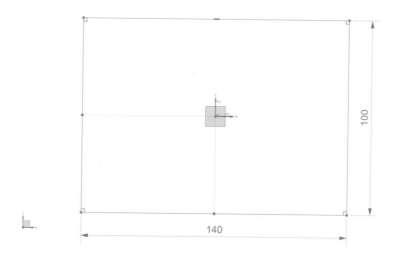

02 >> 홈 ⇨ 특징형상 ⇨ 돌출 ⇨ 단면 ⇨ 곡선 선택 ⇨ 한계 ⇨ 시작 ⇨ 거리 0 ⇨ 확인
　　　　　　　　　　　　　　　　　　　　　　⇨ 끝 ⇨ 거리 10

💡 벡터 방향은 벡터 지정의 반전을 클릭하여 아래쪽으로 바꾸어 준다.

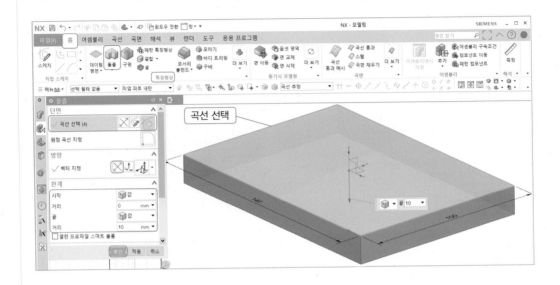

2 ▶▶ 복수 구배 돌출 모델링하기

01 >> XY평면에 스케치하고 치수 입력, 구속조건은 중간점으로 구속한다.

💡 트리밍을 하면 곡선을 한번에 선택할 수 있다.

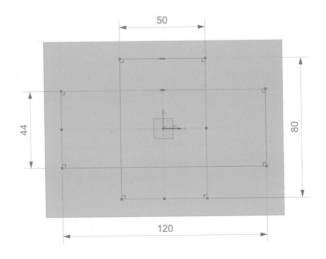

02 ≫ 홈 ⇨ 특징형상 ⇨ 돌출 ⇨ 단면 ⇨ 곡선 선택 ⇨ 한계 ⇨ 시작 ⇨ 거리 0 ⇨ 부울

⇨ 끝 ⇨ 거리 30

⇨ 결합 ⇨ 바디 선택 ⇨ 구배 ⇨ 시작 한계로부터 ⇨ 각도 10° ⇨ 확인

💡 셀렉션 바에서 연결된 곡선으로 교차에서 정지 아이콘을 클릭하고 곡선을 선택한다.

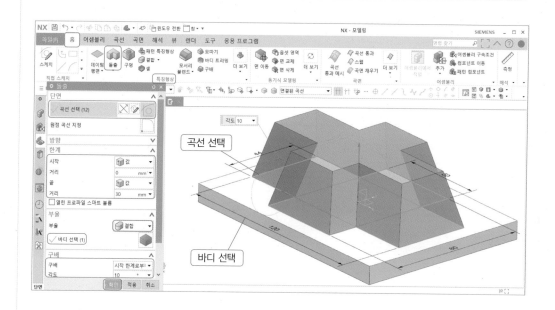

3 ▸▸ 가이드를 따라 스위핑 모델링하기

01 ≫ XZ평면에 점을 스케치하여 모서리에 곡선 상의 점으로 구속하고 치수를 입력, 원호를 스케치하고 점에 곡선 상의 점으로 구속하여 치수를 입력, 원의 중심점은 Z축에 곡선 상의 점으로 구속한다.

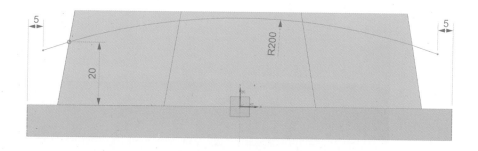

02 >> 스케치 ⇨ 스케치 유형 ⇨ 평면 상에서 ⇨ 스케치 면 ⇨ 평면 방법 ⇨ 새 평면 ⇨ 평
면 지정(곡선 끝점 선택) ⇨ 스케치 방향 ⇨ 참조 : 수평 ⇨ 벡터 지정(모서리) ⇨ 점
다이얼로그(0, 0, 0) ⇨ 확인

03 >> 그림처럼 평면 지정(가이드 곡선 끝점 선택)하고, 벡터 방향은 모서리를 선택한다.
점 지정은 점 다이얼로그를 클릭하여 좌푯값(0, 0, 0)을 입력한다.

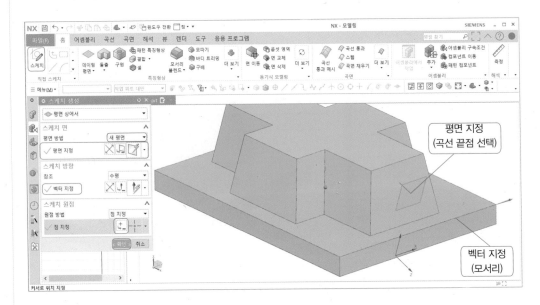

04 >> 앞에서 생성한 스케치 평면에 원호를 스케치하여 가이드 곡선의 끝점에 단면 곡선
을 곡선 상의 점으로 구속하고, 단면 곡선에 원호의 중심점을 Z축에 곡선 상의 점
으로 구속한다. 그림처럼 치수를 입력한다.

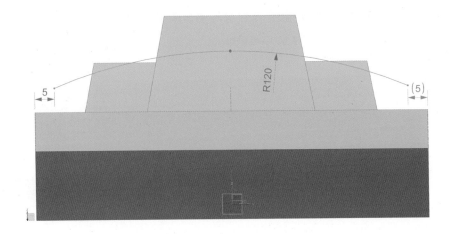

05 ≫ 홈 ⇨ 곡면 ⇨ 더 보기▼ ⇨ 스위핑 ⇨ 가이드를 따라 스위핑 ⇨ 단면 ⇨ 곡선 선택
⇨ 가이드 ⇨ 곡선 선택 ⇨ 옵셋 ⇨ 첫 번째 옵셋   0 ⇨ 부울 ⇨ 빼기 ⇨ 바디 선택
두 번째 옵셋 −15
⇨ 확인

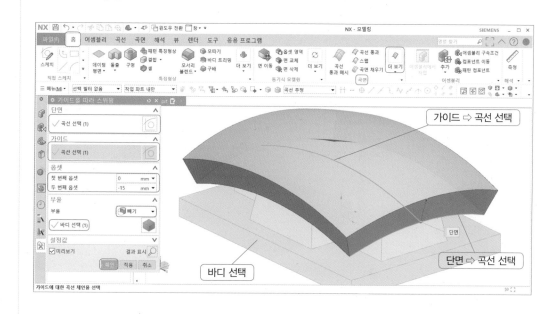

4 ▶▶ 돌출 모델링하기

01 ≫ XY평면에 타원을 스케치하고 구속조건은 타원의 중심점과 스케치 원점에 일치 구
속, 치수를 입력한다. 타원은 구속조건이 1개 부족하다.

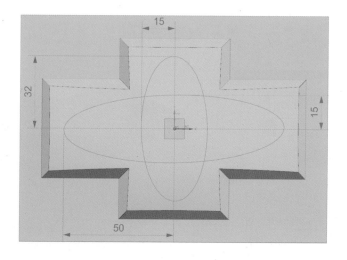

02 ≫ 홈 ⇨ 특징형상 ⇨ 돌출 ⇨ 단면 ⇨ 곡선 선택 ⇨ 한계

⇨ 시작 ⇨ 거리 0	⇨ 부울
⇨ 끝 ⇨ 거리 30	

⇨ 결합 ⇨ 바디 선택 ⇨ 확인

💡 셀렉션 바에서 단일 곡선으로 교차에서 정지 아이콘을 클릭하고 곡선을 선택한다.

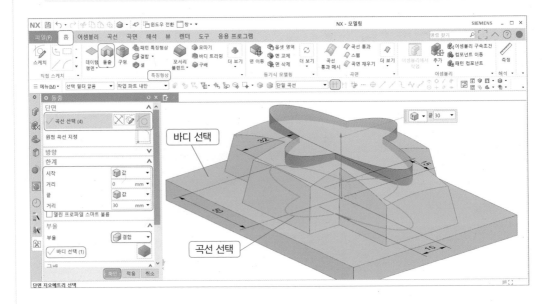

⑤ ▶▶ 면 교체 1(옵셋 3mm)

홈 ⇨ 동기식 모델링 ⇨ 면 교체 ⇨ 초기면 ⇨ 면 선택 ⇨ 교체할 새로운 면 ⇨ 면 선택 ⇨ 옵셋 ⇨ 거리 : 3 ⇨ 확인

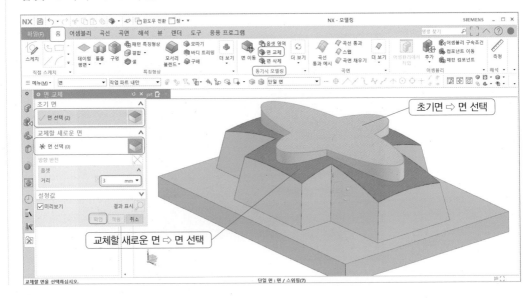

6 ▶▶ 돌출 모델링하기

01 ≫ XY평면에 ∅35 원을 원점에 스케치하고 치수 입력, 구속조건은 원의 중심점을 X축과 원호에 곡선 상의 점과 같은 원호로 구속하고 치수 ∅10을 입력한다.

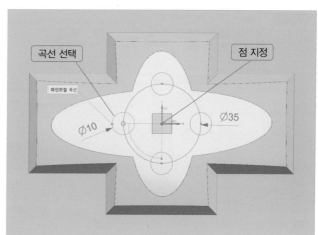

02 ≫ 홈 ➪ 특징형상 ➪ 돌출 ➪ 단면 ➪ 곡선 선택 ➪ 한계 ➪ 시작 ➪ 거리 0 ➪ 부울 ➪ 끝 ➪ 거리 35

➪ 결합 ➪ 바디 선택 ➪ 확인

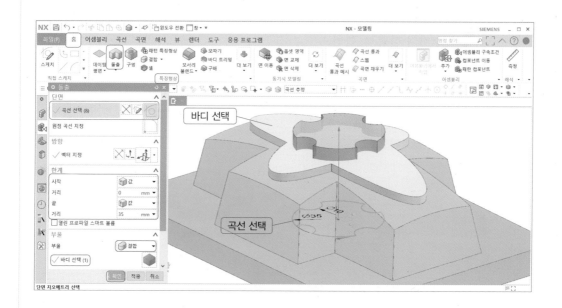

⑦ ▶▶ **면 교체 2(옵셋 3mm)**

홈 ⇨ 동기식 모델링 ⇨ 면 교체 ⇨ 초기면 ⇨ 면 선택 ⇨ 교체할 새로운 면 ⇨ 면 선택 ⇨
옵셋 ⇨ 거리 : 3 ⇨ 확인

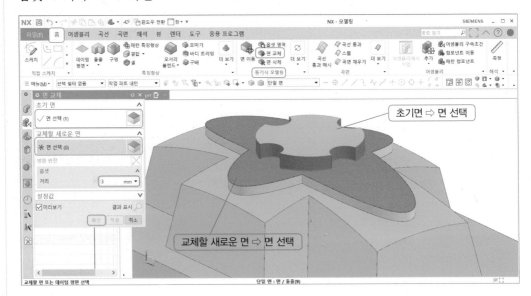

⑧ ▶▶ **구 모델링하기**

홈 ⇨ 특징형상 ⇨ 더 보기▼ ⇨ 설계 특징형상 ⇨ 구 ⇨ 유형 ⇨ 중심점과 직경 ⇨ 점 지
정 ⇨ 점 다이얼로그 ⇨ 좌표 ⇨ X : 0, Y : 0, Z : 41 ⇨ 확인 ⇨ 치수 ⇨ 직경 : 26 ⇨ 부울
⇨ 빼기 ⇨ 바디 선택 ⇨ 확인

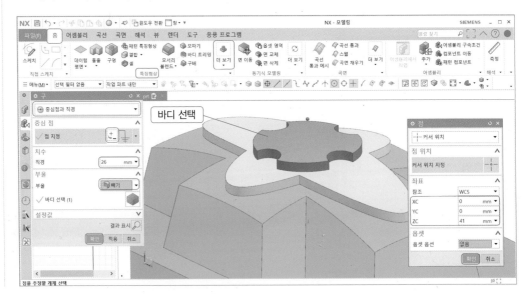

9 ▶▶ 모서리 블렌드(R) 모델링하기

01 ≫ 홈 ⇨ 특징형상 ⇨ 모서리 블렌드 ⇨ 모서리 선택 ⇨ 반경(R) 5 ⇨ 적용

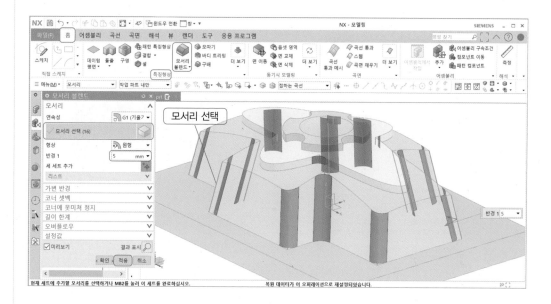

02 ≫ 모서리 선택 ⇨ 반경(R) 3 ⇨ 적용

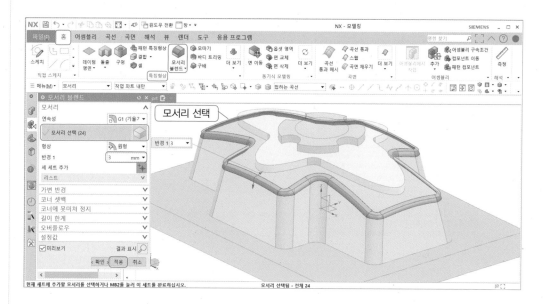

03 ≫ 모서리 선택 ➪ 반경(R) 1 ➪ 적용

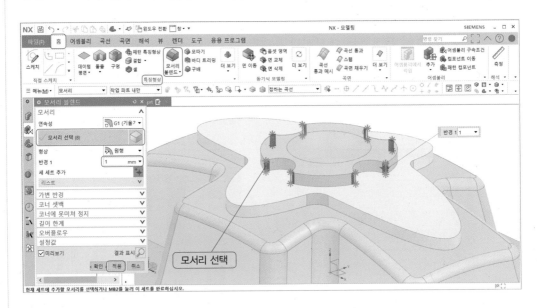

04 ≫ 모서리 선택 ➪ 반경(R) 1 ➪ 확인

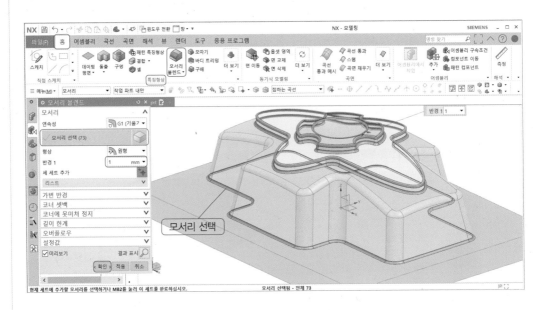

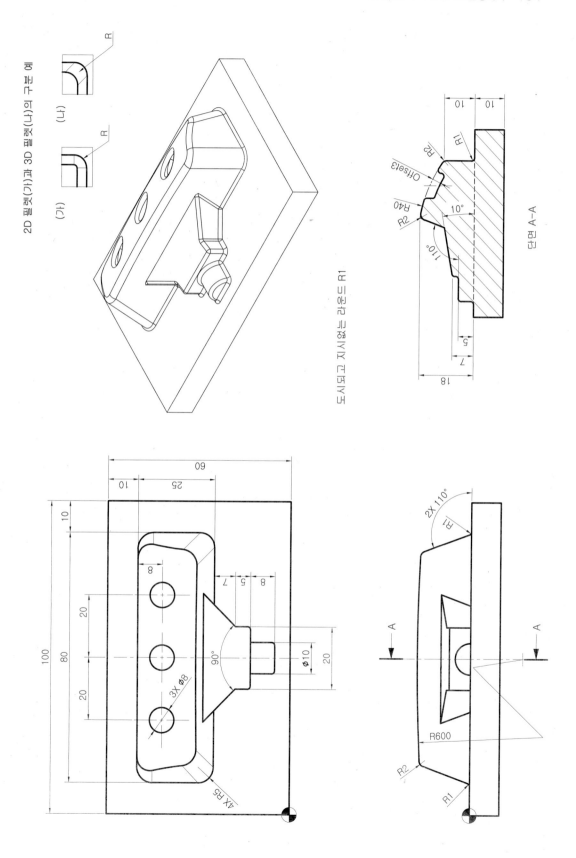

2D 필렛(가)과 3D 필렛(나)의 구분 예

(가) (나)

도시되고 지시없는 라운드 R1

단면 A-A

4 형상 모델링 2

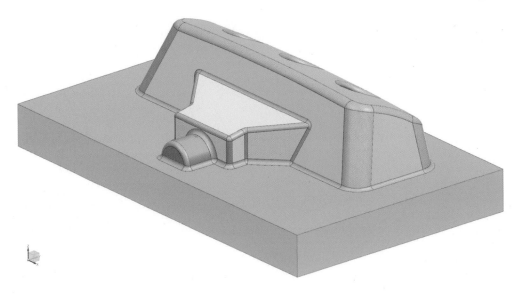

1 ▸▸ 베이스 블록 모델링하기

01 ▸▸ XY평면에 사각형을 스케치하고 구속조건은 중간점으로 구속, 치수를 입력한다.

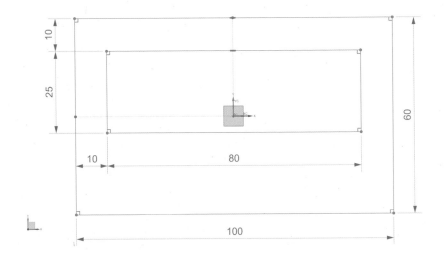

02 >> 홈 ⇨ 특징형상 ⇨ 돌출 ⇨ 단면 ⇨ 곡선 선택 ⇨ 한계 ⎡⇨ 시작 ⇨ 거리 0⎤ ⇨ 확인
⎣⇨ 끝 ⇨ 거리 10⎦

03 >> 곡선을 선택하고 벡터 방향을 아래쪽으로 방향 반전한다.

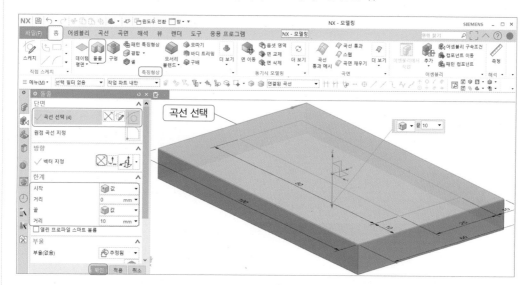

2 ▶▶ 복수 구배 돌출 모델링하기

홈 ⇨ 특징형상 ⇨ 돌출 ⇨ 단면 ⇨ 곡선 선택 ⇨ 한계 ⎡⇨ 시작 ⇨ 거리 0⎤ ⇨ 부울 ⇨ 결합
⎣⇨ 끝 ⇨ 거리 25⎦

⇨ 바디 선택 ⇨ 구배 ⇨ 시작 단면 ⇨ 각도 1 : 0° ⇨ 각도 2 : 20° ⇨ 각도 3 : 20° ⇨ 각도 4 :
20° ⇨ 확인

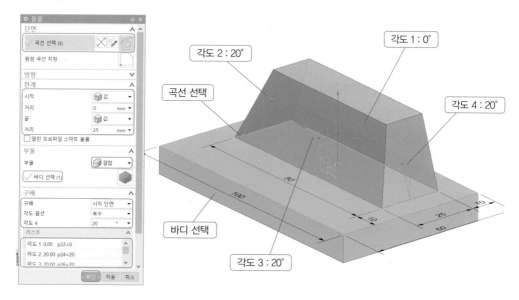

3 ▶▶ 가이드를 따라 스위핑 모델링하기

01 ≫ YZ평면에서 점을 스케치하고 치수 입력, 구속조건은 모서리와 점을 곡선 상의 점으로 구속한다. 원호를 스케치하고 치수 입력, 구속조건은 원호를 점에 곡선 상의 점으로 구속한다.

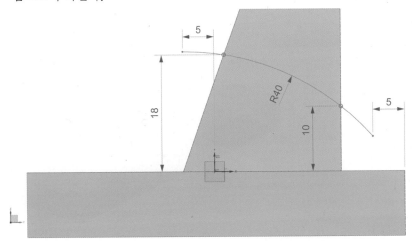

02 ≫ 스케치 ⇨ 스케치 유형 ⇨ 평면 상에서 ⇨ 스케치 면 ⇨ 평면 방법 ⇨ 새 평면 ⇨ 평면 지정(곡선 끝점 선택) ⇨ 스케치 방향 ⇨ 참조 : 수평 ⇨ 벡터 지정(모서리) ⇨ 점 다이얼로그(0, 0, 0) ⇨ 확인

03 ≫ 그림처럼 평면 지정(가이드 곡선 끝점 선택)하고, 벡터 방향은 모서리를 선택하여 지정한다. 점 지정은 점 다이얼로그를 클릭하여 좌푯값(0, 0, 0)을 입력한다.

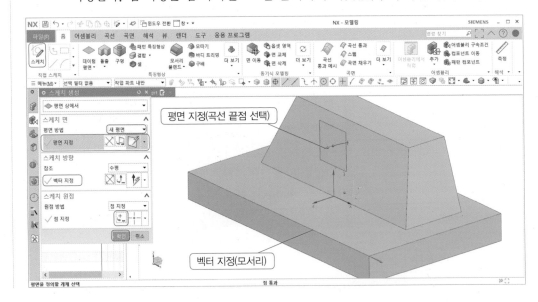

04 ›› 앞에서 생성한 스케치 평면에 원호를 스케치하여 가이드 곡선의 끝점에 단면 곡선을 곡선 상의 점으로 구속하고, 단면 곡선에 원호의 중심점을 Z축에 곡선 상의 점으로 구속한다. 그림처럼 치수를 입력한다.

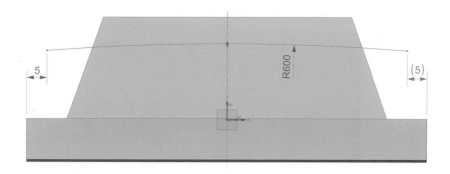

05 ›› 홈 ⇨ 곡면 ⇨ 더보기▼ ⇨ 스위핑 ⇨ 가이드를 따라 스위핑 ⇨ 단면 ⇨ 곡선 선택 ⇨ 가이드 ⇨ 곡선 선택 ⇨ 옵셋 ⇨ ┌─────────────────┐ ⇨ 부울 ⇨ 빼기 ⇨ 바디 선택

첫 번째 옵셋 0
두 번째 옵셋 16

⇨ 확인

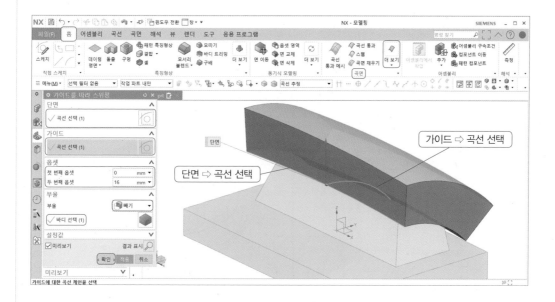

4 ▶▶ 돌출 모델링하기

01 ≫ XY평면에 스케치하고 구속조건은 같은 길이와 중간점으로 구속, 치수를 입력한다.

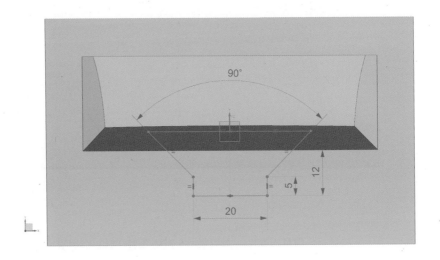

02 ≫ 홈 ⇨ 특징형상 ⇨ 돌출 ⇨ 단면 ⇨ 곡선 선택 ⇨ 한계 ⇨ 시작 ⇨ 거리 0 ⇨ 부울 ⇨ 끝 ⇨ 거리 7

⇨ 결합 ⇨ 바디 선택 ⇨ 확인

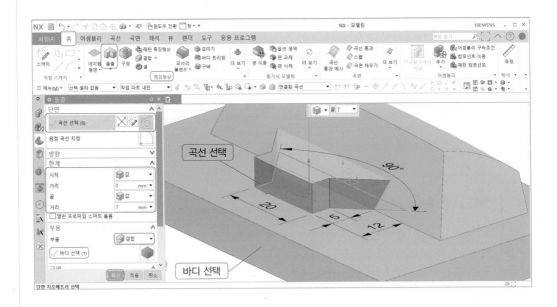

5 ▶▶ 구배 모델링하기

홈 ⇨ 특징형상 ⇨ 구배 ⇨ 구배 방향 벡터 지정 ⇨ −Yc ⇨ 참조 구배 ⇨ 고정 면 선택 ⇨
구배할 면 ⇨ 면 선택 ⇨ 각도 10° ⇨ 확인

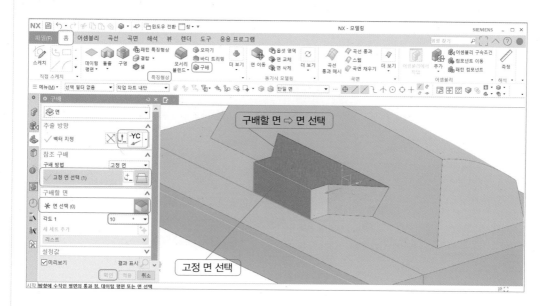

6 ▶▶ 원통 돌출 모델링하기

01 >> XZ평면에 그림처럼 원의 중심을 원점에 일치 구속하여 스케치하고 치수를 입력
한다.

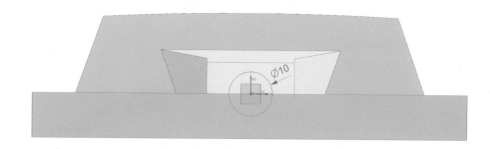

02 >> 홈 ⇨ 특징형상 ⇨ 돌출 ⇨ 단면 ⇨ 곡선 선택 ⇨ 한계 ┌ ⇨ 시작 ⇨ 거리 0 ┐ ⇨ 부울
└ ⇨ 끝 ⇨ 거리 25 ┘
⇨ 결합 ⇨ 바디 선택 ⇨ 확인

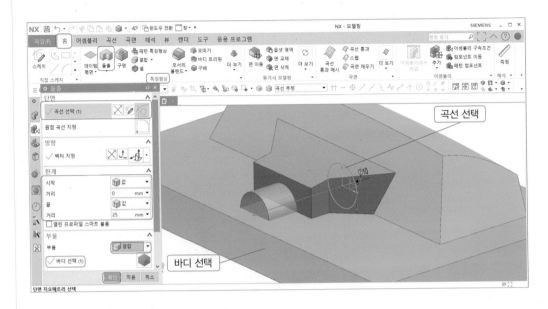

7 ▶▶ 옵셋 곡면 모델링하기

홈 ⇨ 특징형상 ⇨ 더 보기▼ ⇨ 옵셋/배율 ⇨ 곡면 옵셋 ⇨ 면 ⇨ 면 선택 ⇨ 옵셋 : 3 ⇨
방향 반전 ⇨ 확인

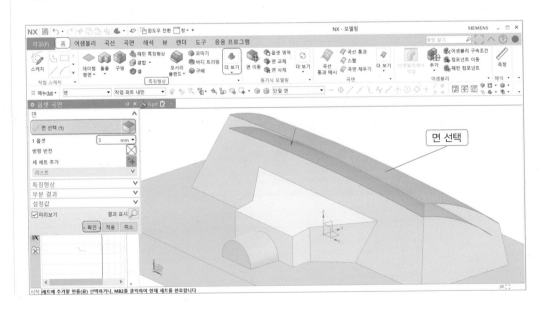

8 ▶▶ 패턴 곡선 그리기

XY평면에서 원을 스케치하고 치수 입력 ⇨ 스케치 곡선 ⇨ 패턴 곡선 ⇨ 곡선 선택 ⇨ 선형 ⇨ 방향 1 ⇨ 선형 객체 선택(모서리) ⇨ 간격 ⇨ 개수 및 피치 ⇨ 확인
⇨ 개수 3
⇨ 피치거리 20

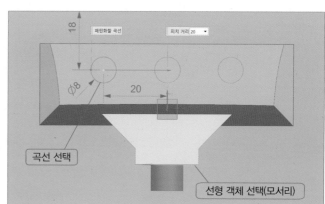

9 ▶▶ 돌출(선택까지) 모델링하기

홈 ⇨ 특징형상 ⇨ 돌출 ⇨ 단면 ⇨ 곡선 선택 ⇨ 한계 ⇨

시작 ⇨ 선택까지 ⇨ 개체 선택(옵셋 면) ⇨ 부울 ⇨ 빼기 ⇨ 바디 선택 ⇨ 확인
끝 ⇨ 거리 20

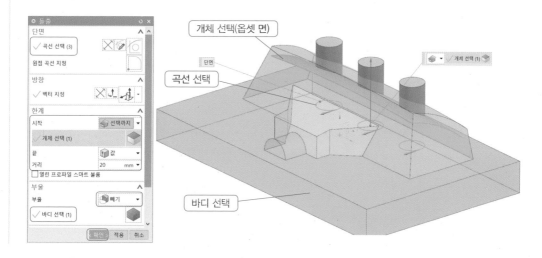

10 ▶▶ 모서리 블렌드(R) 모델링하기

01 》 홈 ⇨ 특징형상 ⇨ 모서리 블렌드 ⇨ 모서리 선택 ⇨ 반경(R) 5 ⇨ 적용

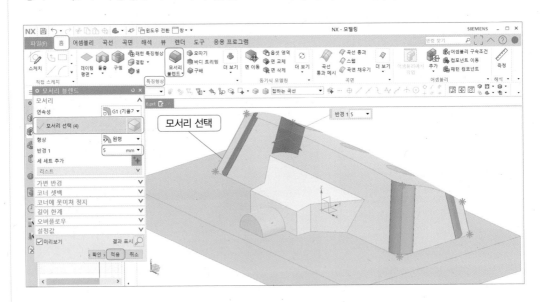

02 》 모서리 선택 ⇨ 반경(R) 2 ⇨ 적용

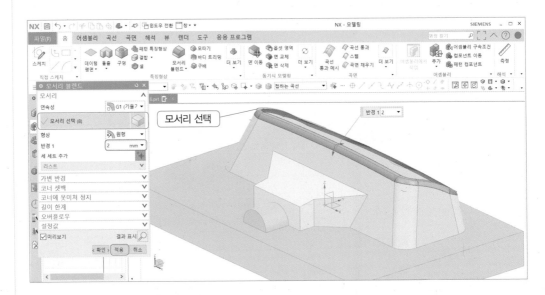

03 >> 모서리 선택 ⇨ 반경(R) 1 ⇨ 적용

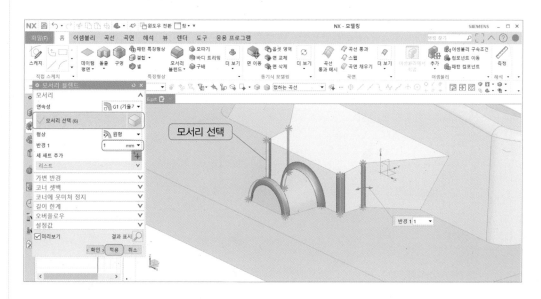

04 >> 모서리 선택 ⇨ 반경(R) 1 ⇨ 적용

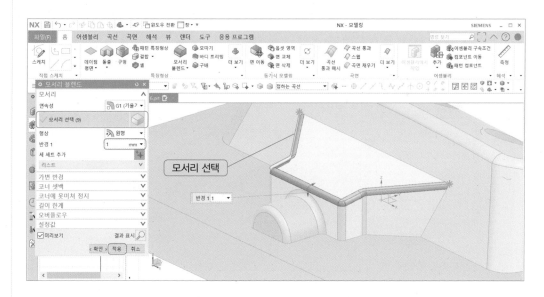

05 >> 모서리 선택 ⇨ 반경(R) 1 ⇨ 적용

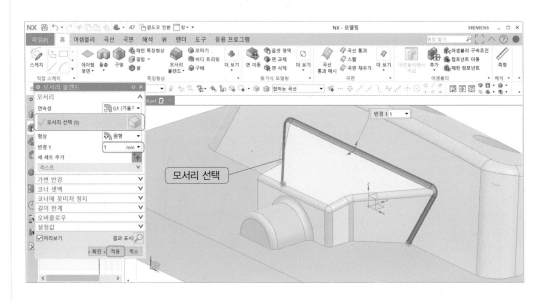

06 >> 모서리 선택 ⇨ 반경(R) 1 ⇨ 확인

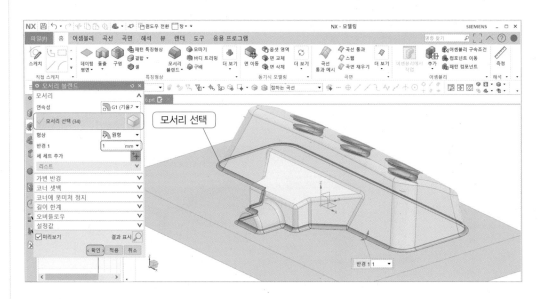

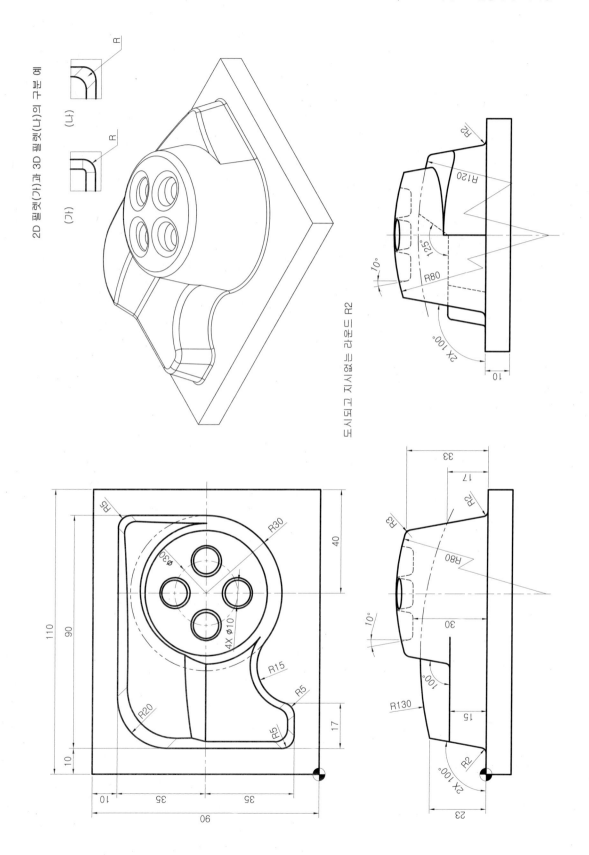

2D 필렛(가)과 3D 필렛(나)의 구분 예

(가)   (나)

도시되고 지시없는 라운드 R2

5 형상 모델링 3

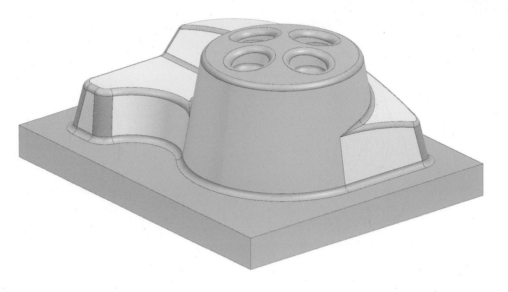

1 ▶▶ 베이스 블록 모델링하기

01 ≫ XY평면에 사각형을 스케치하고 구속조건은 중간점으로 구속, 치수를 입력한다.

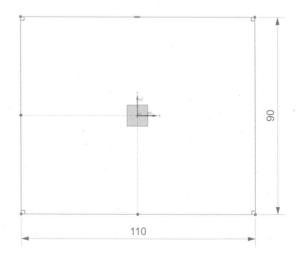

02 ≫ 홈 ⇨ 특징형상 ⇨ 돌출 ⇨ 단면 ⇨ 곡선 선택 ⇨ 한계 ⎧ 시작 ⇨ 거리 0 ⎫ ⇨ 확인
　　　　　　　　　　　　　　　　　　　　　 ⎩ 끝 ⇨ 거리 10 ⎭

03 ≫ 곡선을 선택하고 벡터 방향을 아래쪽으로 방향 반전한다.

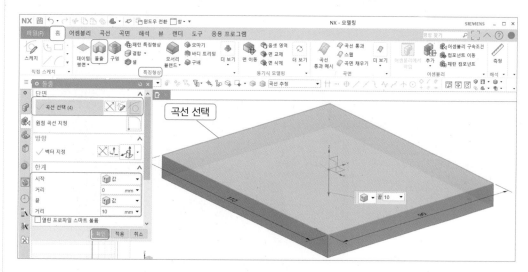

2 ▶▶ 단순 구배 돌출 모델링하기

01 ≫ XY평면에 그림처럼 스케치하고 치수 입력, 구속조건은 원의 중심점과 X축은 곡선
　　　상의 점으로 구속, 원과 원호는 접함 구속한다. 원과 우측 수직선은 접함 구속하거
　　　나 치수를 입력한다.

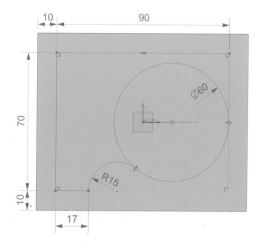

02 >> 홈 ⇨ 특징형상 ⇨ 돌출 ⇨ 단면 ⇨ 곡선 선택 ⇨ 한계 ⇨ 시작 ⇨ 거리 0 ⇨ 부울
⇨ 끝 ⇨ 거리 30

⇨ 결합 ⇨ 바디 선택 ⇨ 구배 ⇨ 시작 한계로부터 ⇨ 각도 10° ⇨ 확인

> 셀렉션 바에서 연결된 곡선으로 교차에서 정지 아이콘을 클릭하고 곡선을 선택한다.

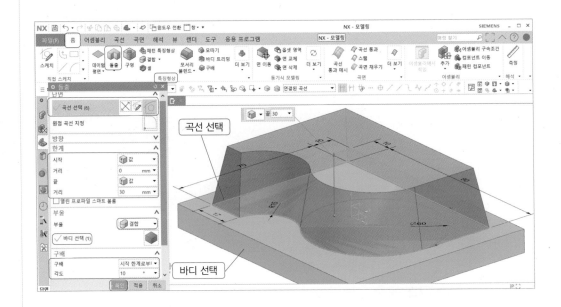

3 ▶▶ 가이드를 따라 스위핑하기

01 >> XZ평면에 점을 스케치하여 치수를 입력하고 점을 모서리에 곡선 상의 점으로 구
속한다. 원호를 스케치하여 치수를 입력하고 원호를 점에 곡선 상의 점으로 구속
한다.

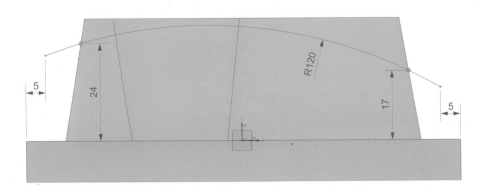

02 >> 스케치 ⇨ 스케치 유형 ⇨ 평면 상에서 ⇨ 스케치 면 ⇨ 평면 방법 ⇨ 새 평면 ⇨ 평면 지정(곡선 끝점 선택) ⇨ 스케치 방향 ⇨ 참조 : 수평 ⇨ 벡터 지정(모서리) ⇨ 점 다이얼로그(0, 0, 0) ⇨ 확인

03 >> 그림처럼 평면 지정(가이드 곡선 끝점 선택)하고, 벡터 방향은 모서리를 선택하여 지정한다. 점 지정은 점 다이얼로그를 클릭하여 좌푯값(0, 0, 0)을 입력한다.

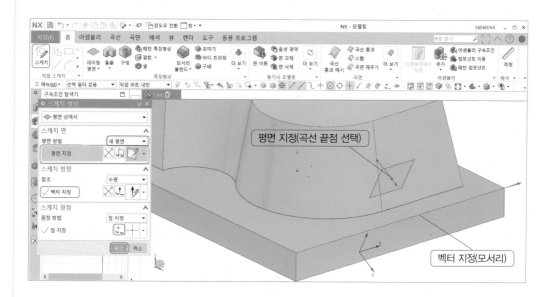

04 >> 앞에서 생성한 스케치 평면에 원호를 스케치하여 가이드 곡선의 끝점에 단면 곡선을 곡선 상의 점으로 구속하고, 단면 곡선에 원호의 중심점을 Z축에 곡선 상의 점으로 구속한다. 그림처럼 치수를 입력한다.

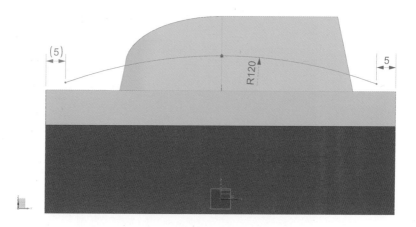

05 ≫ 홈 ⇨ 곡면 ⇨ 더 보기▼ ⇨ 스위핑 ⇨ 가이드를 따라 스위핑 ⇨ 단면 ⇨ 곡선 선택
⇨ 가이드 ⇨ 곡선 선택 ⇨ 옵셋 ⇨ | 첫 번째 옵셋   0 | ⇨ 부울 ⇨ 빼기 ⇨ 바디 선택
| 두 번째 옵셋 −16 |

⇨ 확인

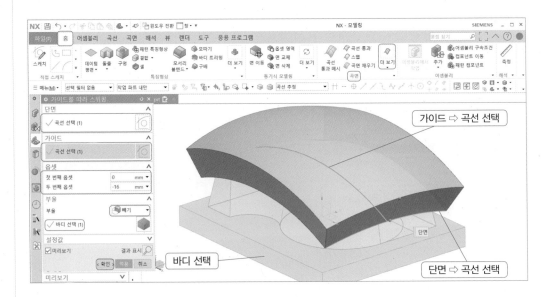

4 ▸▸ 단순 구배 돌출 모델링하기

01 ≫ XY평면에 사각형을 스케치하고 구속조건은 동일 직선 상으로 구속한다(치수는 입력하지 않고 동일 직선 상으로 구속만 한다).

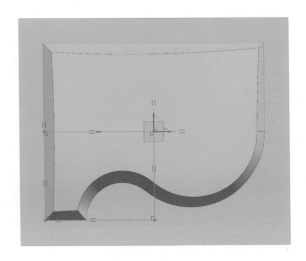

02 ≫ 홈 ⇨ 특징형상 ⇨ 돌출 ⇨ 단면 ⇨ 곡선 선택 ⇨ 한계 ⇨ 시작 ⇨ 거리 15 ⇨ 부울
　　　⇨ 끝 ⇨ 거리 30

　　⇨ 빼기 ⇨ 바디 선택 ⇨ 구배 ⇨ 시작 한계로부터 ⇨ 각도 −35° ⇨ 확인

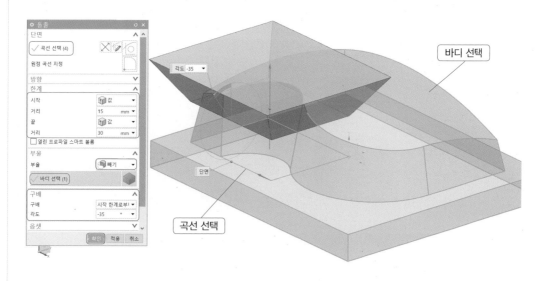

5 ▶▶ 단순 구배 돌출 모델링하기

01 ≫ 홈 ⇨ 특징형상 ⇨ 돌출 ⇨ 단면 ⇨ 곡선 선택 ⇨ 한계 ⇨ 시작 ⇨ 거리 0 ⇨ 부울
　　　⇨ 끝 ⇨ 거리 40

　　⇨ 결합 ⇨ 바디 선택 ⇨ 구배 ⇨ 시작 한계로부터 ⇨ 각도 10° ⇨ 확인

02 ≫ 곡선을 선택할 때 셀렉션 바에서 단일 곡선으로 곡선을 선택한다.

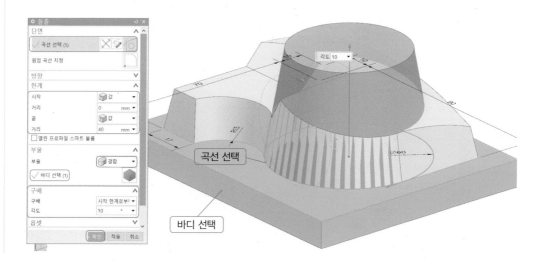

6 ▶▶ 회전 모델링하기

01 ≫ XZ평면에서 ⇨ 교차 곡선을 스케치하고 곡선을 클릭하여 참조하도록 변환 ⇨ 곡선
을 스케치하고 치수와 구속조건은 참조 선에 수직선의 끝점을 곡선 상의 점으로 구
속한다.

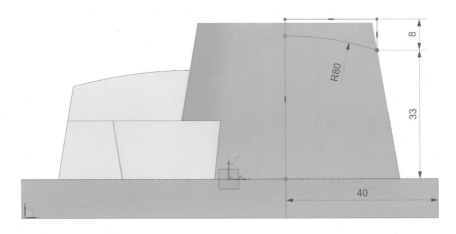

02 ≫ 홈 ⇨ 특징형상 ⇨ 회전 ⇨ 단면 ⇨ 곡선 선택 ⇨ 축 ⇨ 벡터 지정 ⇨ 한계

⇨ 시작 ⇨ 각도 0 ⇨ 부울 ⇨ 빼기 ⇨ 바디 선택 ⇨ 확인
⇨ 끝 ⇨ 각도 360

💡 곡선을 선택할 때 셀렉션 바에서 연결된 곡선으로 교차에서 정지 아이콘을 클릭하고 선택한다.

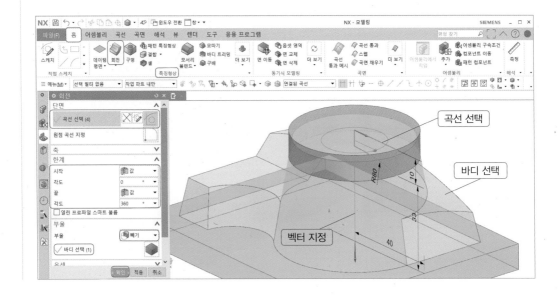

⑦ ▶▶ 단순 구배 돌출 모델링하기

01 ≫ XY평면에서 ∅25 원을 스케치하고 치수를 입력, 구속조건은 원통 모서리와 동심 구속, 원을 클릭하여 참조하도록 변환, ∅10의 원을 스케치하고 구속조건은 원의 중심을 X축과 참조 원호에 곡선 상의 점으로 구속한다.

02 ≫ 스케치 곡선 ⇨ 패턴화할 곡선 ⇨ 곡선 선택 ⇨ 레이아웃 ⇨ 원형 ⇨ 회전점 ⇨ 점 지정(참조 원 중심 클릭) ⇨ 각도 방향 ⇨ 간격 : 개수 및 피치, 개수 : 4, 피치 각도 : 90 ⇨ 확인

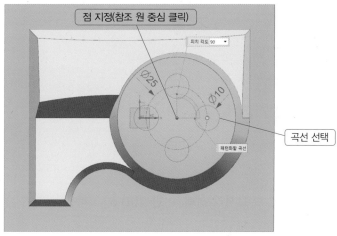

03 ≫ 홈 ⇨ 특징형상 ⇨ 돌출 ⇨ 단면 ⇨ 곡선 선택 ⇨ 한계 ⇨ 시작 ⇨ 거리 30 ⇨ 부울 ⇨ 끝 ⇨ 거리 40

⇨ 빼기 ⇨ 바디 선택 ⇨ 구배 ⇨ 시작 한계로부터 ⇨ 각도 −10° ⇨ 확인

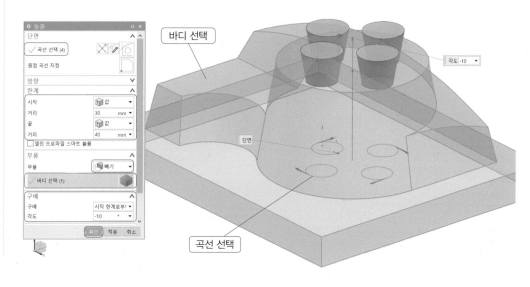

8 ▶▶ 모서리 블렌드(R) 모델링하기

01 》》 홈 ⇨ 특징형상 ⇨ 모서리 블렌드 ⇨ 모서리 선택 ⇨ 반경(R) 20 ⇨ 적용

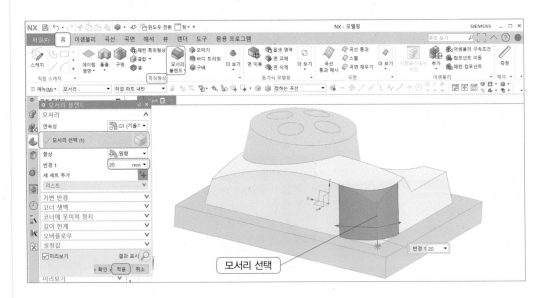

02 》》 모서리 선택 ⇨ 반경(R) 5 ⇨ 적용

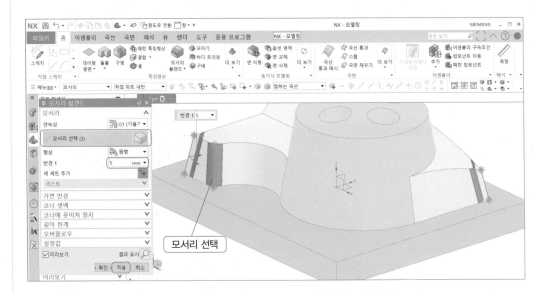

03 >> 모서리 선택 ⇨ 반경(R) 2 ⇨ 적용

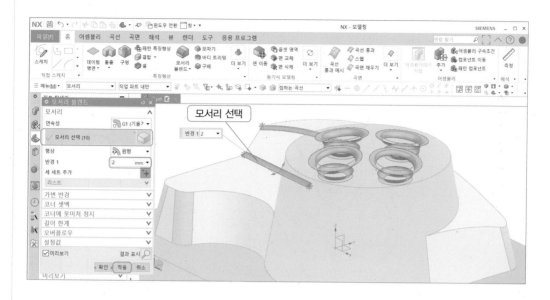

04 >> 모서리 선택 ⇨ 반경(R) 2 ⇨ 확인

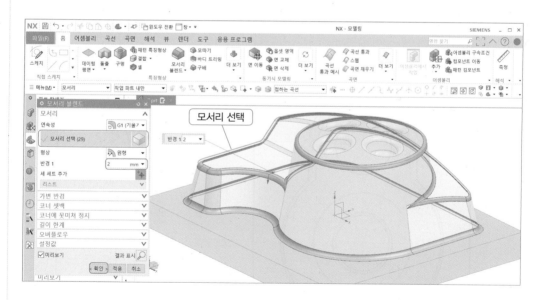

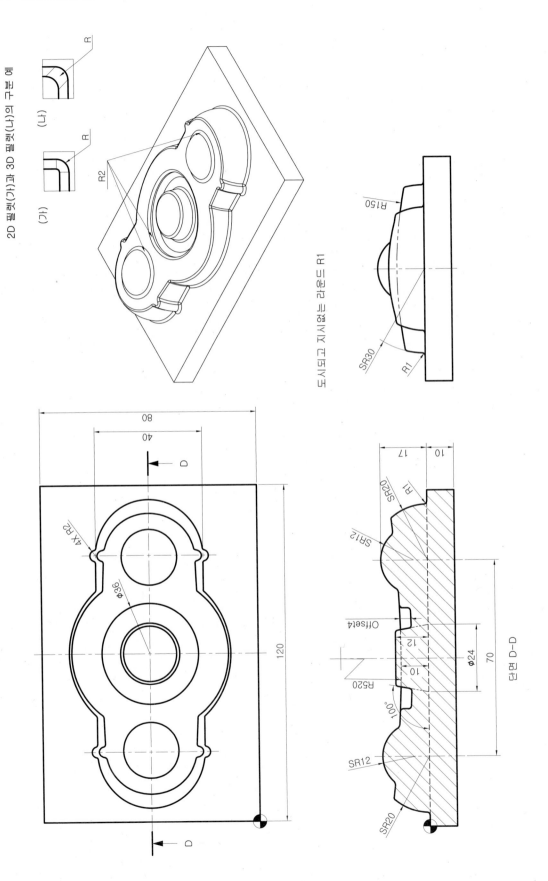

6 형상 모델링 4

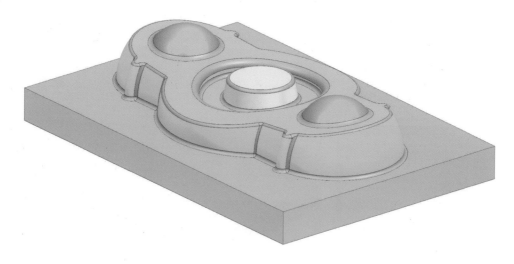

1 ▸▸ 베이스 블록 모델링하기

01 ≫ XY평면에 사각형을 스케치하고 구속조건은 중간점으로 구속, 치수를 입력한다.

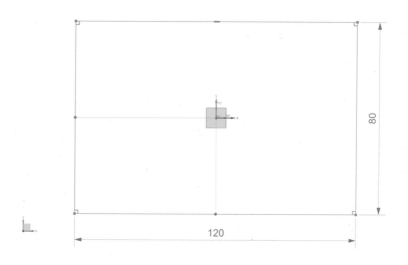

02 ≫ 홈 ⇨ 특징형상 ⇨ 돌출 ⇨ 단면 ⇨ 곡선 선택 ⇨ 한계 ⇨ 시작 ⇨ 거리 0 ⇨ 확인
　　　　　　　　　　　　　　　　　　　　　　　⇨ 끝 ⇨ 거리 10

💡 벡터 방향은 벡터 지정의 반전을 클릭하여 아래쪽으로 바꾸어 준다.

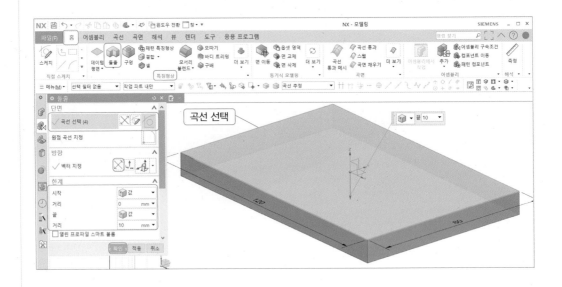

2 ▶▶ 회전 모델링하기

01 ≫ XY평면에 스케치하고 치수와 구속조건을 입력한다. ∅60 원의 트림은 트림 기준
선을 먼저 Y축을 선택하고 원을 선택하여 트림한다.

02 ≫ 대칭 곡선 ⇨ 개체 선택 ⇨ 곡선 선택 ⇨ 중심선 ⇨ 중심선 선택 ⇨ 확인

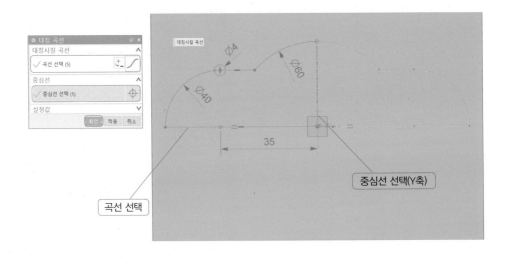

03 >> 홈 ⇨ 특징형상 ⇨ 회전 ⇨ 단면 ⇨ 곡선 선택 ⇨ 축 ⇨ 벡터지정 ⇨ 한계

⇨ 시작 ⇨ 각도 0 ⇨ 부울 ⇨ 결합 ⇨ 바디 선택 ⇨ 확인
⇨ 끝 ⇨ 각도 180

💡 셀렉션 바에서 연결된 곡선으로 교차에서 정지 아이콘을 클릭하고 곡선을 선택한다.

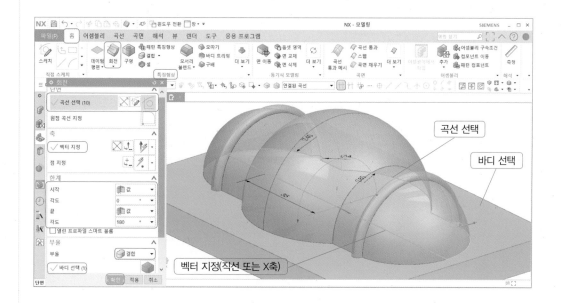

3 ▶▶ 가이드를 따라 스위핑

01 >> XZ평면에 그림처럼 스케치하고 치수를 입력, 구속조건은 원호의 중심점을 Z축에
곡선 상의 점으로 구속한다.

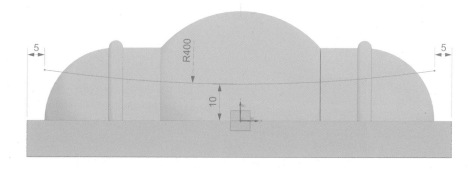

02 >> 스케치 ⇨ 스케치 유형 ⇨ 평면 상에서 ⇨ 스케치 면 ⇨ 평면 방법 ⇨ 새 평면 ⇨ 평면 지정(곡선 끝점 선택) ⇨ 스케치 방향 ⇨ 참조 : 수평 ⇨ 벡터 지정(모서리) ⇨ 점 다이얼로그(0, 0, 0) ⇨ 확인

03 >> 그림처럼 평면 지정(가이드 곡선 끝점 선택)하고, 벡터 방향은 모서리를 선택한다. 점 지정은 점 다이얼로그를 클릭하여 좌푯값(0, 0, 0)을 입력한다.

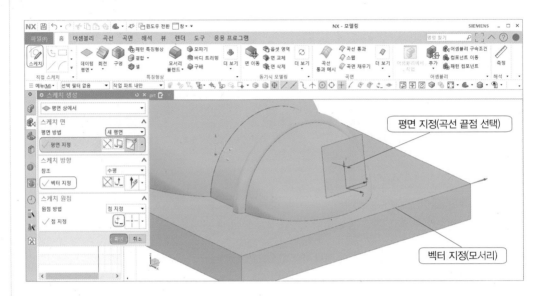

04 >> 앞에서 생성한 스케치 평면에 원호를 스케치하여 가이드 곡선의 끝점에 단면 곡선을 곡선 상의 점으로 구속하고, 단면 곡선에 원호의 중심점을 Z축에 곡선 상의 점으로 구속한다. 그림처럼 치수를 입력한다.

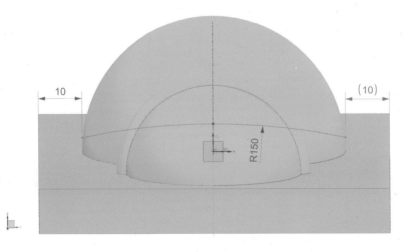

05 >> 홈 ⇨ 곡면 ⇨ 더 보기▼ ⇨ 스위핑 ⇨ 가이드를 따라 스위핑 ⇨ 단면 ⇨ 곡선 선택
⇨ 가이드 ⇨ 곡선 선택 ⇨ 옵셋 ⇨ 첫 번째 옵셋 0 / 두 번째 옵셋 20 ⇨ 부울 ⇨ 빼기 ⇨ 바디 선택
⇨ 확인

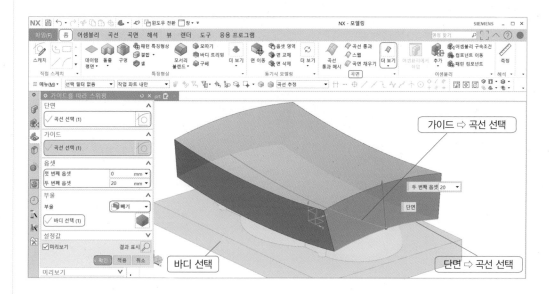

4 >> 옵셋 곡면 모델링하기

홈 ⇨ 특징형상 ⇨ 더 보기▼ ⇨ 옵셋/배율 ⇨ 곡면 옵셋 ⇨ 면 ⇨ 면 선택 ⇨ 옵셋 4 ⇨ 확인

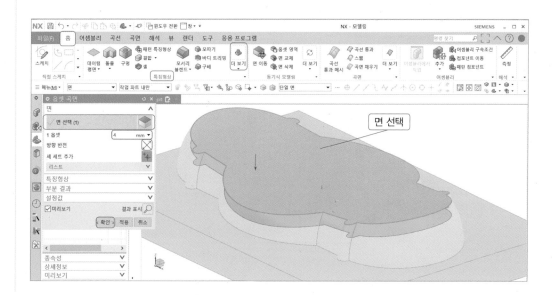

5 ▶▶ 돌출 모델링하기

01 ≫ XY평면에 그림처럼 원의 중심점을 원점에 구속하여 스케치하고 치수를 입력한다.

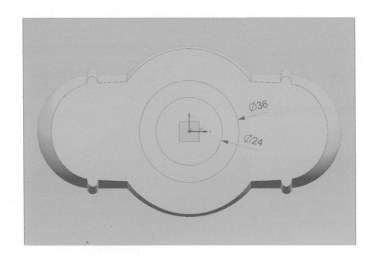

02 ≫ 홈 ⇨ 특징형상 ⇨ 돌출 ⇨ 단면 ⇨ 곡선 선택 ⇨ 한계 ⇨

시작 ⇨ 선택까지 ⇨ 개체 선택(옵셋 면) ⇨ 부울 ⇨ 빼기 ⇨ 바디 선택 ⇨ 확인
끝 ⇨ 거리 15

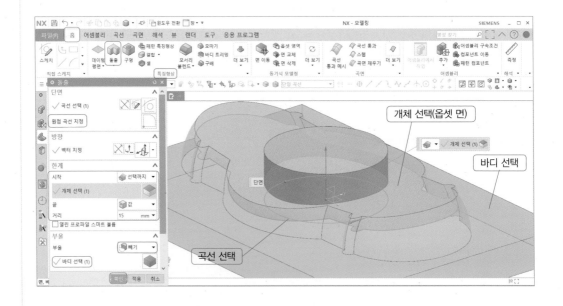

6 ▶▶ 단일 구배 돌출 모델링하기

홈 ⇨ 특징형상 ⇨ 돌출 ⇨ 단면 ⇨ 곡선 선택 ⇨ 한계 ┌ ⇨ 시작 ⇨ 거리 0 ┐ ⇨ 부울 ⇨ 결합
　　　　　　　　　　　　　　　　　　　　└ ⇨ 끝 ⇨ 거리 12 ┘

⇨ 바디 선택 ⇨ 구배 ⇨ 시작 한계로부터 ⇨ 각도 10 ⇨ 확인

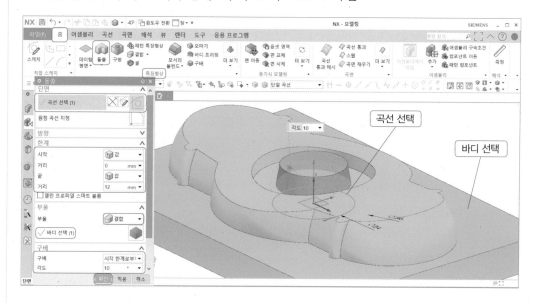

7 ▶▶ 구 모델링하기

홈 ⇨ 특징형상 ⇨ 더 보기▼ ⇨ 설계 특징형상 ⇨ 구 ⇨ 유형 ⇨ 중심점과 직경 ⇨ 점 지정
⇨ 점 다이얼로그 ⇨ 좌표 ⇨ X : 35, Y : 0, Z : 5 ⇨ 확인 ⇨ 치수 ⇨ 직경 24 ⇨ 부울 ⇨
빼기 ⇨ 바디 선택 ⇨ 확인

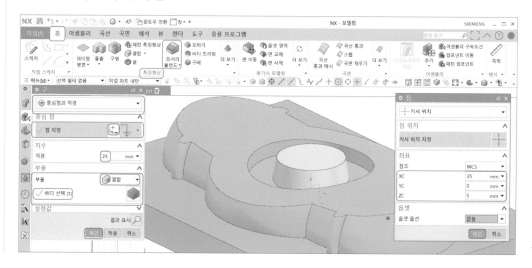

8 구 대칭하기

홈 ⇨ 특징형상 ⇨ 더 보기▼ ⇨ 연관 복사 ⇨ 대칭 특징형상 ⇨ 대칭화할 특징형상 ⇨ 특징
형상 선택 ⇨ 대칭 평면 ⇨ 평면 ⇨ 기존 평면 ⇨ 평면 선택(YZ 데이텀 평면) ⇨ 확인

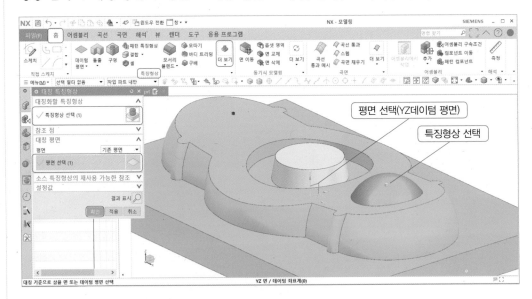

9 모서리 블렌드(R) 모델링하기

01 ▶▶ 홈 ⇨ 특징형상 ⇨ 모서리 블렌드 ⇨ 모서리 선택 ⇨ 반경(R) 2 ⇨ 적용

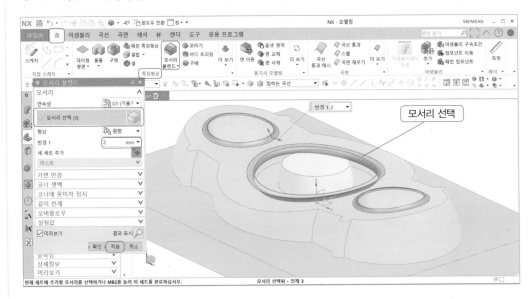

02 >> 모서리 선택 ⇨ 반경(R) 1 ⇨ 적용

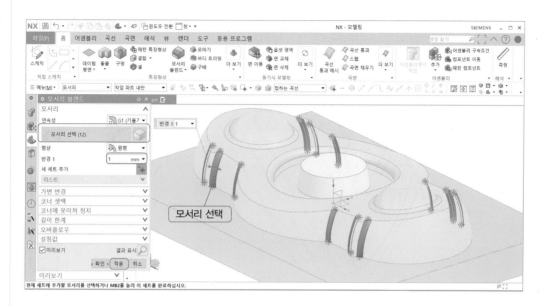

03 >> 모서리 선택 ⇨ 반경(R) 1 ⇨ 확인

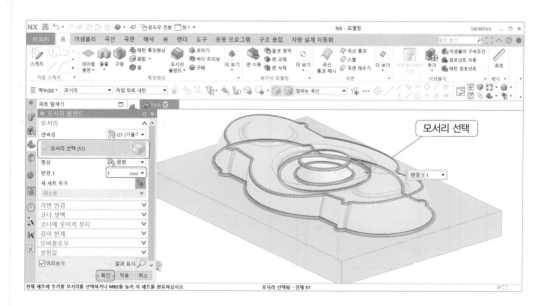

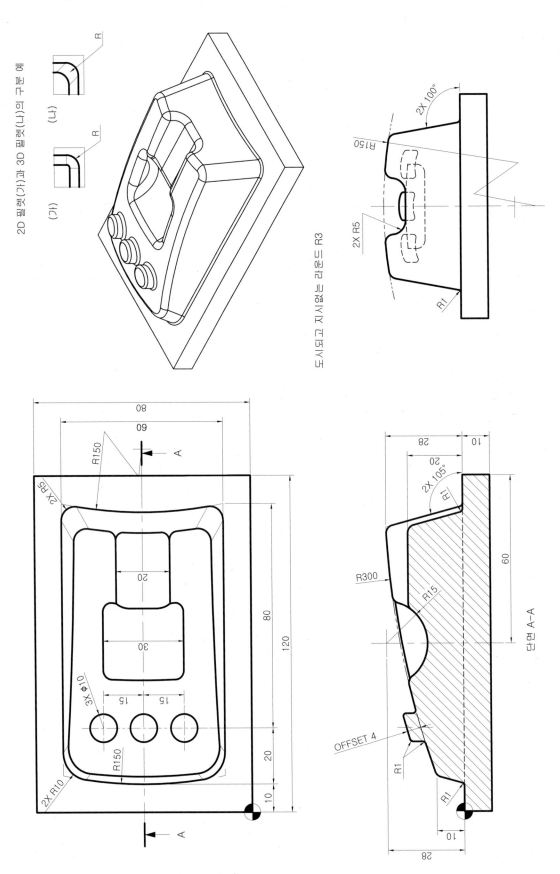

2D 플렛(가)과 3D 플렛(나)의 구분 예

(가)

(나)

도시되고 지시없는 라운드 R3

단면 A-A

7 형상 모델링 5

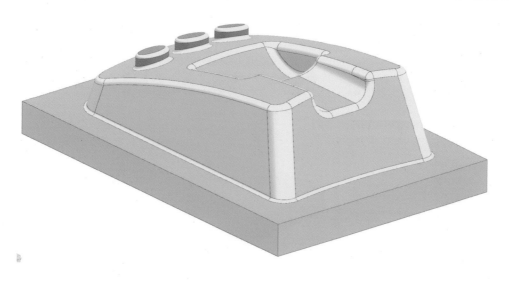

1 ▸▸ 베이스 블록 모델링하기

01 ≫ XY평면에 사각형을 스케치하고 구속조건은 중간점으로 구속, 치수를 입력한다.

02 ≫ 그림과 같이 스케치하고 치수를 입력한다. 구속조건은 원호의 중심점을 X축에 곡
선 상의 점으로 구속, 수직선은 클릭하여 참조하도록 변환한다.

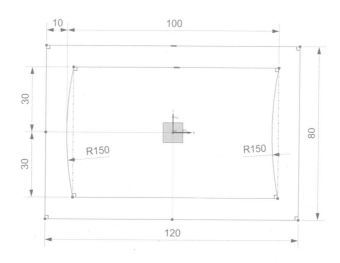

03 ≫ 홈 ⇨ 특징형상 ⇨ 돌출 ⇨ 단면 ⇨ 곡선 선택 ⇨ 한계 | ⇨ 시작 ⇨ 거리 0 | ⇨ 확인
⇨ 끝 ⇨ 거리 10

💡 벡터 방향은 벡터 지정의 반전을 클릭하여 아래쪽으로 바꾸어 준다.

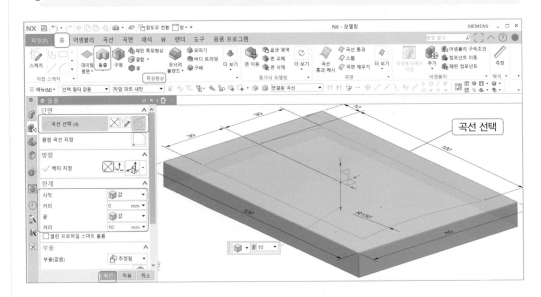

2 ▶▶ **복수 구배 돌출 모델링하기**

홈 ⇨ 특징형상 ⇨ 돌출 ⇨ 단면 ⇨ 곡선 선택 ⇨ 한계 | ⇨ 시작 ⇨ 거리 0 | ⇨ 부울 ⇨ 결합
⇨ 끝 ⇨ 거리 30

⇨ 바디 선택 ⇨ 구배 ⇨ 시작 단면 ⇨ 복수 ⇨ 각도 1 : 10° ⇨ 각도 2 : 15° ⇨ 각도 3 : 10°
⇨ 각도 4 : 15° ⇨ 확인

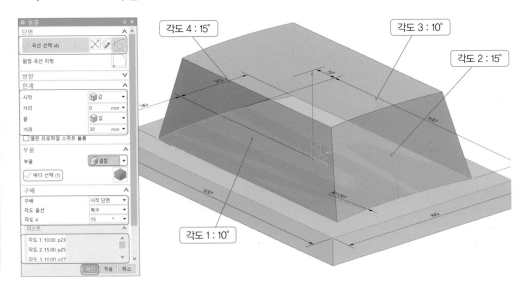

3 ▸▸ 가이드를 따라 스위핑하기

01 ▸▸ XZ평면에 그림처럼 교차 곡선을 스케치하여 참조 선으로 변환한다.

02 ▸▸ 점을 그려 치수를 입력하고 교차 곡선에 곡선 상의 선으로 구속, 원호를 그려 치수를 입력한다. 점에 원호를 곡선 상의 점으로 구속한다.

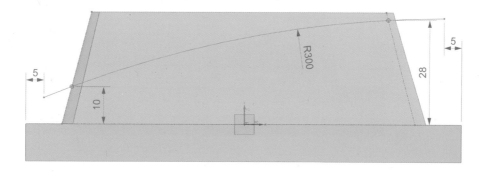

03 ▸▸ 스케치 ⇨ 스케치 유형 ⇨ 평면 상에서 ⇨ 스케치 면 ⇨ 평면 방법 ⇨ 새 평면 ⇨ 평면 지정(곡선 끝점 선택) ⇨ 스케치 방향 ⇨ 참조 : 수평 ⇨ 벡터 지정(모서리) ⇨ 점 다이얼로그(0, 0, 0) ⇨ 확인

04 ▸▸ 그림처럼 평면 지정(가이드 곡선 끝점 선택)하고, 벡터 방향은 모서리를 선택하여 지정한다. 점 지정은 점 다이얼로그를 클릭하여 좌푯값(0, 0, 0)을 입력한다.

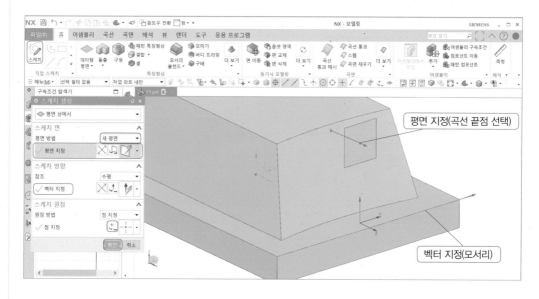

05 ›› 앞에서 생성한 스케치 평면에 원호를 스케치하여 가이드 곡선의 끝점에 단면 곡선
을 곡선 상의 점으로 구속하고, 단면 곡선에 원호의 중심점을 Z축에 곡선 상의 점
으로 구속한다. 그림처럼 치수를 입력하며, 치수 5는 임의 치수이다.

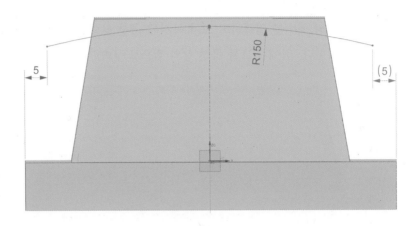

06 ›› 홈 ⇨ 곡면 ⇨ 더 보기▼ ⇨ 스위핑 ⇨ 가이드를 따라 스위핑 ⇨ 단면 ⇨ 곡선 선택
⇨ 가이드 ⇨ 곡선 선택 ⇨ 옵셋 ⇨

첫 번째 옵셋	0
두 번째 옵셋	−20

⇨ 부울 ⇨ 빼기 ⇨

바디 선택 ⇨ 확인

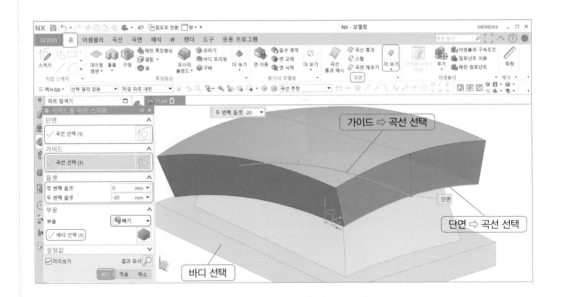

4 ▸▸ 돌출 모델링하기

01 ▸▸ XY평면에 그림처럼 원을 스케치하고 치수를 입력한다.

02 ▸▸ 패턴 곡선 ⇨ 패턴을 지정할 개체 ⇨ 곡선 선택 ⇨ 패턴 정의 ⇨ 레이아웃 ⇨ 선형
⇨ 방향 ⇨ 선형 개체 선택(Y축) ⇨ 간격 : 개수 및 피치 ⇨ 개수 3 ⇨ 거리 15 ⇨ 확인

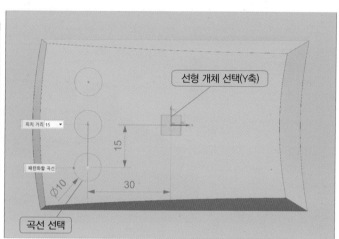

03 ▸▸ 홈 ⇨ 특징형상 ⇨ 돌출 ⇨ 단면 ⇨ 곡선 선택 ⇨ 한계 ⇨ 시작 ⇨ 거리 0 ⇨ 부울
⇨ 끝 ⇨ 거리 25

⇨ 결합 ⇨ 바디 선택 ⇨ 확인

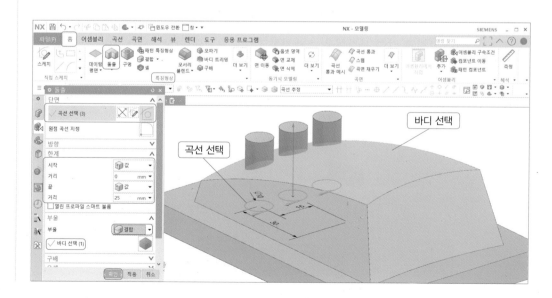

5 ▶▶ 면 교체(옵셋 4mm)

홈 ⇨ 동기식 모델링 ⇨ 면 교체 ⇨ 초기면 ⇨ 면 선택 ⇨ 교체할 새로운 면 ⇨ 면 선택 ⇨
옵셋 ⇨ 거리 4 ⇨ 확인

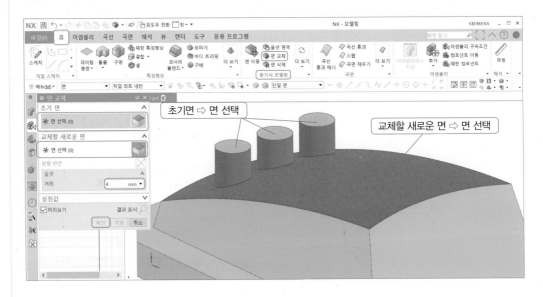

6 ▶▶ 원통과 사각형 돌출 모델링하기

01 ›› XZ평면에 스케치하고 치수와 구속조건은 원의 중심점을 Z축에 곡선 상의 점으로
구속한다.

02 ›› 그림과 같이 사각형을 스케치하고 치수를 입력한다.

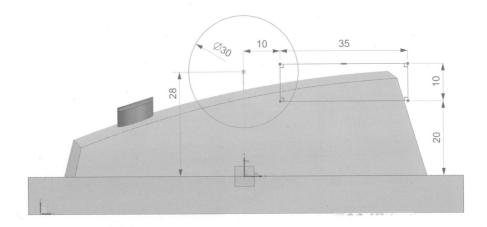

03 >> 홈 ⇨ 특징형상 ⇨ 돌출 ⇨ 단면 ⇨ 곡선 선택 ⇨ 한계 ⇨ 끝 ⇨ 대칭값 ⇨ 부울 ⇨ ⇨ 거리 15

빼기 ⇨ 바디 선택 ⇨ 확인

💡 셀렉션 바에서 단일 곡선을 클릭하고 곡선을 선택한다.

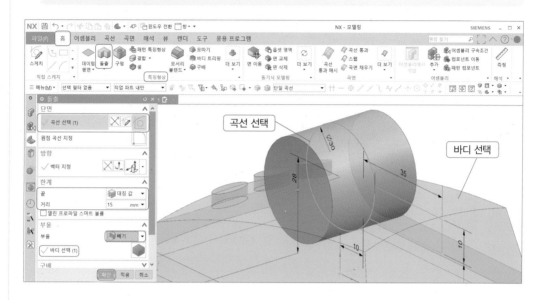

7 ▶▶ **사각 블록 빼기 돌출 모델링하기**

돌출 ⇨ 단면 ⇨ 곡선 선택 ⇨ 한계 ⇨ 끝 ⇨ 대칭값 ⇨ 부울 ⇨ 빼기 ⇨ 바디 선택 ⇨ 확인
⇨ 거리 10

💡 셀렉션 바에서 연결된 곡선을 클릭하고 곡선을 선택한다.

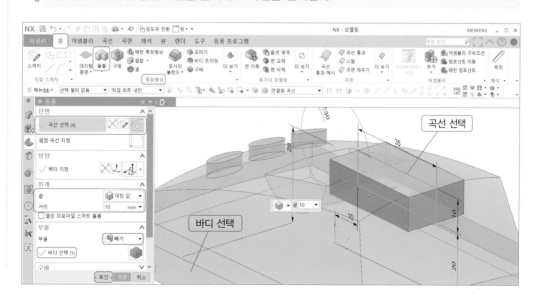

8 ▷▷ 모서리 블렌드(R) 모델링하기

01 ≫ 모서리 블렌드 ⇨ 모서리 선택 ⇨ 반경(R) 10 ⇨ 적용

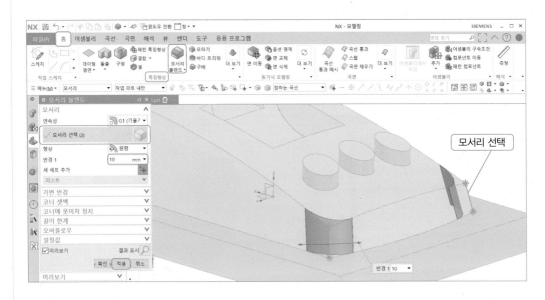

02 ≫ 모서리 선택 ⇨ 반경(R) 5 ⇨ 적용

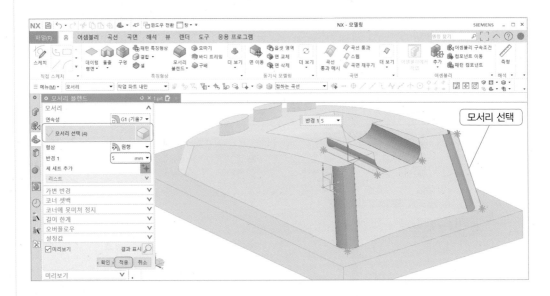

03 >> 모서리 선택 ⇨ 반경(R) 2 ⇨ 적용

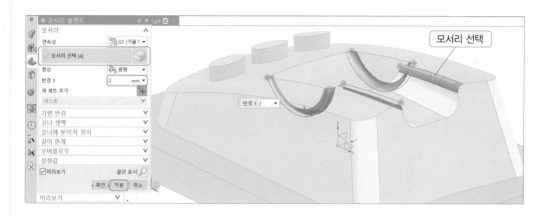

04 >> 모서리 선택 ⇨ 반경(R) 2 ⇨ 적용

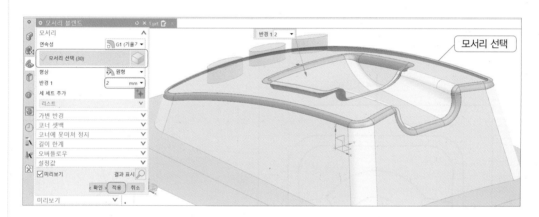

05 >> 모서리 선택 ⇨ 반경(R) 1 ⇨ 확인

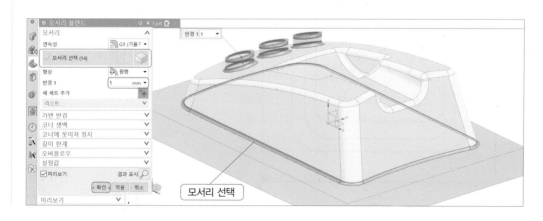

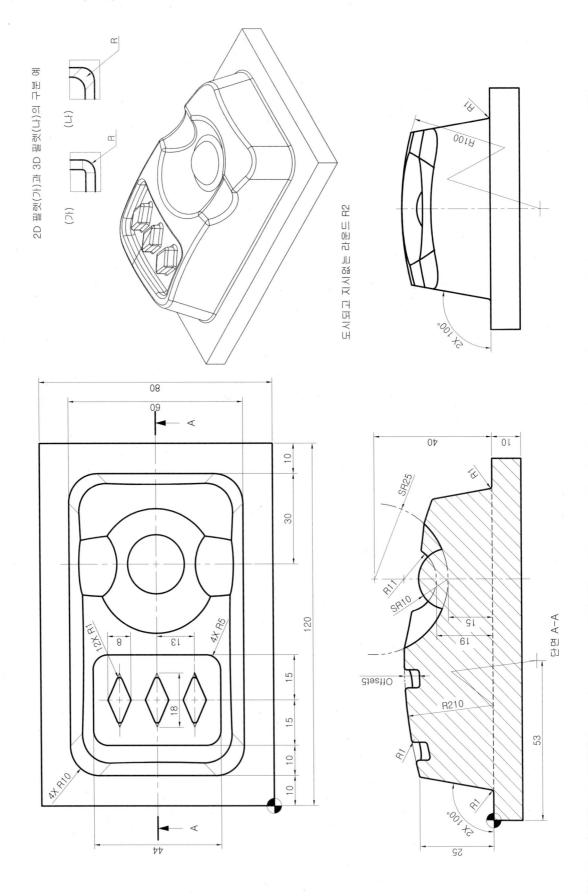

2D 필렛(가)과 3D 필렛(나)의 구분 예

(가) (나)

도시되고 지시없는 라운드 R2

단면 A-A

8 형상 모델링 6

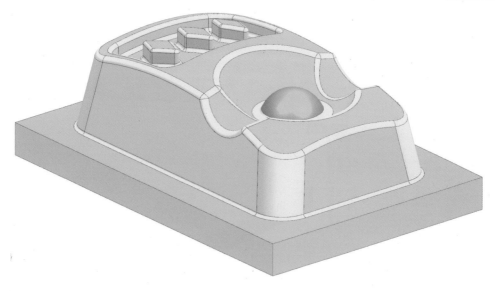

1 ▸▸ 베이스 블록 모델링하기

01 ≫ XY평면에 사각형을 스케치하고 구속조건은 중간점으로 구속, 치수를 입력한다.

02 ≫ 안쪽 사각형은 10mm를 옵셋한다(사각형 선택은 셀렉션 바에서 연결된 곡선을 클릭하고 곡선을 선택한다).

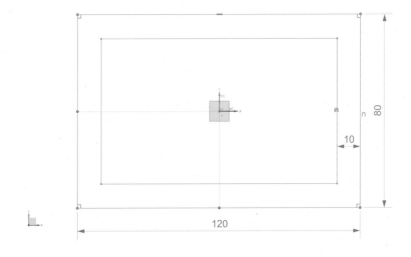

03 >> 홈 ⇨ 특징형상 ⇨ 돌출 ⇨ 단면 ⇨ 곡선 선택 ⇨ 한계 ⇨ 시작 ⇨ 거리 0 ⇨ 확인
⇨ 끝 ⇨ 거리 10

💡 벡터 방향은 벡터 지정의 반전을 클릭하여 아래쪽으로 바꾸어 준다.

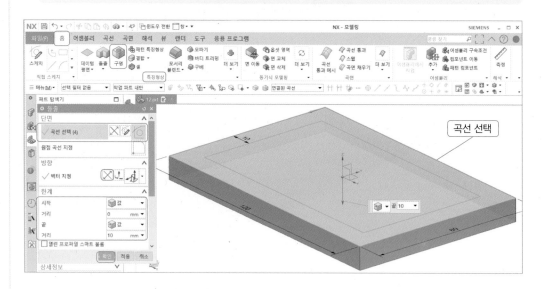

2 ▶▶ **단일 구배 돌출 모델링하기**

홈 ⇨ 특징형상 ⇨ 돌출 ⇨ 단면 ⇨ 곡선 선택 ⇨ 한계 ⇨ 시작 ⇨ 거리 0 ⇨ 부울 ⇨ 결합
⇨ 끝 ⇨ 거리 35

⇨ 바디 선택 ⇨ 구배 ⇨ 시작 한계로부터 ⇨ 각도 10° ⇨ 확인

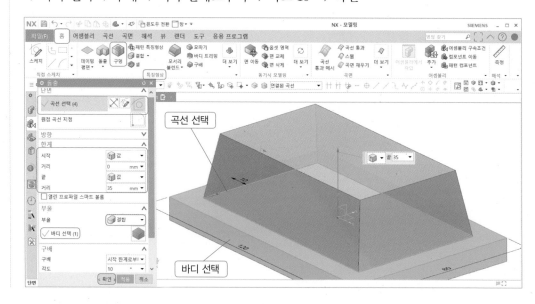

3 ▸▸ 가이드를 따라 스위핑하기

01 ▸▸ XZ평면에서 점을 스케치하고 치수 입력, 구속조건은 모서리와 점을 곡선 상의 점
으로 구속한다.

02 ▸▸ 원호를 스케치하고 치수 입력, 구속조건은 원호를 점에 곡선 상의 점으로 구속한
다. 원호 중심점은 좌측 모서리에서 53mm이며, 치수 5mm는 임의 치수이다

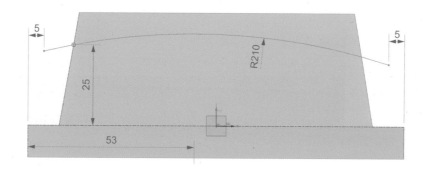

03 ▸▸ 스케치 ⇨ 스케치 유형 ⇨ 평면 상에서 ⇨ 스케치 면 ⇨ 평면 방법 ⇨ 새 평면 ⇨ 평
면 지정(곡선 끝점 선택) ⇨ 스케치 방향 ⇨ 참조 : 수평 ⇨ 벡터 지정(모서리) ⇨ 점
다이얼로그(0, 0, 0) ⇨ 확인

04 ▸▸ 그림처럼 평면 지정(가이드 곡선 끝점 선택)하고, 벡터 방향은 모서리를 선택하여
지정한다. 점 지정은 점 다이얼로그를 클릭하여 좌푯값(0, 0, 0)을 입력한다.

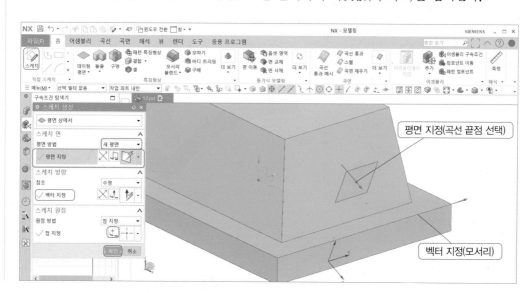

05 ▶▶ 앞에서 생성한 스케치 평면에 원호를 스케치하여 가이드 곡선의 끝점에 단면 곡선
을 곡선 상의 점으로 구속하고, 단면 곡선에 원호의 중심점을 Z축에 곡선 상의 점
으로 구속한다. 그림처럼 치수를 입력한다.

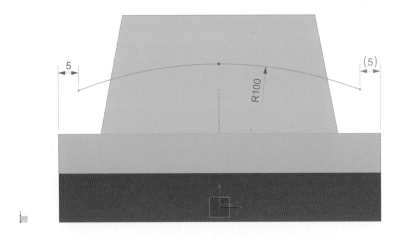

06 ▶▶ 홈 ⇨ 곡면 ⇨ 더 보기▼ ⇨ 스위핑 ⇨ 가이드를 따라 스위핑 ⇨ 단면 ⇨ 곡선 선택
⇨ 가이드 ⇨ 곡선 선택 ⇨ 옵셋

첫 번째 옵셋	0
두 번째 옵셋	-20

⇨ 부울 ⇨ 빼기 ⇨ 바디 선택

⇨ 확인

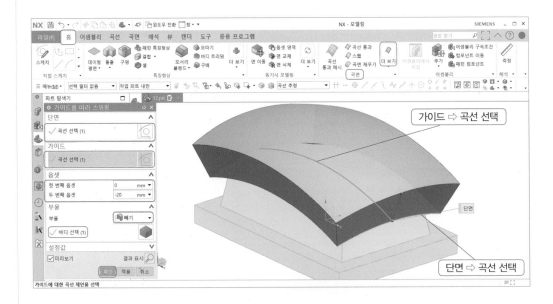

④ ▶▶ 옵셋 곡면 모델링하기

홈 ⇨ 특징형상 ⇨ 더 보기▼ ⇨ 옵셋/배율 ⇨ 곡면 옵셋 ⇨ 면 ⇨ 면 선택 ⇨ 옵셋 : 5 ⇨ 확인

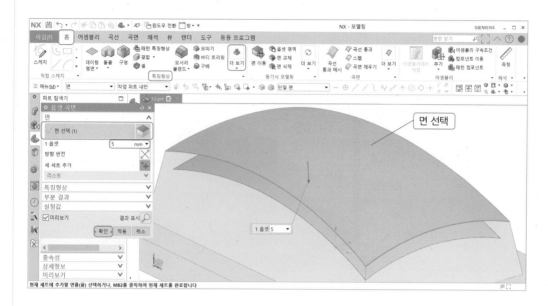

⑤ ▶▶ 돌출 모델링하기

01 ▶▶ XY평면에서 원을 스케치하고 치수 입력 ⇨ 스케치 곡선 ⇨ 패턴 곡선 ⇨ 곡선 선택
⇨ 선형 ⇨ 방향 1 ⇨ 선형 객체 선택(수직선) ⇨ 간격 ⇨ 개수 및 피치 ⇨ 확인
⇨ 개수 3
⇨ 피치 거리 13

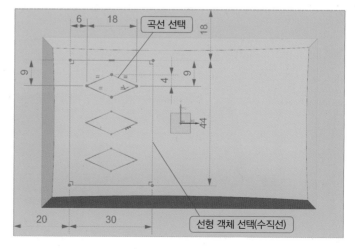

02 ≫ 홈 ⇨ 특징형상 ⇨ 돌출 ⇨ 단면 ⇨ 곡선 선택 ⇨ 한계 ⇨

시작 ⇨ 선택까지 ⇨ 개체 선택(옵셋 면) ⇨ 부울 ⇨ 빼기 ⇨ 바디 선택 ⇨ 확인

끝 ⇨ 거리 32

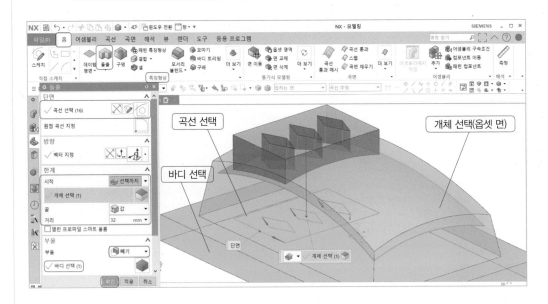

6 ▶▶ 구 모델링하기

01 ≫ XZ평면에 원을 스케치하고 치수를 입력한다. 우측 모서리에서 원의 중심까지 거리
는 40이며, 원의 중심 거리는 각각 입력한다.

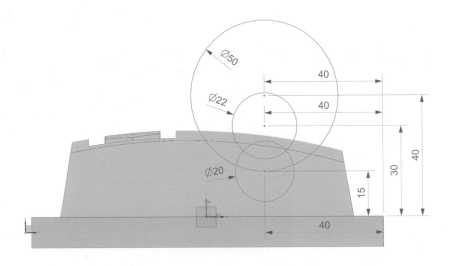

02 ≫ 홈 ⇨ 특징형상 ⇨ 돌출 ⇨ 단면 ⇨ 곡선 선택 ⇨ 한계 ⇨ 끝 ⇨ 대칭 ⇨ 부울 ⇨

⇨ 거리 27

빼기 ⇨ 바디 선택 ⇨ 확인

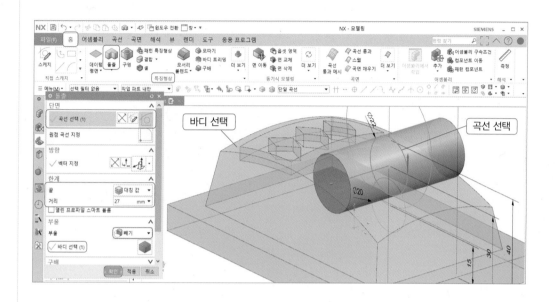

7 ▸▸ 구 모델링하기

01 ≫ 홈 ⇨ 특징형상 ⇨ 더 보기▼ ⇨ 설계 특징형상 ⇨ 구 ⇨ 유형 ⇨ 원호 ⇨ 원호 선택

⇨ 부울 ⇨ 빼기 ⇨ 바디 선택 ⇨ 확인

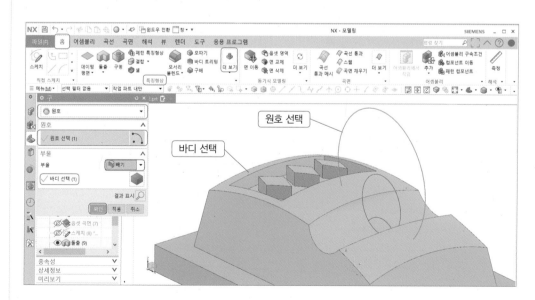

02 》》홈 ➡ 특징형상 ➡ 더 보기▼ ➡ 설계 특징형상 ➡ 구 ➡ 유형 ➡ 원호 ➡ 원호 선택
➡ 부울 ➡ 결합 ➡ 바디 선택 ➡ 확인

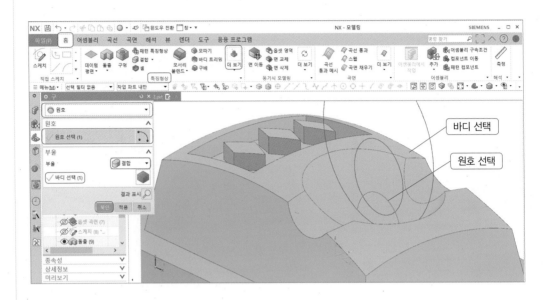

8 》》 모서리 블렌드(R) 모델링하기

01 》》홈 ➡ 특징형상 ➡ 모서리 블렌드 ➡ 모서리 선택 ➡ 반경(R) 10 ➡ 적용

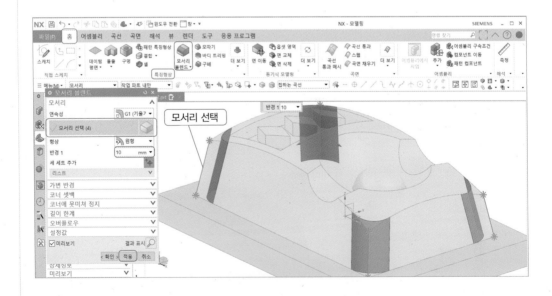

02 >> 모서리 선택 ⇨ 반경(R) 5 ⇨ 적용

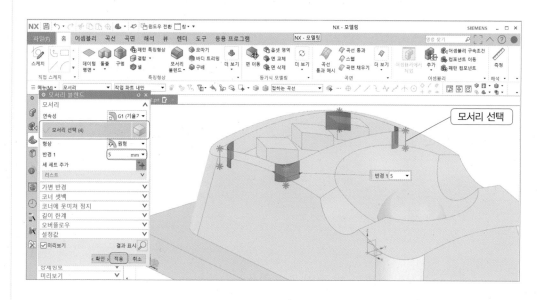

03 >> 모서리 선택 ⇨ 반경(R) 1 ⇨ 적용

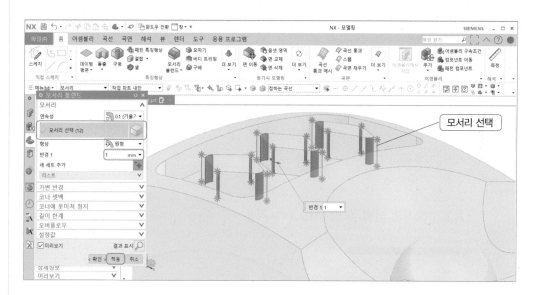

04 ≫ 모서리 선택 ⇨ 반경(R) 1 ⇨ 적용

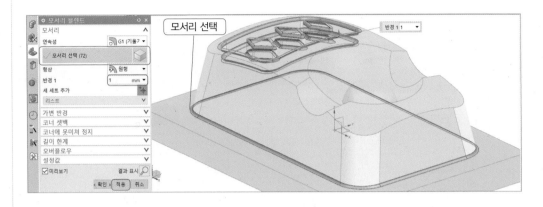

05 ≫ 모서리 선택 ⇨ 반경(R) 2 ⇨ 적용

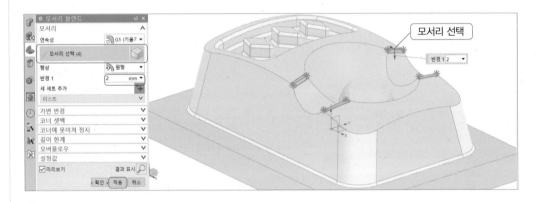

06 ≫ 모서리 선택 ⇨ 반경(R) 2 ⇨ 적용

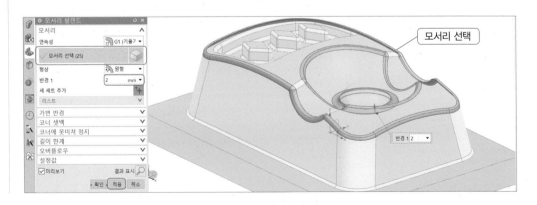

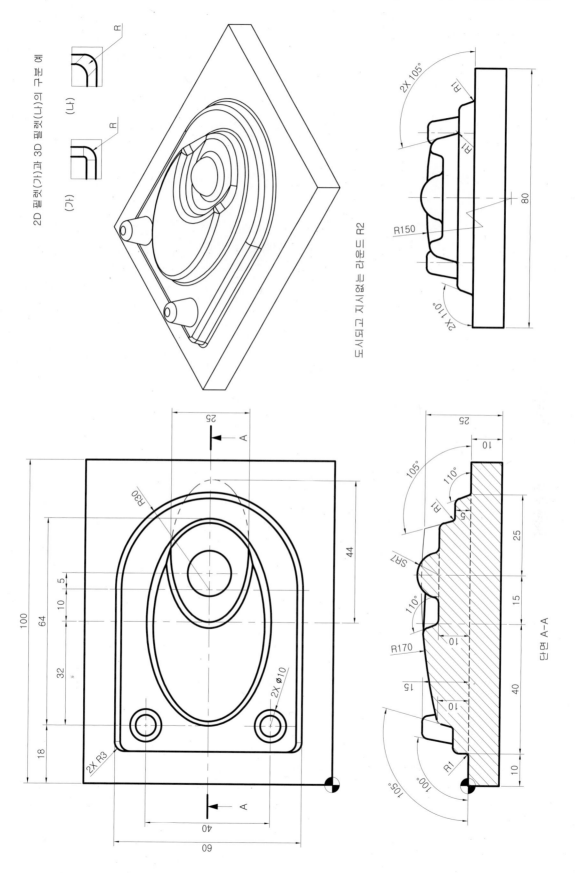

9 형상 모델링 7

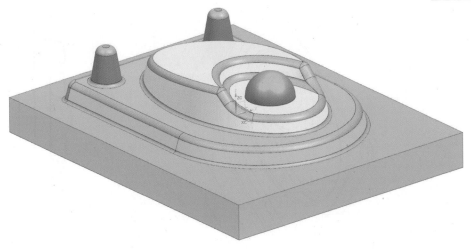

1 ▶▶ 베이스 블록 모델링하기

01 ≫ XY평면에 사각형을 스케치하고 구속조건은 중간점으로 구속, 치수를 입력한다.

02 ≫ 그림과 같이 스케치하고 구속조건은 접함으로 구속, 치수를 입력한다.

💡 R35 치수는 참조 치수이다. 참조 치수를 입력하면 과잉 구속된다.

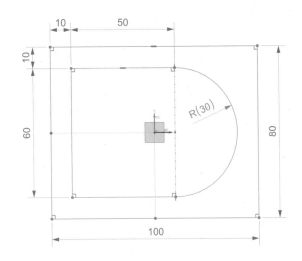

03 ≫ 홈 ⇨ 특징형상 ⇨ 돌출 ⇨ 단면 ⇨ 곡선 선택 ⇨ 한계 ⇨ 시작 ⇨ 거리 0 ⇨ 확인
　　　　　　　　　　　　　　　　　　　　　　　　⇨ 끝 ⇨ 거리 10

💡 벡터 방향은 벡터 지정의 반전을 클릭하여 아래쪽으로 바꾸어 준다.

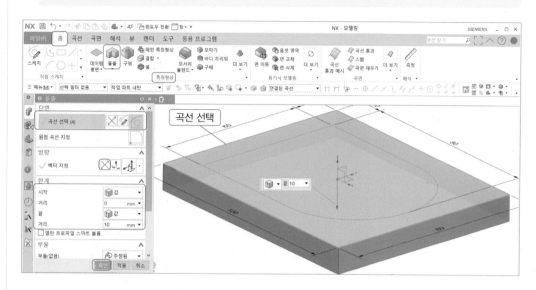

② ▶▶ 복수 구배 돌출 모델링하기

홈 ⇨ 특징형상 ⇨ 돌출 ⇨ 단면 ⇨ 곡선 선택 ⇨ 한계 ⇨ 시작 ⇨ 거리 0 ⇨ 부울 ⇨ 결합
　　　　　　　　　　　　　　　　　　　　　　　　⇨ 끝 ⇨ 거리 5

⇨ 바디 선택 ⇨ 구배 ⇨ 시작 단면 ⇨ 각도 1 : 0° ⇨ 각도 2 : 20° ⇨ 확인

💡 셀렉션 바에서 연결된 곡선으로 곡선을 선택한다.

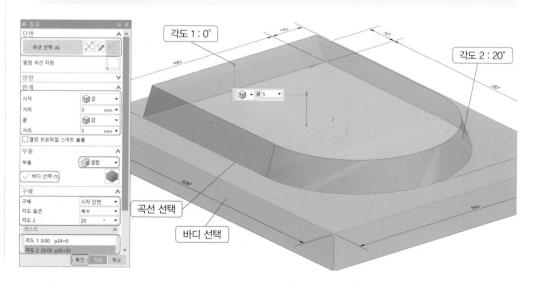

3 ▸▸ 단순 구배 돌출 모델링하기

01 ›› XY평면에 타원을 스케치하고, 구속조건은 타원의 중심점을 원점에 일치 구속한다.

02 ›› 치수를 입력하며, 타원의 구속조건은 1개가 부족한 상태가 완전 구속된 것이다.

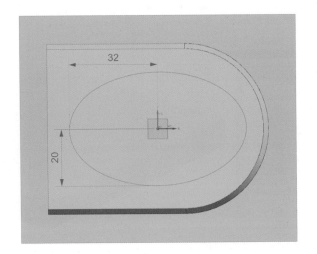

03 ›› 홈 ⇨ 특징형상 ⇨ 돌출 ⇨ 단면 ⇨ 곡선 선택 ⇨ 한계 ⇨ 시작 ⇨ 거리 5 ⇨ 부울
⇨ 끝 ⇨ 거리 18

⇨ 빼기 ⇨ 바디 선택 ⇨ 구배 ⇨ 시작 한계로부터 ⇨ 각도 15 ⇨ 확인

💡 시작 한계로부터는 단면이 시작되는 위치부터 각도가 시작된다.

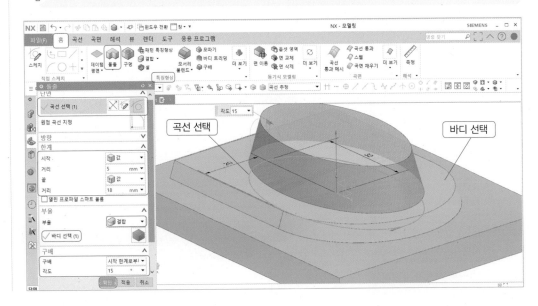

4 ▶▶ 가이드를 따라 스위핑하기

01 ▷ XZ평면에 교차 곡선을 스케치하여 참조로 변환한다. 점을 스케치하여 치수를 입력
하고, 점을 참조 선에 곡선 상의 점으로 구속한다.

02 ▷ 원호를 스케치하여 치수를 입력하고, 원호를 점에 곡선 상의 점으로 구속한다. 치
수 15는 임의 치수이다.

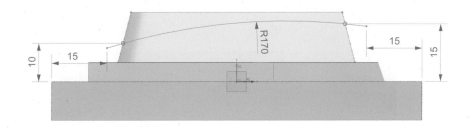

03 ▷ 스케치 ⇨ 스케치 유형 ⇨ 평면 상에서 ⇨ 스케치 면 ⇨ 평면 방법 ⇨ 새 평면 ⇨ 평
면 지정(곡선 끝점 선택) ⇨ 스케치 방향 ⇨ 참조 : 수평 ⇨ 벡터 지정(모서리) ⇨ 점
다이얼로그(0, 0, 0) ⇨ 확인

04 ▷ 그림처럼 평면 지정(가이드 곡선 끝점 선택)하고, 벡터 방향은 모서리를 선택하여
지정한다. 점 지정은 점 다이얼로그를 클릭하여 좌푯값(0, 0, 0)을 입력한다.

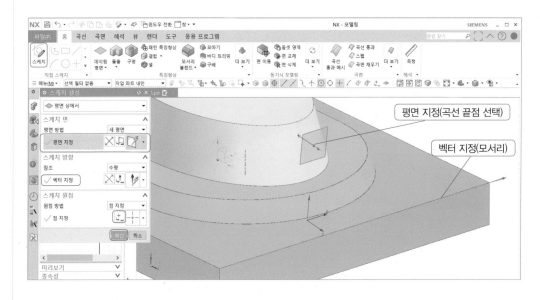

05 >> 앞에서 생성한 스케치 평면에 원호를 스케치하여 가이드 곡선의 끝점에 단면 곡선을 곡선 상의 점으로 구속하고, 단면 곡선에 원호의 중심점을 Z축에 곡선 상의 점으로 구속하며, 그림처럼 치수를 입력한다. 치수 20은 임의 치수이다.

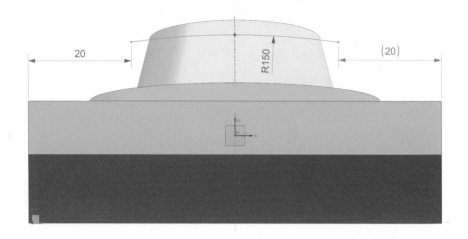

06 >> 홈 ⇨ 곡면 ⇨ 더 보기▼ ⇨ 스위핑 ⇨ 가이드를 따라 스위핑 ⇨ 단면 ⇨ 곡선 선택 ⇨ 가이드 ⇨ 곡선 선택 ⇨ 옵셋 ⇨ 첫 번째 옵셋 0 / 두 번째 옵셋 −10 ⇨ 부울 ⇨ 빼기 ⇨ 바디 선택 ⇨ 확인

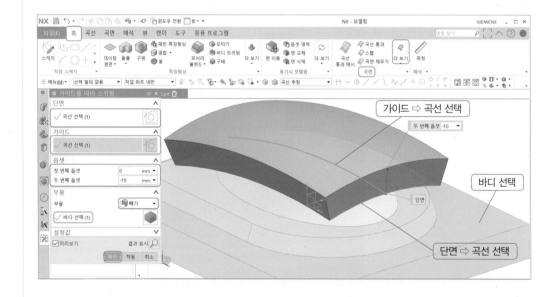

5 ▸▸ 단순 구배 돌출 모델링하기

01 ≫ XY평면에 그림과 같이 타원을 스케치하여 치수를 입력하고, 구속조건은 타원의 중심점을 X축에 곡선 상의 점으로 구속한다. 타원의 구속조건은 1개가 부족한 상태가 완전 구속된 것이다.

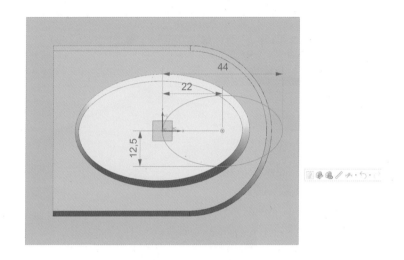

02 ≫ 홈 ⇨ 특징형상 ⇨ 돌출 ⇨ 단면 ⇨ 곡선 선택 ⇨ 한계 ⇨ 시작 ⇨ 거리 10 ⇨ 부울 ⇨ 끝 ⇨ 거리 18

⇨ 빼기 ⇨ 바디 선택 ⇨ 구배 ⇨ 시작 한계로부터 ⇨ 각도 : −20° ⇨ 확인

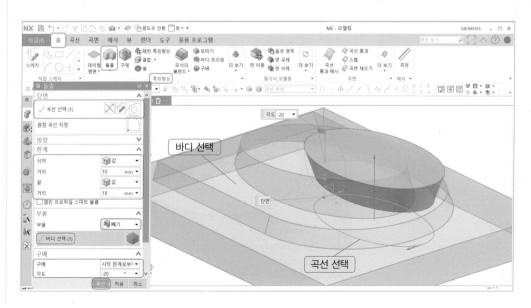

6 ▸▸ 구 모델링하기

홈 ⇨ 특징형상 ⇨ 더보기▼ ⇨ 설계 특징형상 ⇨ 구 ⇨ 유형 ⇨ 중심점과 직경 ⇨ 점 지정 ⇨ 점 다이얼로그 ⇨ 좌표 ⇨ X : 15. Y : 0. Z : 10 ⇨ 확인 ⇨ 치수 ⇨ 직경 14 ⇨ 부울 ⇨ 결합 ⇨ 바디 선택 ⇨ 확인

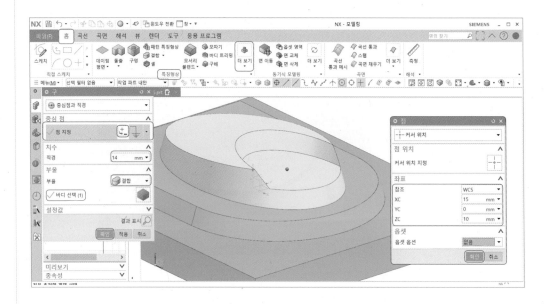

7 ▸▸ 단순 구배 돌출 모델링하기

01 ›› 그림과 같이 XY평면에 원을 스케치하고 치수를 입력한다.

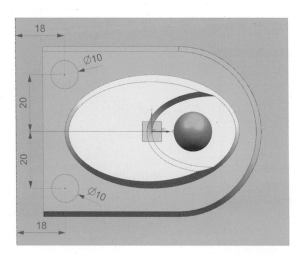

02 ≫ 홈 ⇨ 특징형상 ⇨ 돌출 ⇨ 단면 ⇨ 곡선 선택 ⇨ 한계 ⇨ 시작 ⇨ 거리 5 ⇨ 부울
⇨ 끝 ⇨ 거리 15

⇨ 결합 ⇨ 바디 선택 ⇨ 구배 ⇨ 시작 한계로부터 ⇨ 각도 10° ⇨ 확인

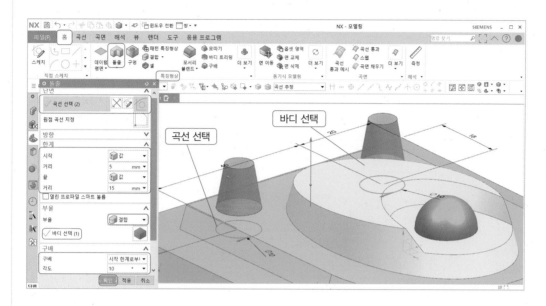

8 ▶▶ 모서리 블렌드(R) 모델링하기

01 ≫ 홈 ⇨ 특징형상 ⇨ 모서리 블렌드 ⇨ 모서리 선택 ⇨ 반경(R) 3 ⇨ 적용

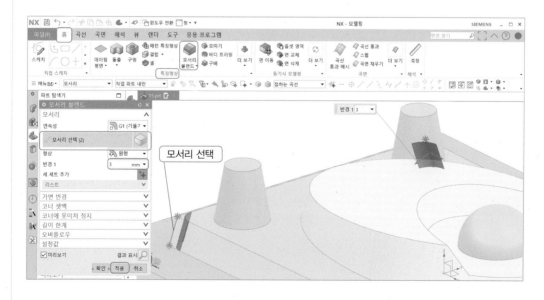

02 >> 모서리 선택 ⇨ 반경(R) 2 ⇨ 적용

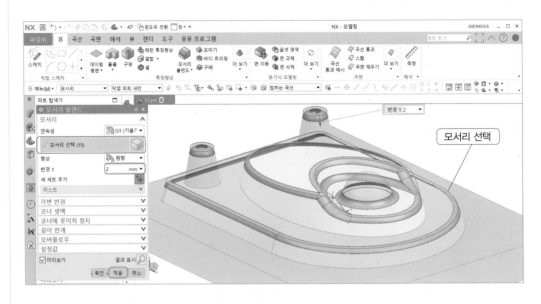

03 >> 모서리 선택 ⇨ 반경(R) 1 ⇨ 확인

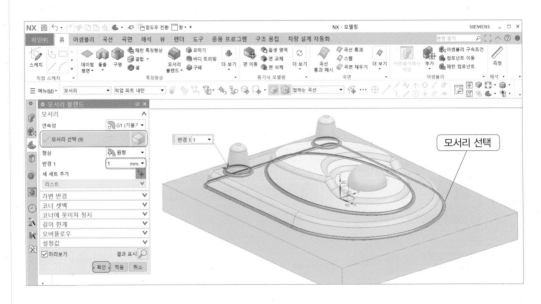

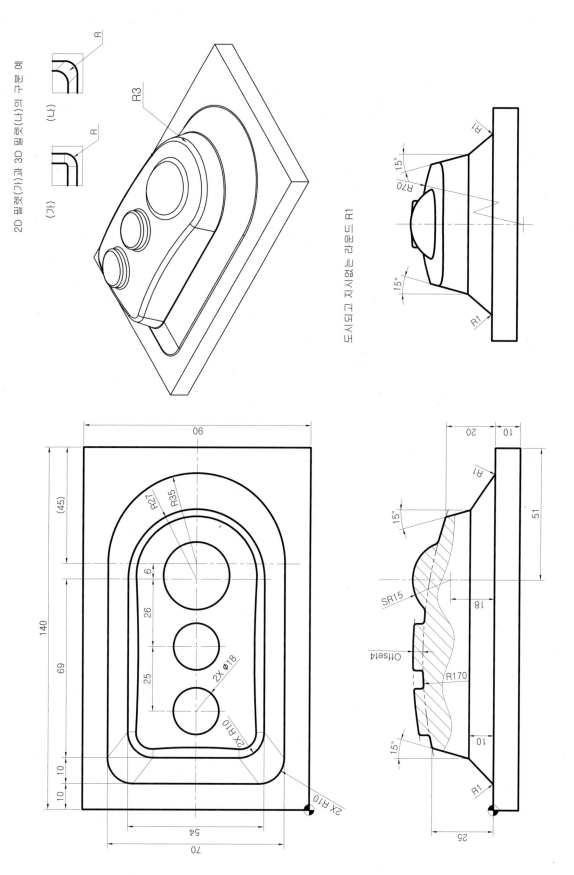

2D 필렛(가)과 3D 필렛(나)의 구분 예

(가)

(나)

도시되고 지시없는 라운드 R1

10 곡선 통과 모델링하기 1

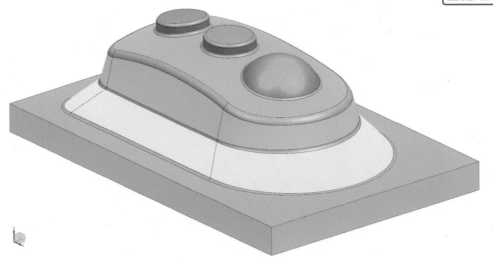

1 ▸▸ 베이스 블록 모델링하기

01 ≫ XY평면에 스케치하고 구속조건은 동일 직선상으로 구속, 치수를 입력한다.

02 ≫ 그림과 같이 스케치하고 구속조건은 접함으로 구속, 치수를 입력한다. 필렛으로 R10으로 그린다.

💡 R35 치수는 참조 치수이다. 참조 치수를 입력하면 과잉 구속된다.

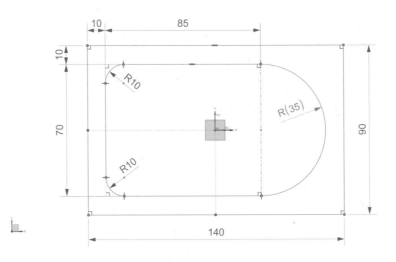

03 ≫ 홈 ⇨ 특징형상 ⇨ 돌출 ⇨ 단면 ⇨ 곡선 선택 ⇨ 한계 ⇨ 시작 ⇨ 거리 0 ⇨ 확인
　　　　　　　　　　　　　　　　　　　　　　⇨ 끝 ⇨ 거리 10

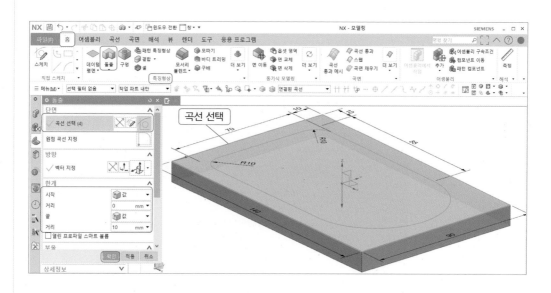

(2) ▶▶ 곡선 통과 모델링하기

01 ≫ 스케치 ⇨ 스케치 유형 ⇨ 평면 상에서 ⇨ 스케치 면 ⇨ 평면 방법 ⇨ 새 평면 ⇨ 평면 지정(XY데이텀 평면) ⇨ 거리 10 ⇨ 스케치 방향 ⇨ 참조 ⇨ 수평 ⇨ 벡터 지정(X축) ⇨ 점 다이얼로그(0, 0, 0) ⇨ 확인

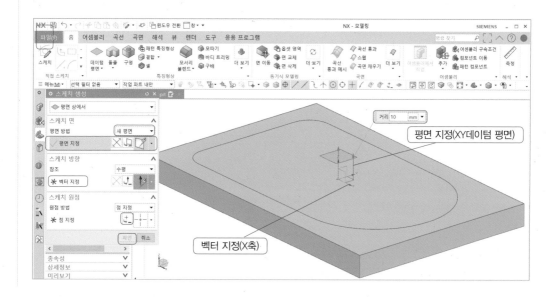

02 ≫ 그림처럼 평면에 스케치하고 구속조건은 접함으로 구속, 치수를 입력한다. 필렛으로 R10으로 그린다.

💡 R27 치수는 참조 치수이다. 참조 치수를 입력하면 과잉 구속된다.

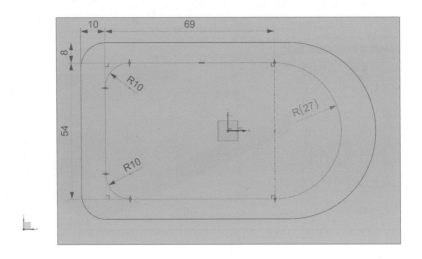

03 ≫ 홈 ⇨ 곡선 ⇨ 곡선 통과 ⇨ 단면 ⇨ 곡선 선택 1 ⇨ 세 세트 추가 ⇨ 곡선 선택 2 ⇨ ☑ 형상 유지(체크) ⇨ 확인

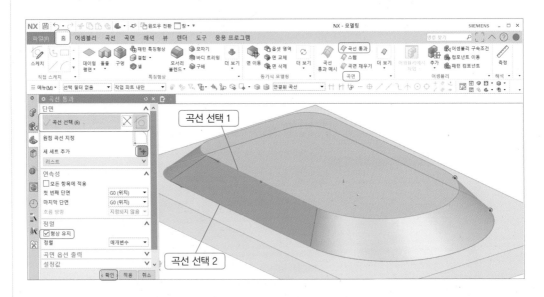

③ ▶▶ 결합하기

홈 ⇨ 특징형상 ⇨ 결합 ⇨ 결합 ⇨ 타겟 ⇨ 바디 선택 ⇨ 공구 ⇨ 바디 선택 ⇨ 확인

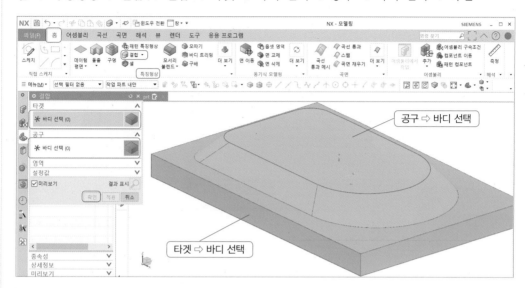

④ ▶▶ 단일 구배 돌출 모델링하기

홈 ⇨ 특징형상 ⇨ 돌출 ⇨ 단면 ⇨ 곡선 선택 ⇨ 한계 ⇨ 시작 ⇨ 거리 0 ⇨ 부울 ⇨ 결합
                                              ⇨ 끝 ⇨ 거리 20

⇨ 바디 선택 ⇨ 구배 ⇨ 시작 한계로부터 ⇨ 각도 15° ⇨ 확인

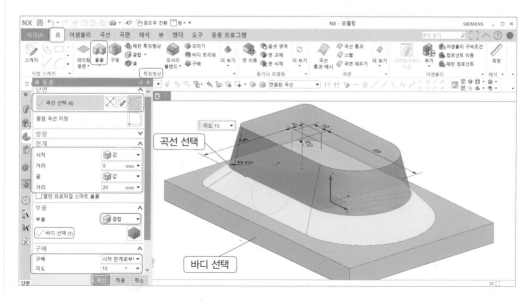

5 ▶▶ 가이드를 따라 스위핑하기

01 ≫ XZ평면에서 ⇨ 교차 곡선을 스케치하고 곡선을 클릭하여 참조하도록 변환 ⇨ 점을
스케치하여 참조 선에 곡선 상의 점으로 구속 ⇨ 곡선을 스케치하고 치수와 구속조
건은 원호를 점에 곡선 상의 점으로 구속한다.

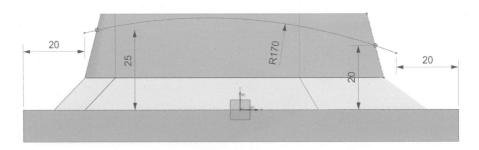

02 ≫ 스케치 ⇨ 스케치 유형 ⇨ 평면 상에서 ⇨ 스케치 면 ⇨ 평면 방법 ⇨ 새 평면 ⇨ 평
면 지정(곡선 끝점 선택) ⇨ 스케치 방향 ⇨ 참조 ⇨ 수평 ⇨ 벡터 지정(모서리) ⇨
점 다이얼로그(0, 0, 0) ⇨ 확인

03 ≫ 그림처럼 평면 지정(가이드 곡선 끝점 선택)하고, 벡터 방향은 모서리를 선택한다.
점 지정은 점 다이얼로그를 클릭하여 좌푯값(0, 0, 0)을 입력한다.

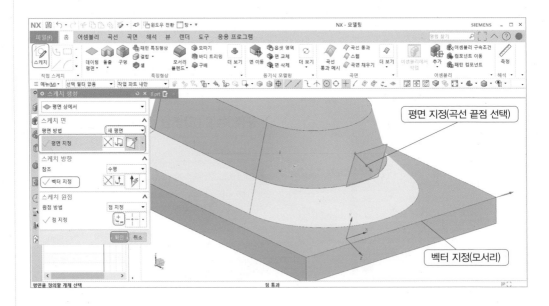

04 >> 앞에서 생성한 스케치 평면에 원호를 스케치하여 가이드 곡선의 끝점에 단면 곡선
을 곡선 상의 점으로 구속하고, 단면 곡선에 원호의 중심점을 Z축에 곡선 상의 점
으로 구속한다. 그림처럼 치수를 입력한다.

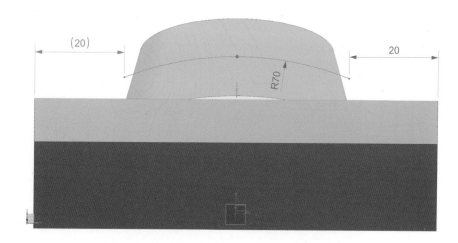

05 >> 홈 ⇨ 곡면 ⇨ 더 보기▼ ⇨ 스위핑 ⇨ 가이드를 따라 스위핑 ⇨ 단면 ⇨ 곡선 선택
⇨ 가이드 ⇨ 곡선 선택 ⇨ 옵셋 ⇨ 첫 번째 옵셋 0 ⇨ 부울 ⇨ 빼기 ⇨ 바디 선택

첫 번째 옵셋	0
두 번째 옵셋	−10

⇨ 확인

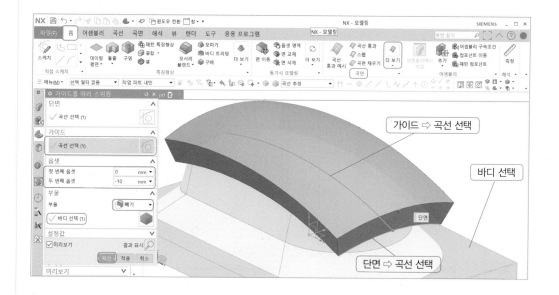

6 ▶▶ 돌출 모델링하기

01 ≫ XY 평면에 스케치하여 치수를 입력, 구속조건은 원의 중심과 X축을 곡선 상의 점으로 구속한다.

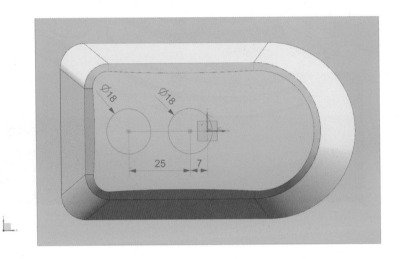

02 ≫ 홈 ⇨ 특징형상 ⇨ 돌출 ⇨ 단면 ⇨ 곡선 선택 ⇨ 한계 ⇨ 시작 ⇨ 거리 0 ⇨ 부울
⇨ 끝 ⇨ 거리 30

⇨ 결합 ⇨ 바디 선택 ⇨ 확인

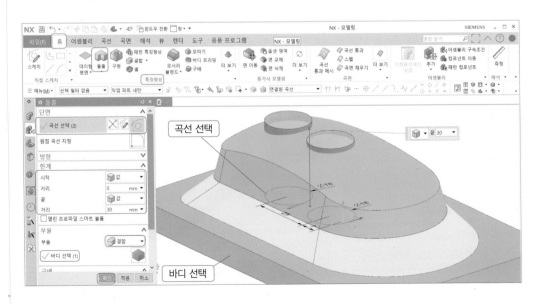

⑦ ▶▶ 면 교체(옵셋 4mm)

홈 ⇨ 동기식 모델링 ⇨ 면 교체 ⇨ 초기면 ⇨ 면 선택 ⇨ 교체할 새로운 면 ⇨ 면 선택 ⇨ 옵셋 ⇨ 거리 4 ⇨ 확인

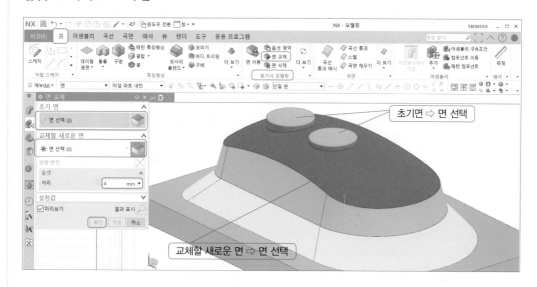

⑧ ▶▶ 구 모델링하기

01 ▶▶ 홈 ⇨ 특징형상 ⇨ 더 보기▼ ⇨ 설계 특징형상 ⇨ 구 ⇨ 중심점과 직경 ⇨ 중심 점 ⇨ 점 지정 ⇨ 치수 ⇨ 직경 30 ⇨ 부울 ⇨ 결합 ⇨ 바디 선택 ⇨ 확인

02 ▶▶ 구의 중심은 점 지정 ⇨ 점 다이얼로그에서 X : 19, Y : 0, Z : 18를 입력하고 확인한다.

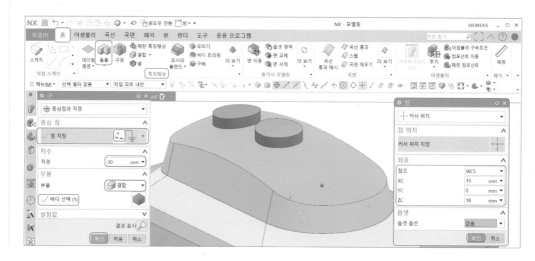

9 ▶▶ 모서리 블렌드(R) 모델링하기

01 ›› 홈 ⇨ 특징형상 ⇨ 모서리 블렌드 ⇨ 모서리 선택 ⇨ 반경(R) 3 ⇨ 적용

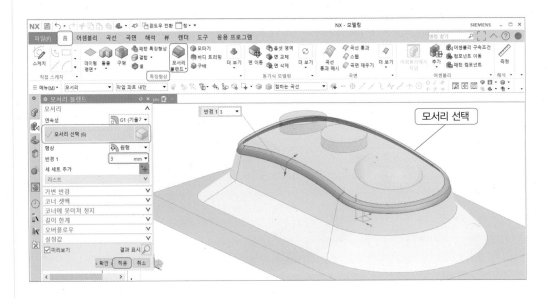

02 ›› 모서리 선택 ⇨ 반경(R) 1 ⇨ 확인

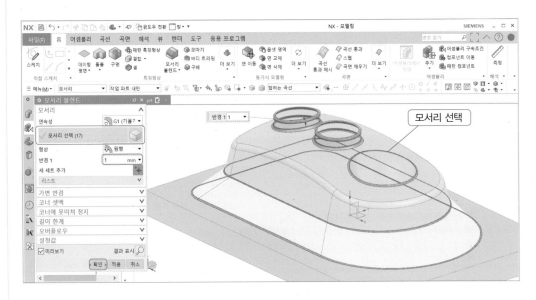

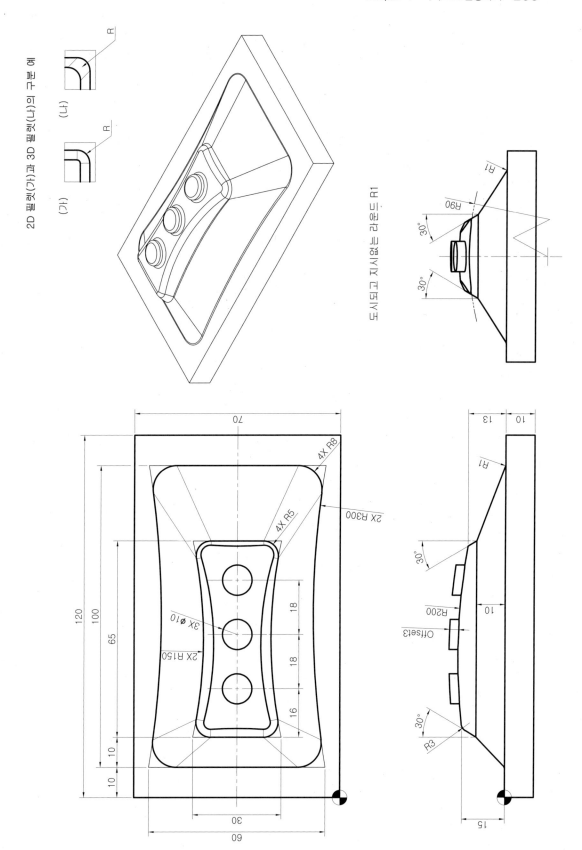

2D 필릿(가)과 3D 필릿(나)의 구분 예

(가)   (나)

도시되고 지시없는 라운드 R1

11 곡선 통과 모델링하기 2

1 ▶▶ 베이스 블록 모델링하기

01 ≫ XY평면에 스케치하고 구속조건은 같은 길이와 중간점으로 구속, 치수를 입력한다.

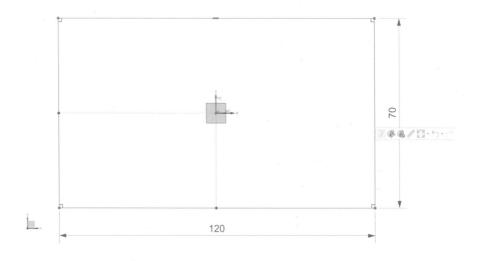

02 >> 홈 ⇨ 특징형상 ⇨ 돌출 ⇨ 단면 ⇨ 곡선 선택 ⇨ 한계 ⇨ 시작 ⇨ 거리 0 ⇨ 확인
⇨ 끝 ⇨ 거리 10

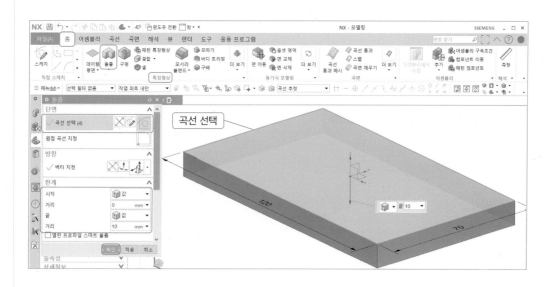

2 ▶▶ 곡선 통과 모델링하기

01 >> XY 평면에 스케치하여 치수를 입력한다. 필렛은 R8로 하여 치수를 입력한다. 직선
을 클릭하여 참조하도록 변환한다.

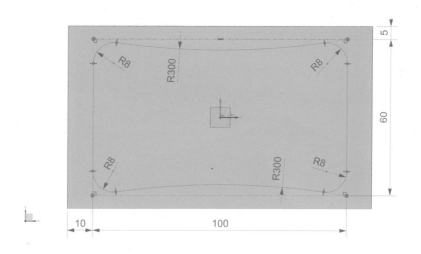

02 >> 스케치 ⇨ 스케치 유형 ⇨ 평면 상에서 ⇨ 스케치 면 ⇨ 평면 방법 ⇨ 새 평면 ⇨ 평면 지정(XY데이텀 평면) ⇨ 거리 10 ⇨ 스케치 방향 ⇨ 참조 ⇨ 수평 ⇨ 벡터 지정 (X축) ⇨ 점 다이얼로그(0, 0, 0) ⇨ 확인

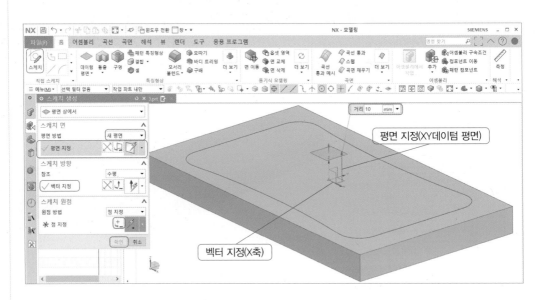

03 >> 그림처럼 스케치하여 치수를 입력한다. 필렛은 R5로 하여 치수를 입력한다. 직선을 클릭하여 참조하도록 변환한다.

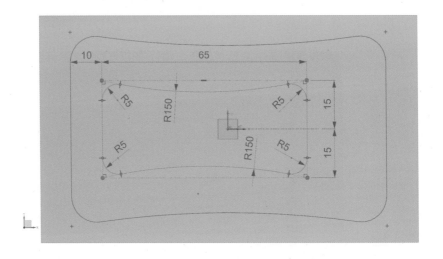

04 >> 홈 ⇨ 곡선 ⇨ 곡선 통과 ⇨ 단면 ⇨ 곡선 선택 1 ⇨ 세 세트 추가 ⇨ 곡선 선택 2 ⇨
☑ 형상 유지(체크) ⇨ 확인

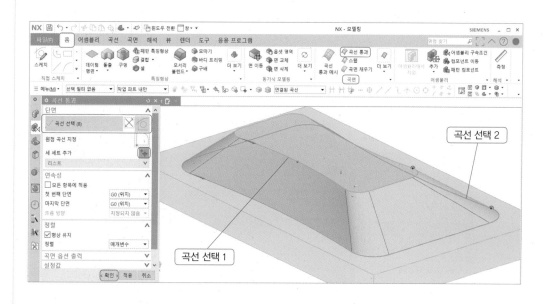

3 ▸▸ 결합하기

홈 ⇨ 특징형상 ⇨ 결합 ⇨ 결합 ⇨ 타겟 ⇨ 바디 선택 ⇨ 공구 ⇨ 바디 선택 ⇨ 확인

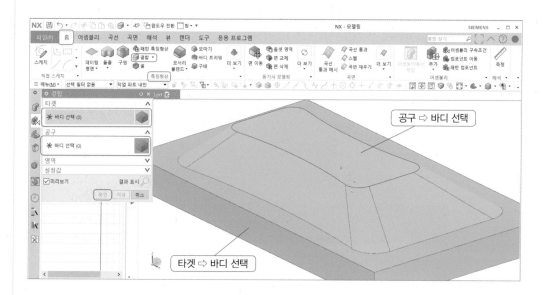

4 ▶▶ 단일 구배 돌출 모델링하기

홈 ⇨ 특징형상 ⇨ 돌출 ⇨ 단면 ⇨ 곡선 선택 ⇨ 한계 ⇨ 시작 ⇨ 거리 0 ⇨ 부울 ⇨ 결합
⇨ 끝 ⇨ 거리 7

⇨ 바디 선택 ⇨ 구배 ⇨ 시작 한계로부터 ⇨ 각도 30° ⇨ 확인

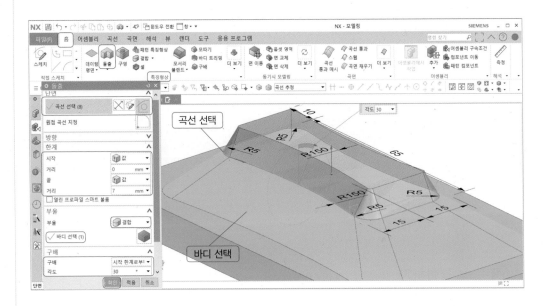

5 ▶▶ 가이드를 따라 스위핑하기

01 ▶▶ XZ평면에서 ⇨ 점을 스케치하여 모서리에 곡선 상의 점으로 구속 ⇨ 곡선을 스케
치하고 치수와 구속조건은 원호를 점에 곡선 상의 점으로 구속한다.

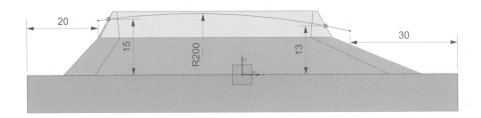

02 ≫ 스케치 ⇨ 스케치 유형 ⇨ 평면 상에서 ⇨ 스케치 면 ⇨ 평면 방법 ⇨ 새 평면 ⇨ 평면 지정(곡선 끝점 선택) ⇨ 스케치 방향 ⇨ 참조 ⇨ 수평 ⇨ 벡터 지정(모서리) ⇨ 점 다이얼로그(0, 0, 0) ⇨ 확인

03 ≫ 그림처럼 평면 지정(가이드 곡선 끝점 선택)하고, 벡터 방향은 모서리를 선택한다. 점 지정은 점 다이얼로그를 클릭하여 좌푯값(0, 0, 0)을 입력한다.

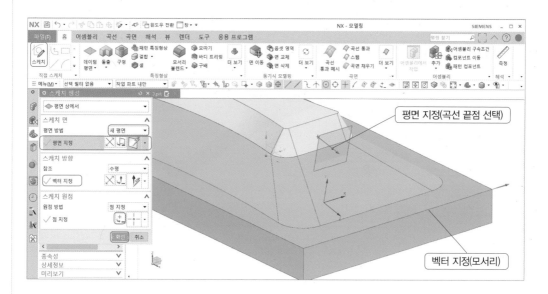

04 ≫ 앞에서 생성한 스케치 평면에 원호를 스케치하여 가이드 곡선의 끝점에 단면 곡선을 곡선 상의 점으로 구속하고, 단면 곡선에 원호의 중심점을 Z축에 곡선 상의 점으로 구속한다. 그림처럼 치수를 입력한다.

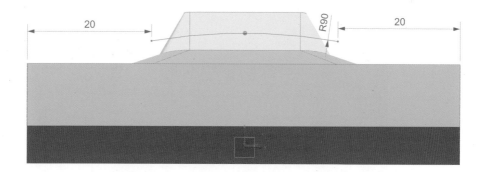

05 ≫ 홈 ⇨ 곡면 ⇨ 더 보기▼ ⇨ 스위핑 ⇨ 가이드를 따라 스위핑 ⇨ 단면 ⇨ 곡선 선택
⇨ 가이드 ⇨ 곡선 선택 ⇨ 옵셋 ⇨ | 첫 번째 옵셋　0 | ⇨ 부울 ⇨ 빼기 ⇨ 바디 선택
　　　　　　　　　　　　　　　　　　| 두 번째 옵셋 −7 |
⇨ 확인

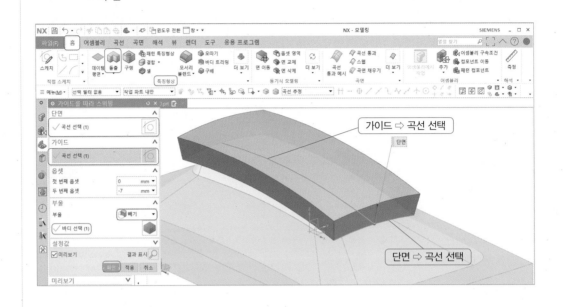

6 ▶▶ 돌출 모델링하기

01 ≫ XY평면에 원을 스케치하고, 구속조건은 X축에 원의 중심점을 곡선 상의 점으로 구
속, 원호는 같은 원호로 구속, 치수를 입력한다.

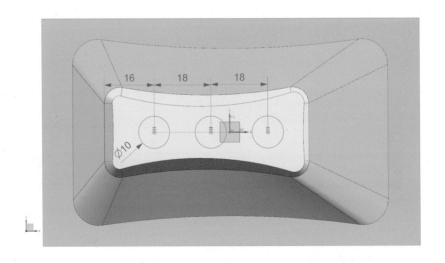

02 >> 홈 ⇨ 특징형상 ⇨ 돌출 ⇨ 단면 ⇨ 곡선 선택 ⇨ 한계 | ⇨ 시작 ⇨ 거리 0 | ⇨ 부울 | ⇨ 끝 ⇨ 거리 20 |

⇨ 결합 ⇨ 바디 선택 ⇨ 확인

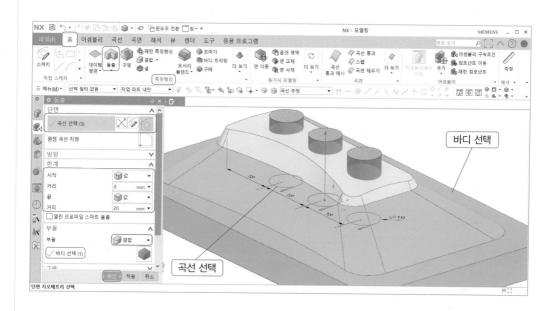

7 >> 면 교체(옵셋 3mm)

홈 ⇨ 동기식 모델링 ⇨ 면 교체 ⇨ 초기면 ⇨ 면 선택 ⇨ 교체할 새로운 면 ⇨ 면 선택 ⇨ 옵셋 ⇨ 거리 3 ⇨ 확인

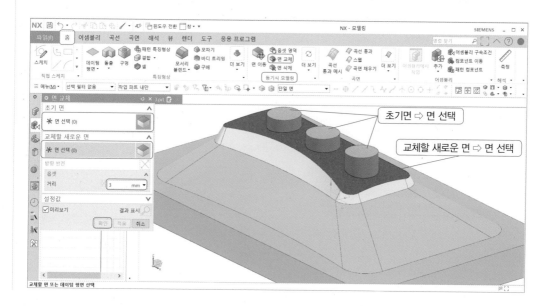

8 ▶▶ 모서리 블렌드(R) 모델링하기

01 >> 홈 ⇨ 특징형상 ⇨ 모서리 블렌드 ⇨ 모서리 선택 ⇨ 반경(R) 3 ⇨ 적용

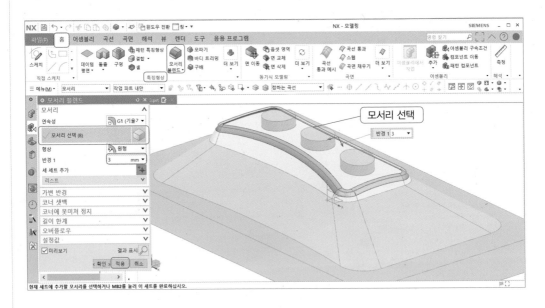

02 >> 모서리 선택 ⇨ 반경(R) 1 ⇨ 확인

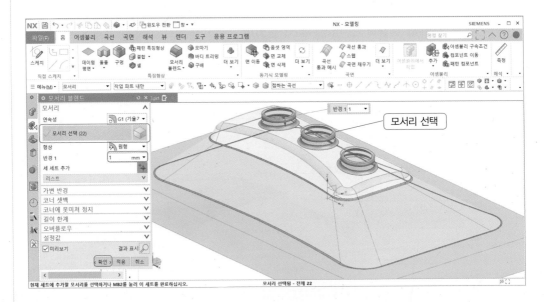

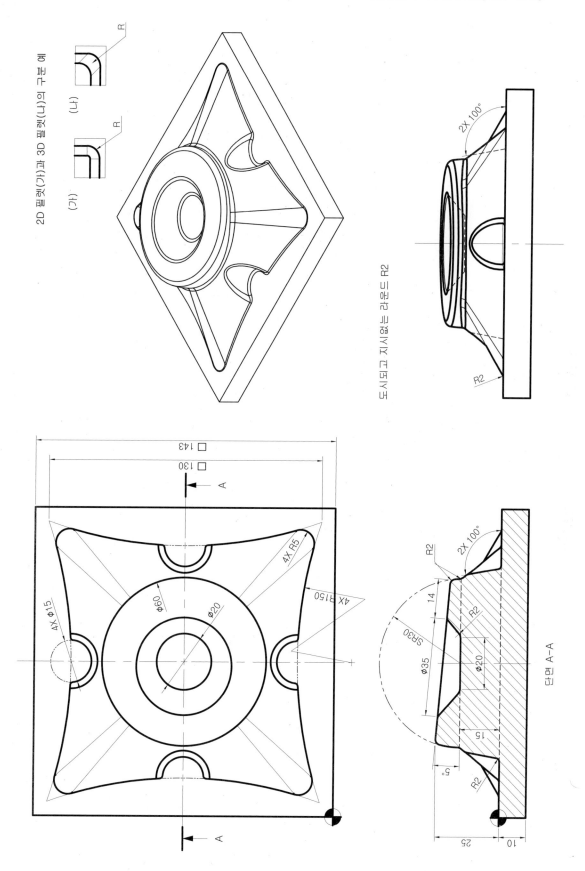

2D 필렛(가)과 3D 필렛(나)의 구분 예

(가) (나)

도시되고 지시없는 라운드 R2

단면 A-A

12 곡선 통과 모델링하기 3

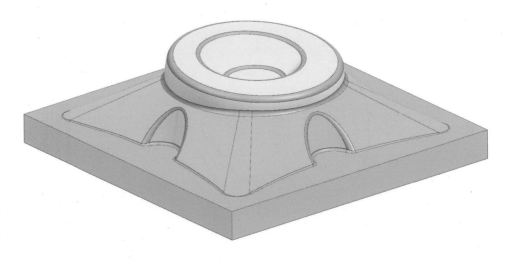

(1) ▶▶ 베이스 블록 모델링하기

01 ≫ XY평면에 스케치하고 구속조건은 중간점과 같은 길이로 구속하고, 치수를 입력한다.

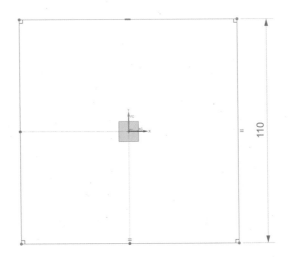

02 ≫ 홈 ⇨ 특징형상 ⇨ 돌출 ⇨ 단면 ⇨ 곡선 선택 ⇨ 한계 ⇨ 시작 ⇨ 거리 0 ⇨ 확인
　　　　　　　　　　　　　　　　　　　　　　⇨ 끝 ⇨ 거리 10

💡 벡터 방향은 벡터 지정의 반전을 클릭하여 아래쪽으로 바꾸어 준다.

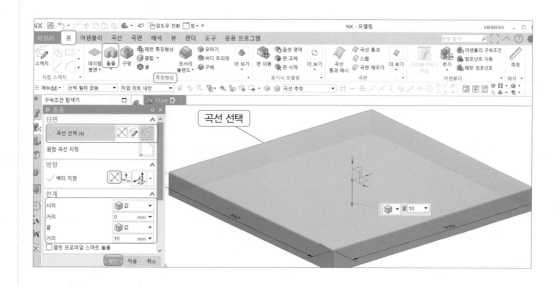

2 ▶▶ 곡선 통과 모델링하기

01 ≫ XY평면에 그림처럼 사각형과 원호를 스케치하고 치수 입력, 구속조건은 중간점으로 구속, 필렛으로 R5를 스케치한다. 사각형은 참조 선으로 변환한다.

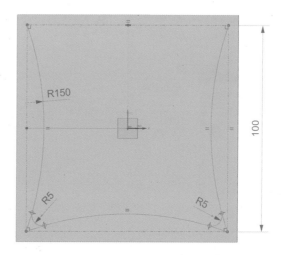

02 >> XY평면에서 거리 15인 스케치 평면 생성은 스케치 ⇨ 스케치 면 ⇨ 평면 방법 ⇨
새 평면 ⇨ 스케치 방향 ⇨ 참조 ⇨ 수평 ⇨ 벡터 지정(모서리 선택) ⇨ 스케치 원점
⇨ 점 다이얼로그 클릭(X : 0, Y : 0, Z : 0) ⇨ 확인

03 >> 원심을 원점에 일치 구속하여 스케치하고 치수를 입력한다. 직선은 X축에 동일 직
선으로 구속하고, 나머지 직선은 엔드점에서 원점을 이어 스케치한다.

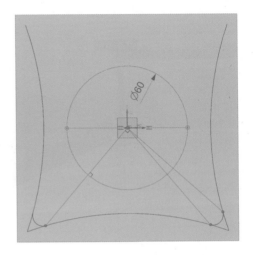

04 >> 홈 ⇨ 곡선 ⇨ 곡선 통과 ⇨ 단면 ⇨ 곡선 선택 1 ⇨ 세 세트 추가 ⇨ 곡선 선택 2 ⇨
적용

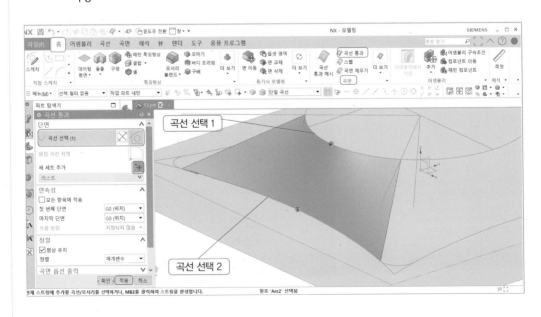

05 >> 홈 ⇨ 곡선 ⇨ 곡선 통과 ⇨ 단면 ⇨ 곡선 선택 1 ⇨ 세 세트 추가 ⇨ 곡선 선택 2 ⇨
확인

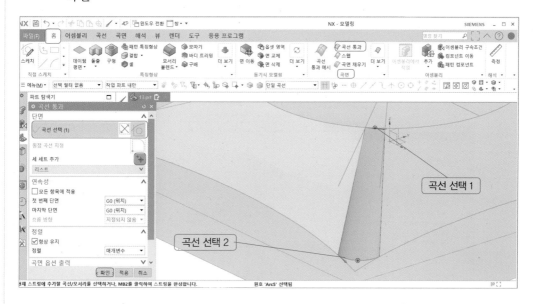

3 ▶▶ 회전 복사하기

홈 ⇨ 특징형상 ⇨ 더 보기▼ ⇨ 연관 복사 ⇨ 패턴 지오메트리 ⇨ 패턴화할 지오메트리 ⇨
개체 선택 ⇨ 패턴 정의 ⇨ 레이아웃 ⇨ 원형 ⇨ 회전축 ⇨ 벡터 지정(데이텀 축) ⇨ 각도 방
향 ⇨ 간격 ⇨ 개수 및 피치 ⇨ 확인
   ⇨ 개수 4
   ⇨ 피치 각도 90°

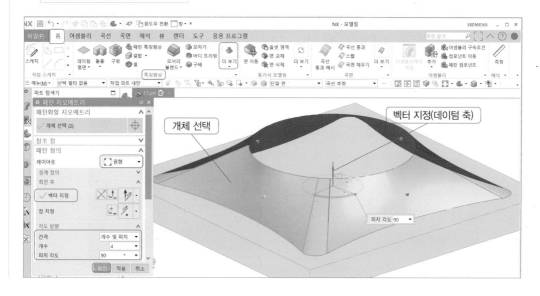

4 ▶▶ **경계 평면 모델링하기**

홈 ⇨ 곡면 ⇨ 더 보기▼ ⇨ 곡면 ⇨ 경계 평면 ⇨ 평면형 단면 ⇨ 곡선 선택 ⇨ 확인

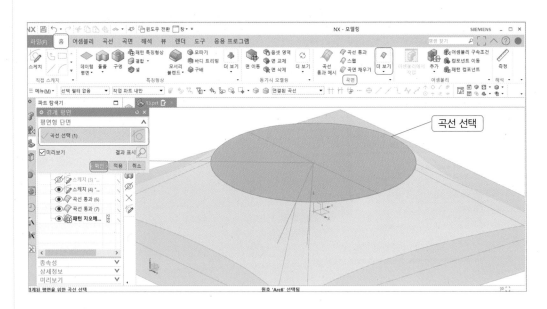

5 ▶▶ **잇기 모델링하기**

홈 ⇨ 특징형상 ⇨ 더 보기▼ ⇨ 결합 ⇨ 잇기 ⇨ 타겟 ⇨ 시트 바디 선택 1 ⇨ 툴 ⇨ 시트 바디 선택 1~8 ⇨ 확인

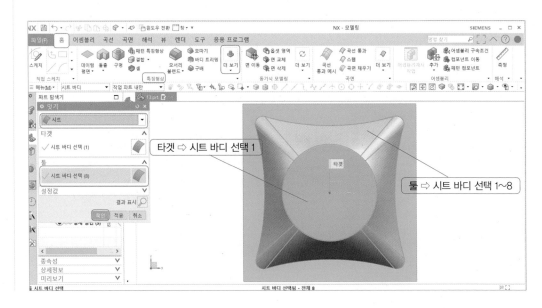

6 ▶▶ 패치 모델링하기

홈 ⇨ 특징형상 ⇨ 더 보기▼ ⇨ 결합 ⇨ 패치 ⇨ 타겟 ⇨ 바디 선택 ⇨ 툴 ⇨ 시트 바디 선택 ⇨ 툴 방향 면 ⇨ 면 선택 ⇨ 확인

💡 벡터 방향은 타겟 바디 방향으로 행해야 한다.

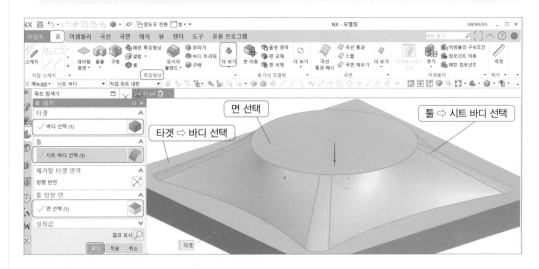

7 ▶▶ 회전 모델링하기

홈 ⇨ 특징형상 툴 ⇨ 회전 ⇨ 단면 ⇨ 곡선 선택 ⇨ 축 ⇨ 벡터 지정 ⇨ 한계

⇨ 시작 ⇨ 각도 0 ⇨ 부울 ⇨ 결합 ⇨ 바디 선택 ⇨ 확인
⇨ 끝 ⇨ 각도 180

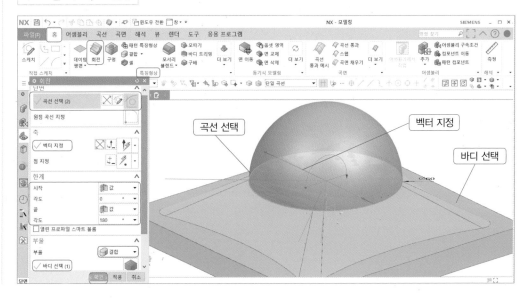

8 ▶▶ 돌출 모델링하기

01 ≫ XZ평면에 교차 곡선과 직선을 스케치하고 치수를 입력한다.

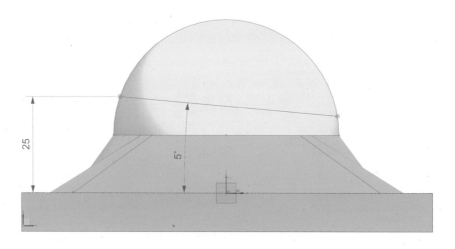

02 ≫ 홈 ⇨ 특징형상 툴 ⇨ 돌출 ⇨ 단면 ⇨ 곡선 선택 ⇨ 한계 | 끝 ⇨ 대칭값 | ⇨
⇨ 거리 30

부울 ⇨ 빼기 ⇨ 바디 선택 ⇨ 확인

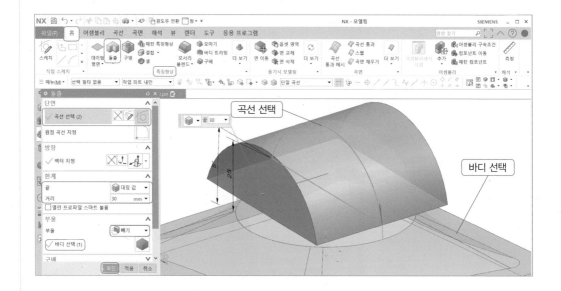

9 ▶▶ 곡선 통과 모델링하기

01 ≫ 원의 단면에 스케치 평면을 생성한다. 스케치 방향을 바꾸려면 벡터 화살표를 더블 클릭한다.

02 ≫ 원을 스케치하고 치수 입력, 구속조건은 원의 중심을 X축에 곡선 상의 점으로 구속 한다.

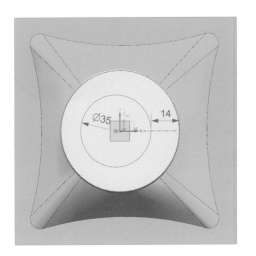

03 ≫ 스케치 평면은 스케치 ⇨ 스케치 유형 ⇨ 평면 상에서 ⇨ 스케치 면 ⇨ 평면 방법 ⇨ 새 평면 ⇨ 평면 지정(XY데이팀 평면) ⇨ 거리 15 ⇨ 스케치 방향 ⇨ 참조 ⇨ 수 평 ⇨ 벡터 지정(X축) ⇨ 점 다이얼로그(0, 0, 0) ⇨ 확인

04 ≫ 원의 중심을 원점에 스케치하고 치수를 입력한다.

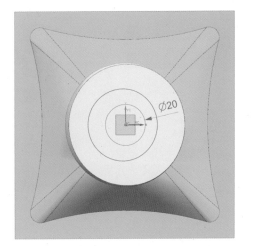

05 ≫ 홈 ⇨ 곡선 ⇨ 곡선 통과 ⇨ 단면 ⇨ 곡선 선택 1 ⇨ 세 세트 추가 ⇨ 곡선 선택 2 ⇨ 확인

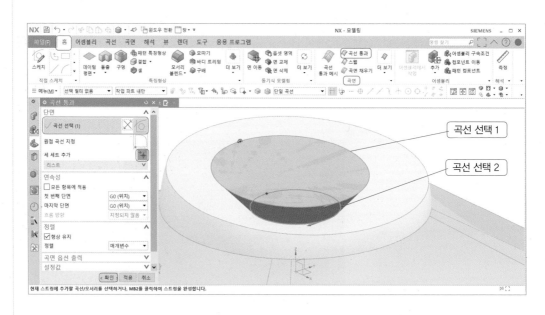

10 ▸▸ 빼기 모델링하기

홈 ⇨ 특징형상 ⇨ 빼기 ⇨ 타겟 ⇨ 바디 선택 ⇨ 공구 ⇨ 바디 선택 ⇨ 확인

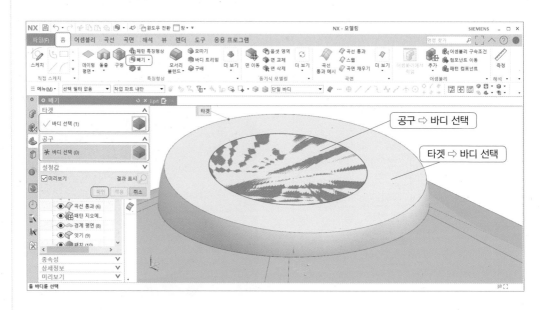

(11) ▶▶ 단일 구배 모델링하기

01 ≫ XY평면에 그림처럼 원을 스케치하고 치수 입력, 구속조건은 원의 중심을 X축과 모서리에 곡선 상의 점으로 구속한다.

02 ≫ 스케치 곡선 ⇨ 패턴화할 곡선 ⇨ 곡선 선택 ⇨ 레이아웃 ⇨ 원형 ⇨ 회전 점 ⇨ 점 지정(원점 클릭) ⇨ 각도 방향 ⇨ 간격 : 개수 및 피치/개수 4/피치 각도 90 ⇨ 확인

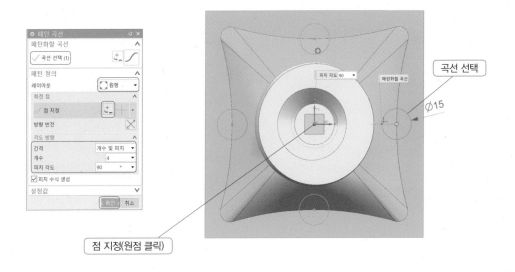

03 ≫ 홈 ⇨ 특징형상 ⇨ 돌출 ⇨ 단면 ⇨ 곡선 선택 ⇨ 한계 ⇨ 시작 ⇨ 거리 0 ⇨ 부울 ⇨ 끝 ⇨ 거리 15

⇨ 빼기 ⇨ 바디 선택 ⇨ 구배 ⇨ 시작 한계로부터 ⇨ 각도 −10° ⇨ 확인

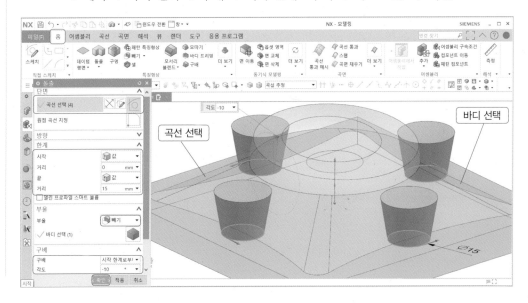

12 ▶▶ 모서리 블렌드(R) 모델링하기

01 ▶▶ 홈 ⇨ 특징형상 ⇨ 모서리 블렌드 ⇨ 모서리 선택 ⇨ 반경(R) 2 ⇨ 적용

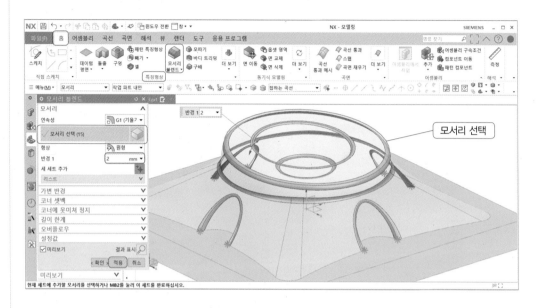

02 ▶▶ 모서리 선택 ⇨ 반경(R) 1 ⇨ 적용

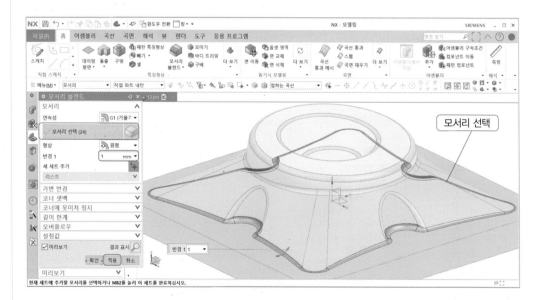

2D 필렛(가)과 3D 필렛(나)의 구분 예

(가)

(나)

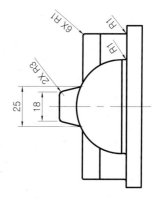

도시되고 지시없는 라운드 R1

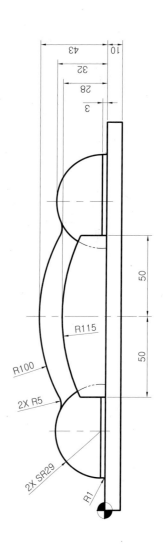

13 전화기 모델링하기

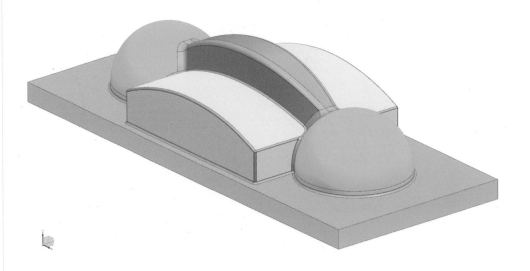

1 ▶▶ 베이스 블록 모델링하기

01 ≫ XY평면에 사각형을 스케치하고 구속조건은 중간점으로 구속하고, 치수를 입력한다.

02 ≫ 그림처럼 원호를 스케치하고 치수를 입력한다. 구속조건은 원호의 중심을 Y축에 곡선 상의 점으로 구속한다.

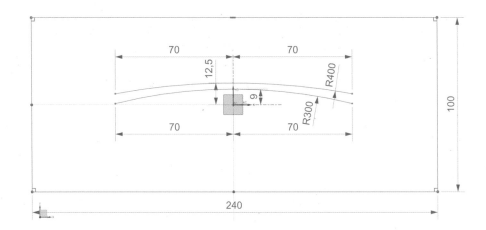

03 >> 홈 ⇨ 특징형상 툴 ⇨ 돌출 ⇨ 단면 ⇨ 곡선 선택 ⇨ 한계 ⇨ 시작 ⇨ 거리 0 ⇨ 확인
　　　　　　　　　　　　　　　　　　　　　　　⇨ 끝 ⇨ 거리 10

💡 벡터 방향은 벡터 지정의 반전을 클릭하여 아래쪽으로 바꾸어 준다.

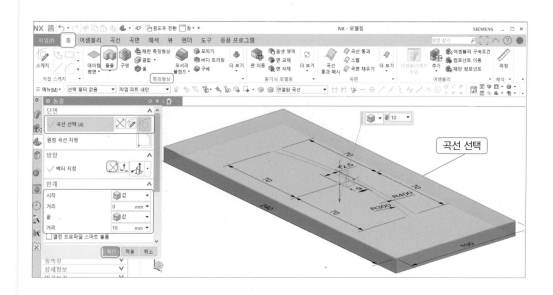

2 ▶▶ 곡선 투영하기

01 >> Xc−Zc평면에 스케치하고 치수를 입력한다. 구속조건은 원호의 중심을 Z축에 곡선
상의 점으로 구속한다.

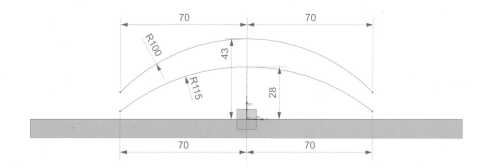

02 >> 곡선 ⇨ 파생 곡선▼ ⇨ 결합된 투영 ⇨ 단일 곡선 ⇨ 곡선 1 선택 ⇨ 곡선 2 선택
⇨ 적용

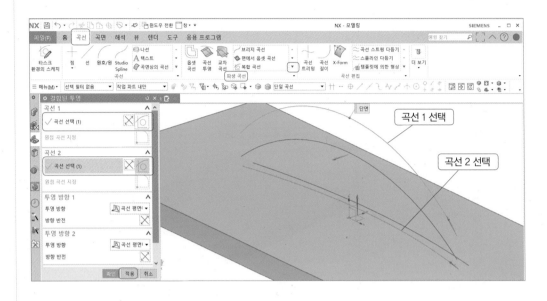

03 >> 단일 곡선 ⇨ 곡선 1 선택 ⇨ 곡선 2 선택 ⇨ 확인

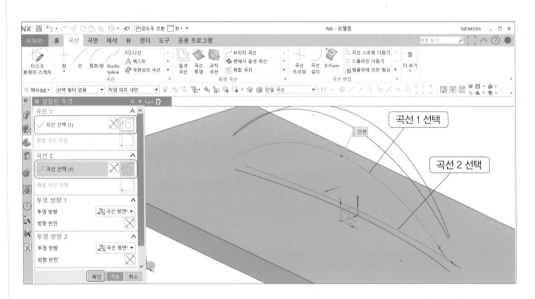

③ ▶▶ 곡선 대칭하기

곡선 ⇨ 파생 곡선▼ ⇨ 대칭 곡선 ⇨ 곡선 ⇨ 곡선 선택 ⇨ 대칭 평면 ⇨ 평면 ⇨ 기존 평면 ⇨ 평면 선택(XZ데이텀 평면) ⇨ 확인

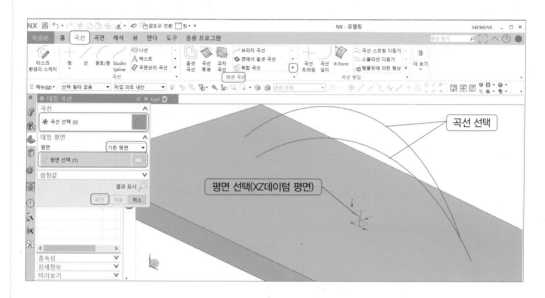

④ ▶▶ Ruled 곡면 모델링하기

01 ▷▷ 곡면 ⇨ 곡면 ⇨ 더 보기▼ ⇨ 메시 곡면 ⇨ Ruled ⇨ 단면 스트링 1 ⇨ 곡선 또는 점 선택 ⇨ 단면 스트링 2 ⇨ 곡선 선택 ⇨ 적용

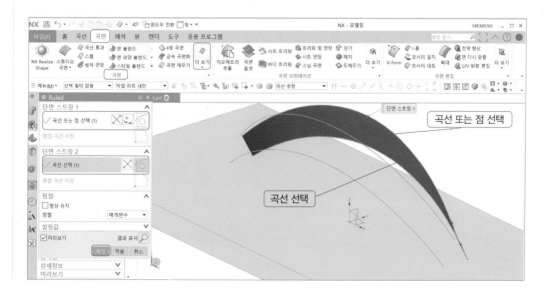

02 ≫ 단면 스트링 1 ⇨ 곡선 또는 점 선택 ⇨ 단면 스트링 2 ⇨ 곡선 선택 ⇨ 적용

03 ≫ 단면 스트링 1 ⇨ 곡선 또는 점 선택 ⇨ 단면 스트링 2 ⇨ 곡선 선택 ⇨ 적용

04 ≫ 단면 스트링 1 ⇨ 곡선 또는 점 선택 ⇨ 단면 스트링 2 ⇨ 곡선 선택 ⇨ 확인

5 ▶▶ 경계 평면 모델링하기

01 ≫ 홈 ⇨ 곡면 ⇨ 더 보기▼ ⇨ 경계 평면 ⇨ 곡선 선택(모서리 4개 선택) ⇨ 확인

02 ≫ 같은 방법으로 반대쪽에도 경계 평면을 작도한다.

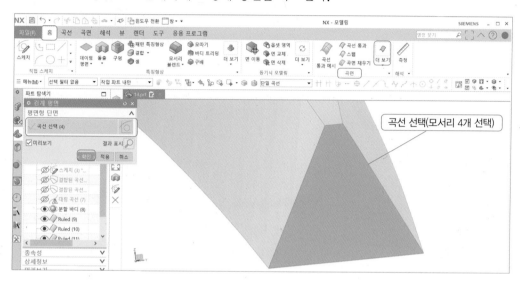

6 ▶▶ 잇기 모델링하기

홈 ⇨ 특징형상 ⇨ 더 보기▼ ⇨ 결합 ⇨ 잇기 ⇨ 타겟 ⇨ 시트 바디 선택 1 ⇨ 툴 ⇨ 시트 바디 선택 1~5 ⇨ 확인

💡 시트 6개를 선택한다.

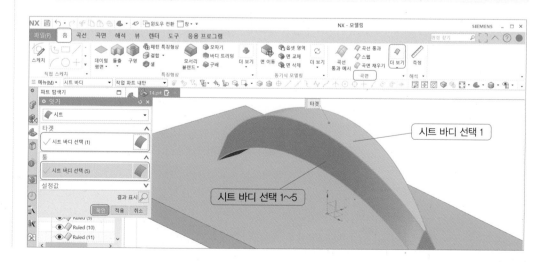

7 ▸▸ 원통 돌출 모델링하기

01 ▸▸ 스케치 평면은 스케치 ⇨ 스케치 유형 ⇨ 평면 상에서 ⇨ 스케치 면 ⇨ 평면 방법 ⇨ 새 평면 ⇨ 평면 지정(XY데이텀 평면) ⇨ 거리 3 ⇨ 스케치 방향 ⇨ 참조 ⇨ 수평 ⇨ 벡터 지정(X축) ⇨ 점 다이얼로그(0, 0, 0) ⇨ 확인

02 ▸▸ 원과 직선을 스케치하여 치수 입력하고, 구속조건은 원의 중심점에 직선을 곡선 상의 점으로 구속하고, 직선은 X축에 동일 직선으로 구속한다.

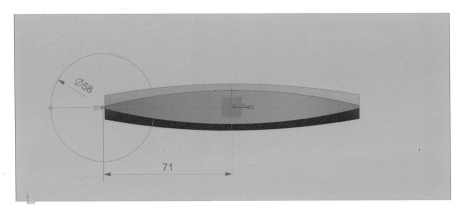

03 ▸▸ 홈 ⇨ 특징형상 ⇨ 돌출 ⇨ 단면 ⇨ 곡선 선택 ⇨ 한계 ⇨ 시작 ⇨ 거리 0 ⇨ 부울 ⇨ 끝 ⇨ 거리 3

⇨ 결합 ⇨ 바디 선택 ⇨ 확인

💡 벡터 방향은 벡터 지정의 반전을 클릭하여 아래쪽으로 바꾸어 준다.

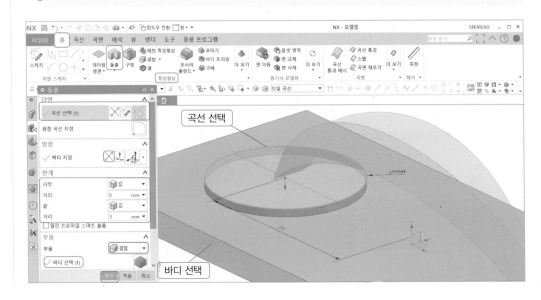

8 ▶▶ 구 회전 모델링하기

홈 ⇨ 특징형상 ⇨ 회전 ⇨ 단면 ⇨ 곡선 선택 ⇨ 축 ⇨ 벡터 지정(직선) ⇨ 한계

⇨ 시작 ⇨ 각도 0   ⇨ 부울 ⇨ 결합 ⇨ 바디 선택 ⇨ 확인
⇨ 끝 ⇨ 각도 180

💡 셀렉션 바에서 단일 곡선으로 교차에서 정지 아이콘을 클릭하고 곡선을 선택한다.

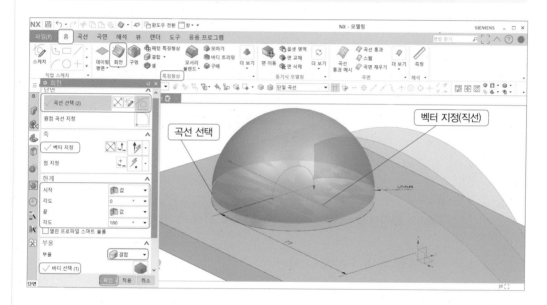

9 ▶▶ 원통과 구 대칭 복사하기

홈 ⇨ 특징형상 ⇨ 더 보기▼ ⇨ 연관 복사 ⇨ 대칭 특징형상 ⇨ 대칭화할 특징형상 ⇨ 특징
형상 선택(구, 원통) ⇨ 대칭 평면 ⇨ 기준 평면 ⇨ 평면 지정(YZ데이텀 평면) ⇨ 확인

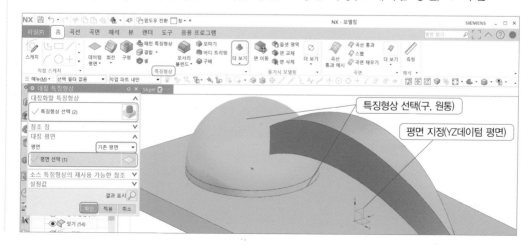

10 ▶▶ 돌출 모델링하기

01 ≫ XY평면에 사각형을 스케치하고, 구속조건은 중간점으로 구속, 치수를 입력한다.

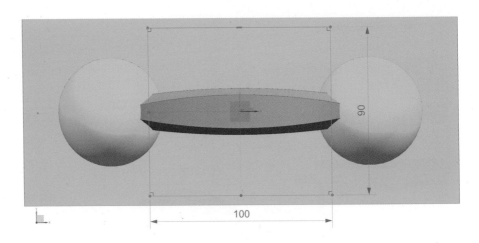

02 ≫ 홈 ⇨ 특징형상 ⇨ 돌출 ⇨ 단면 ⇨ 곡선 선택 ⇨ 한계 ⇨ 시작 ⇨ 거리 0 ⇨ 부울
⇨ 끝 ⇨ 거리 10

⇨ 결합 ⇨ 바디 선택 ⇨ 확인

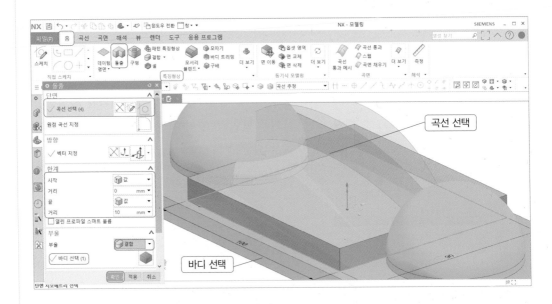

11 ▸▸ 면 교체(옵셋 0mm)

홈 ⇨ 동기식 모델링 ⇨ 면 교체 ⇨ 초기면 ⇨ 면 선택 ⇨ 교체할 새로운 면 ⇨ 면 선택 ⇨
옵셋 ⇨ 거리 0 ⇨ 확인

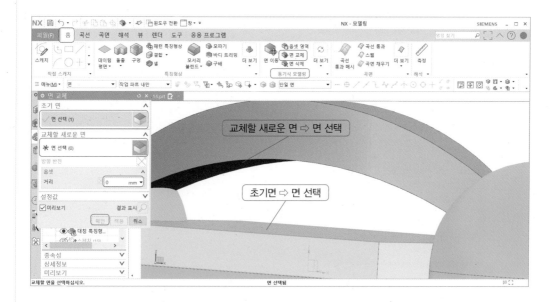

12 ▸▸ 결합 모델링하기

홈 ⇨ 특징형상 ⇨ 결합 ⇨ 타겟 ⇨ 바디 선택 ⇨ 공구 ⇨ 바디 선택 ⇨ 확인

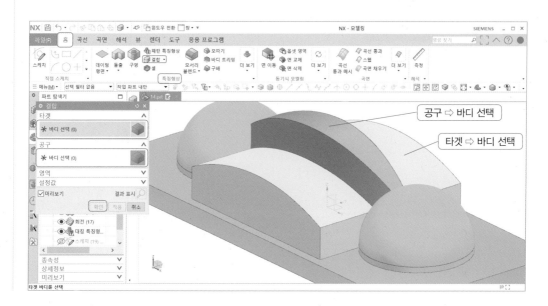

13 ▸▸ 모서리 블렌드(R) 모델링하기

01 ≫ 모서리 블렌드 ⇨ 모서리 선택 ⇨ 반경(R) 3 ⇨ 적용

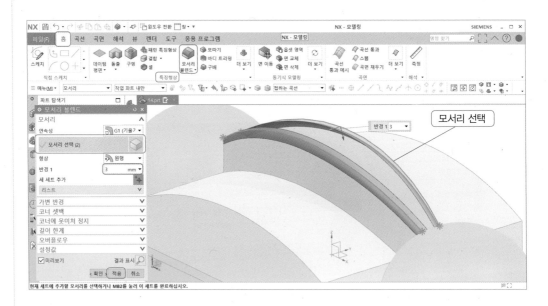

02 ≫ 모서리 선택 ⇨ 반경(R) 5 ⇨ 적용

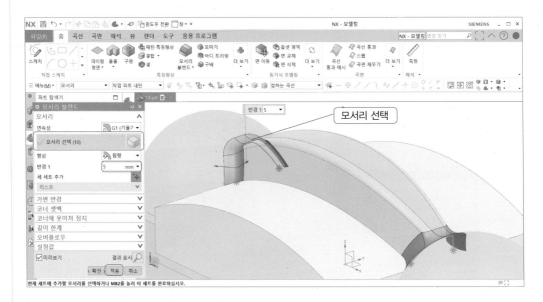

03 >> 모서리 선택 ⇨ 반경(R) 1 ⇨ 적용

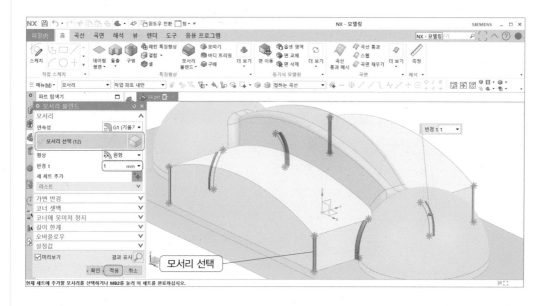

모서리 선택

04 >> 모서리 선택 ⇨ 반경(R) 1 ⇨ 확인

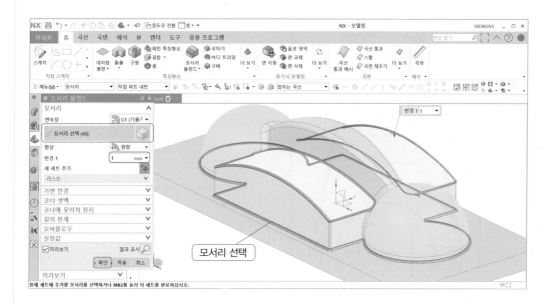

모서리 선택

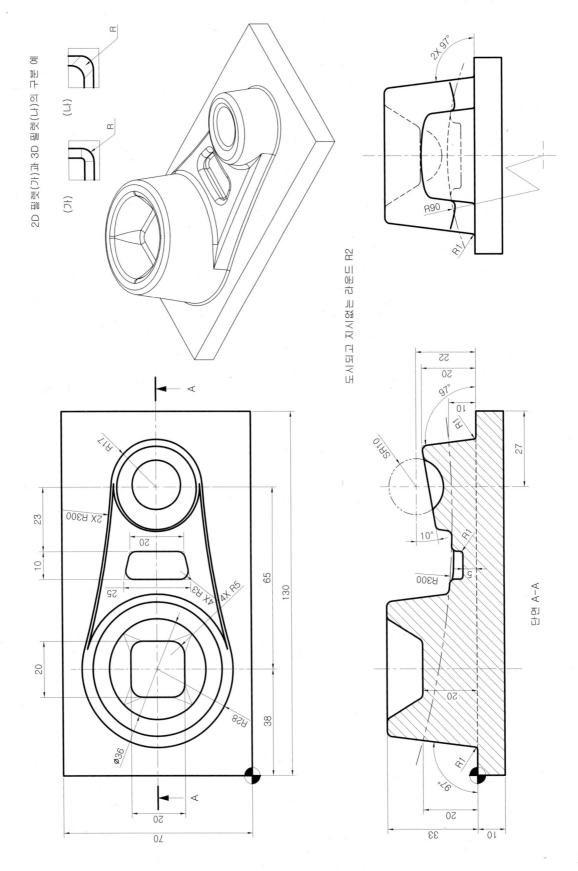

2D 필렛(가)과 3D 필렛(나)의 구분 예

(가)

(나)

도시되고 지시없는 라운드 R2

단면 A-A

14 포켓 모델링하기

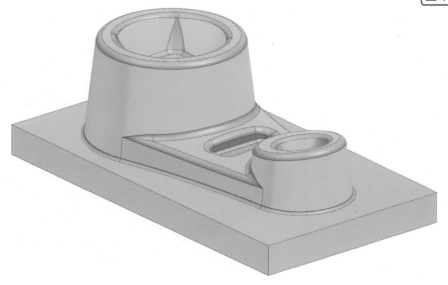

1 ▶▶ 베이스 블록 모델링하기

01 ≫ XY평면에 사각형을 스케치하고, 구속조건은 중간점으로 구속, 치수를 입력한다.

02 ≫ 그림처럼 원과 원호를 스케치하여 치수를 입력하고, 구속조건은 원의 중심점을 X
축에 곡선 상의 점으로 구속, 원과 원호는 접함 구속한다.

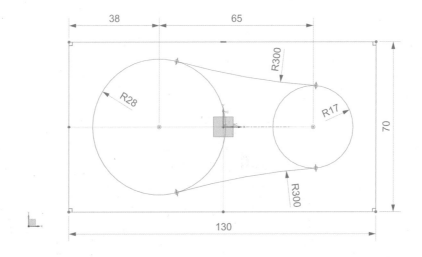

02 >> 홈 ⇨ 특징형상 ⇨ 돌출 ⇨ 단면 ⇨ 곡선 선택 ⇨ 한계 ⇨ 시작 ⇨ 거리 0 ⇨ 확인
　　　　　　　　　　　　　　　　　　　　　　　　⇨ 끝 ⇨ 거리 10

💡 벡터 방향은 벡터 지정의 반전을 클릭하여 아래쪽으로 바꾸어 준다.

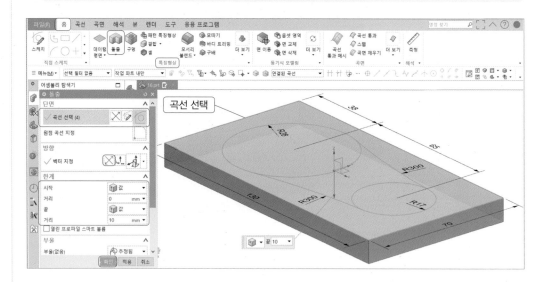

2 ▶▶ 단일 구배 돌출 모델링하기

홈 ⇨ 특징형상 ⇨ 돌출 ⇨ 단면 ⇨ 곡선 선택 ⇨ 한계 ⇨ 시작 ⇨ 거리 0 ⇨ 부울 ⇨ 결합
　　　　　　　　　　　　　　　　　　　　　　　　⇨ 끝 ⇨ 거리 25

⇨ 바디 선택 ⇨ 구배 ⇨ 시작 한계로부터 ⇨ 각도 7° ⇨ 확인

💡 셀렉션 바에서 단일 곡선으로 교차에서 정지 아이콘을 클릭하고 곡선을 선택한다.

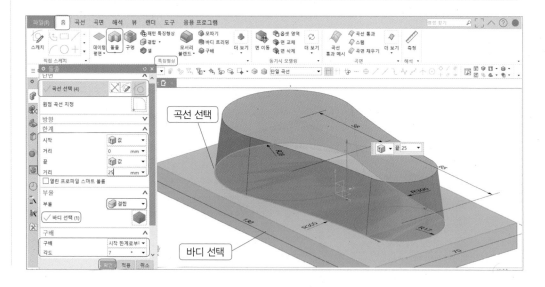

3 ▶▶ 가이드를 따라 스위핑하기

01 ▷▷ XZ평면에 교차 곡선, 점, 원호를 스케치하고, 치수와 구속조건을 입력한다.

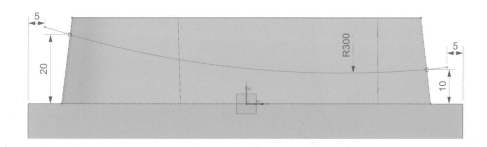

02 ▷▷ 스케치 생성 ⇨ 스케치 면 ⇨ 평면 방법 ⇨ 새 평면 ⇨ 평면 지정(곡선 끝점 선택)
⇨ 참조 ⇨ 수평 ⇨ 참조 선택(모서리) ⇨ 스케치 원점 ⇨ 점 지정 ⇨ 점 다이얼로그
⇨ 출력 좌표 ⇨ X : 0, Y : 0, Z : 0 ⇨ 확인

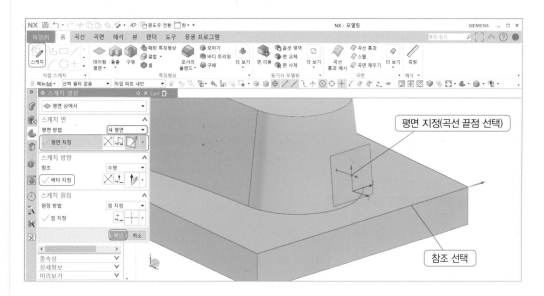

03 ≫ 앞에서 생성한 스케치 평면에 원호를 스케치하여 가이드 곡선의 끝점에 단면 곡선
을 곡선 상의 점으로 구속하고, 단면 곡선에 원호의 중심점을 Z축에 곡선 상의 점
으로 구속한다. 그림처럼 치수를 입력한다.

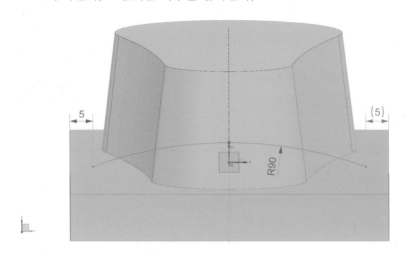

04 ≫ 홈 ⇨ 곡면 ⇨ 더 보기▼ ⇨ 스위핑 ⇨ 가이드를 따라 스위핑 ⇨ 단면 ⇨ 곡선 선택
⇨ 가이드 ⇨ 곡선 선택 ⇨ 옵셋 ⇨ 첫 번째 옵셋 0 ⇨ 부울 ⇨ 빼기 ⇨ 바디 선택
두 번째 옵셋 20

⇨ 확인

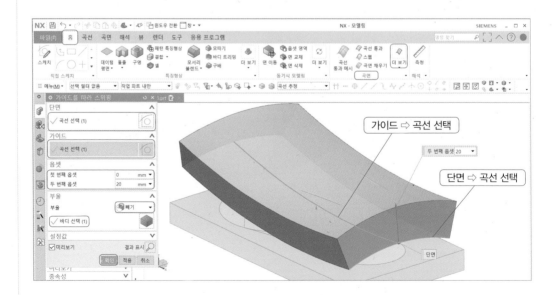

④ ▶▶ 단일 구배 돌출 모델링하기

홈 ⇨ 특징형상 ⇨ 돌출 ⇨ 단면 ⇨ 곡선 선택 ⇨ 한계 ⇨ 시작 ⇨ 거리 0 ⇨ 부울 ⇨ 결합
　　　　　　　　　　　　　　　　　　　　　　⇨ 끝 ⇨ 거리 33

⇨ 바디 선택 ⇨ 구배 ⇨ 시작 한계로부터 ⇨ 각도 7° ⇨ 확인

💡 셀렉션 바에서 단일 곡선을 선택하고, 교차에서 정지 아이콘을 비활성화한다.

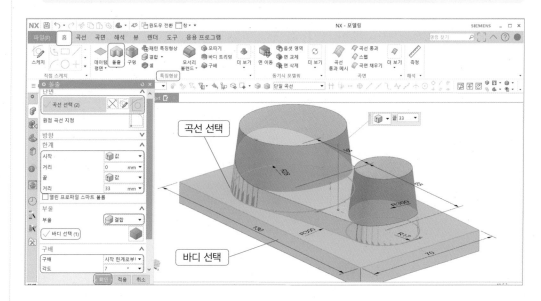

⑤ ▶▶ 포켓 모델링하기

01 ▷▷ 그림처럼 원형 단면에 스케치 평면을 생성하여 반원 두 개를 스케치하여 치수를 입력한다. 원은 곡선 통과 모델링의 벡터 시작 위치가 사분점이므로 원과 사각형의 시작점을 맞추기 위해 반원 두 개를 스케치하고, 45° 직선은 참조 선으로 변환한다.

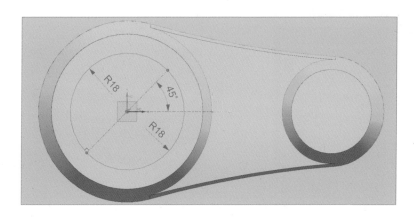

02 ≫ 스케치 ➩ 스케치 유형 ➩ 평면 상에서 ➩ 스케치 면 ➩ 평면 방법 ➩ 새 평면 ➩ 평면 지정(XY데이텀 평면) ➩ 거리 20 ➩ 스케치 방향 ➩ 참조 ➩ 수평 ➩ 벡터 지정(X축) ➩ 점 다이얼로그(0, 0, 0) ➩ 확인

03 ≫ 사각형을 스케치하고 치수를 입력한다.

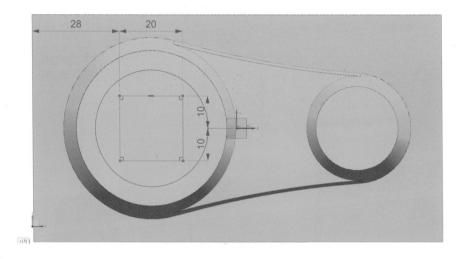

04 ≫ 홈 ➩ 곡선 ➩ 곡선 통과 ➩ 단면 ➩ 곡선 선택 1 ➩ 세 세트 추가 ➩ 곡선 선택 2 ➩ 정렬 ➩ ☑ 형상 유지(☑ 체크) ➩ 확인

05 ≫ 세트 추가 시 벡터 방향을 같은 위치와 방향으로 맞추어야 한다.

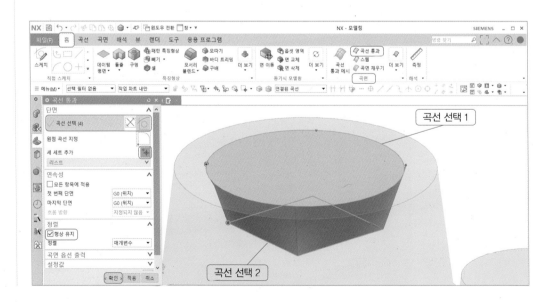

06 >> 홈 ⇨ 특징형상 ⇨ 빼기 ⇨ 타겟 ⇨ 바디 선택 ⇨ 공구 ⇨ 바디 선택 ⇨ 확인

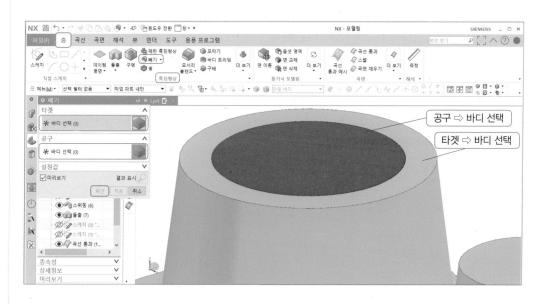

6 ▸▸ 돌출 모델링하기

01 >> XZ평면에 그림과 같이 교차 곡선과 직선을 스케치하고 치수를 입력한다. 구속조건
은 직선의 끝점을 교차 곡선에 곡선 상의 점으로 구속한다.

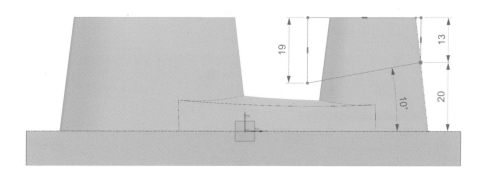

02 >> 홈 ⇨ 특징형상 ⇨ 돌출 ⇨ 단면 ⇨ 곡선 선택 ⇨ 한계 ⇨ 끝 ⇨ 대칭값 ⇨ 부울 ⇨ 거리 15

⇨ 빼기 ⇨ 바디 선택 ⇨ 확인

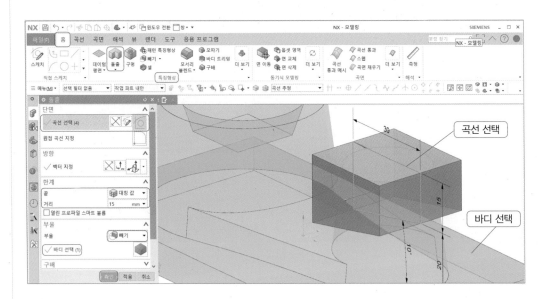

(7) ▶▶ 구 모델링하기

홈 ⇨ 특징형상 ⇨ 더 보기▼ ⇨ 설계 특징형상 ⇨ 구 ⇨ 유형 ⇨ 중심점과 직경 ⇨ 점 지정 ⇨ 점 다이얼로그 ⇨ 좌표 ⇨ X : 38, Y : 0, Z : 22 ⇨ 확인 ⇨ 치수 ⇨ 지름 : 20 ⇨ 부울 ⇨ 빼기 ⇨ 바디 선택 ⇨ 확인

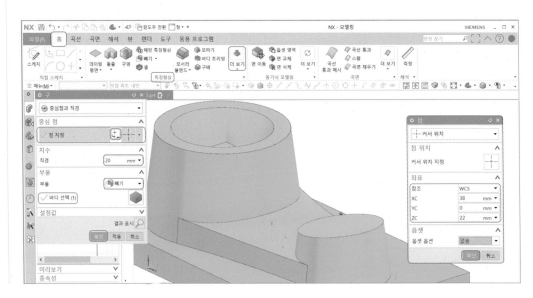

8 ▶▶ 돌출 모델링하기

01 ≫ XY평면에 그림처럼 사다리꼴을 스케치하고 치수와 구속조건은 수직선을 중간점으로 구속한다.

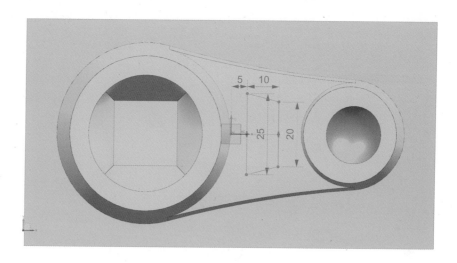

02 ≫ 홈 ⇨ 특징형상 ⇨ 돌출 ⇨ 단면 ⇨ 곡선 선택 ⇨ 한계 ⇨ 시작 ⇨ 거리 5 ⇨ 부울
⇨ 끝 ⇨ 거리 10

⇨ 빼기 ⇨ 바디 선택 ⇨ 확인

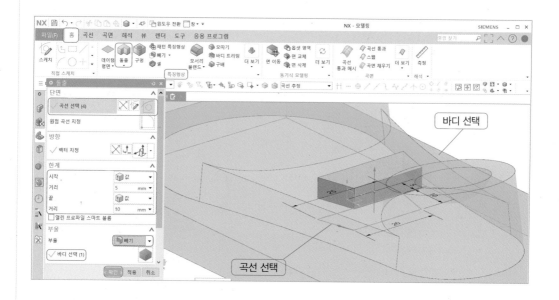

9 ▶▶ 모서리 블렌드(R) 모델링하기

01 ≫ 홈 ⇨ 특징형상 ⇨ 모서리 블렌드 ⇨ 모서리 선택 ⇨ 반경(R) 5 ⇨ 적용

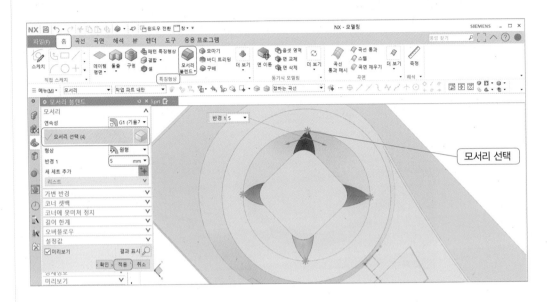

02 ≫ 모서리 선택 ⇨ 반경(R) 3 ⇨ 적용

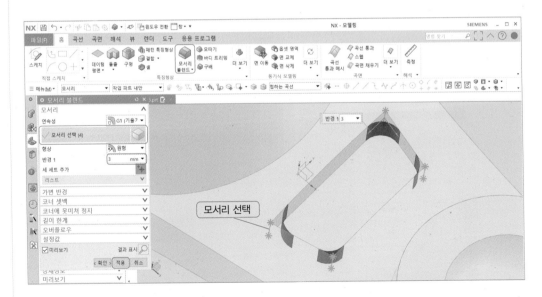

03 >> 모서리 선택 ⇨ 반경(R) 1 ⇨ 적용

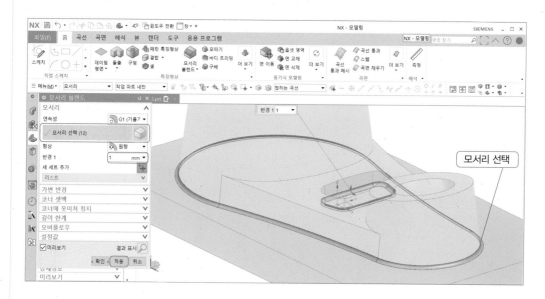

04 >> 모서리 선택 ⇨ 반경(R) 2 ⇨ 확인

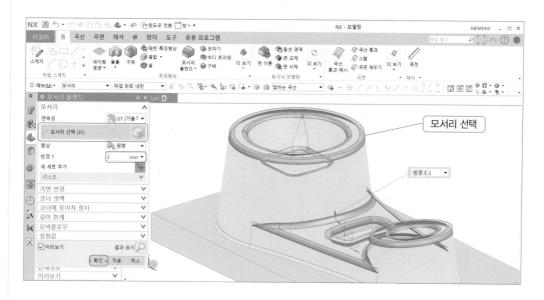

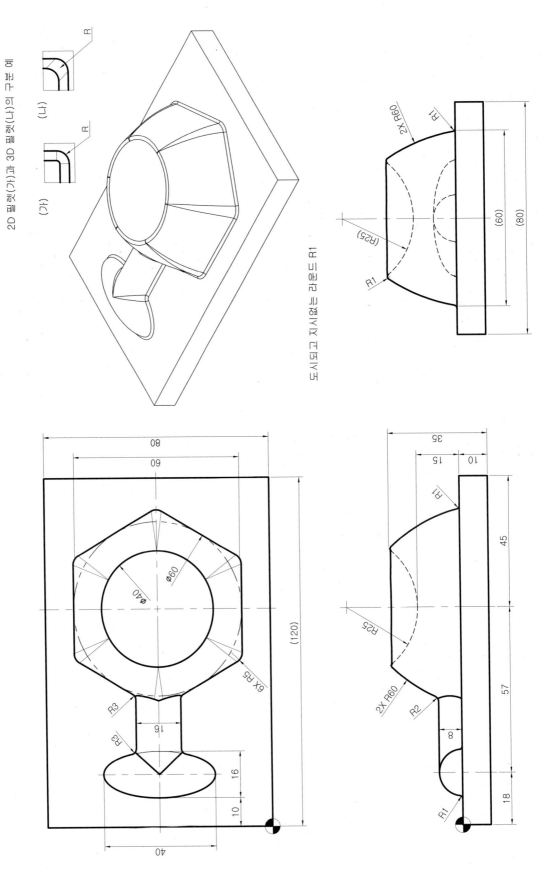

2D 필렛(가)과 3D 필렛(나)의 구분 예

(가)　(나)

도시되고 지시없는 라운드 R1

15 스웝 모델링 1

1 ▶▶ 베이스 블록 모델링하기

01 ›› XY평면에 그림처럼 사각형을 스케치하고, 구속조건은 중간점으로 구속, 치수를 입력한다.

02 ›› 그림처럼 원을 먼저 스케치하고, 육각형을 스케치하여 구속조건은 수평, 접함으로 구속, 치수를 입력한다. 원호는 참조로 변환한다.

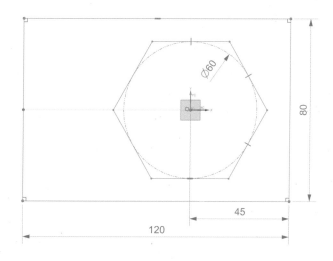

03 >> 홈 ⇨ 특징형상 ⇨ 돌출 ⇨ 단면 ⇨ 곡선 선택 ⇨ 한계 | ⇨ 시작 ⇨ 거리 0 | ⇨ 확인
　　　　　　　　　　　　　　　　　　　　　　 | ⇨ 끝 ⇨ 거리 10 |

💡 벡터 방향은 벡터 지정의 반전을 클릭하여 아래쪽으로 바꾸어 준다.

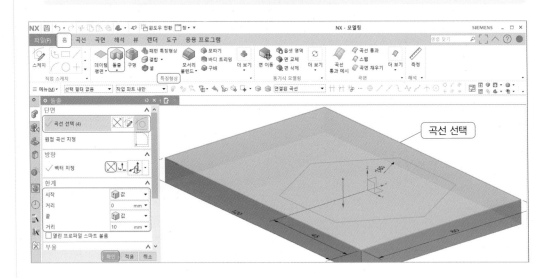

2 ▶▶ 스웹 모델링하기

1 스케치하기

01 >> 스케치 ⇨ 스케치 유형 ⇨ 평면 상에서 ⇨ 스케치 면 ⇨ 평면 방법 ⇨ 새 평면 ⇨ 평면 지정(XY데이텀 평면) ⇨ 거리 25 ⇨ 스케치 방향 ⇨ 참조 ⇨ 수평 ⇨ 벡터 지정(X축) ⇨ 점 다이얼로그(0, 0, 0) ⇨ 확인

02 >> 원을 스케치하고 치수를 입력한다. 구속조건은 원의 중심점을 원점에 일치 구속한다.

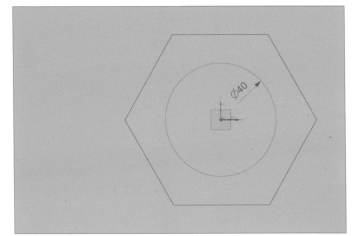

03 ›› XZ평면에서 직접 스케치▼ ⇨ 추가 곡선 ⇨ 교차점 클릭 ⇨ 교차시킬 곡선 ⇨ 곡선 선택 ⇨ 적용(사이클 솔루션을 클릭하여 반대편도 점을 작도한다.)

04 ›› 그림처럼 교차점과 육각형 직선의 엔드점을 잇는 원호를 스케치하고 치수 입력한다.

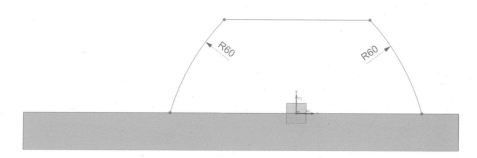

05 ›› YZ평면에서 직접 스케치▼ ⇨ 추가 곡선 ⇨ 교차점 클릭 ⇨ 교차시킬 곡선 ⇨ 곡선 선택 ⇨ 확인(아래쪽 육각형의 직선에도 교차점을 작도한다.)

06 ›› 그림처럼 교차점과 육각형 직선의 엔드점을 잇는 원호를 스케치하고 치수 입력한다(직선은 중간점을 활용해도 된다).

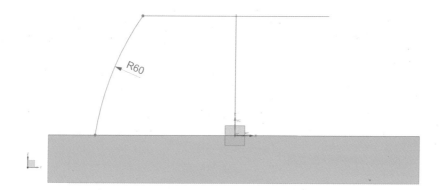

❷ 스웹 모델링하기

홈 ⇨ 곡선 ⇨ 스웹 ⇨ 단면 ⇨ 곡선 선택 1 ⇨ 세 세트 추가 ⇨ 곡선 선택 2 ⇨ 가이드 ⇨ 곡선 선택 1 ⇨ 세 세트 추가 ⇨ 곡선 선택 2 ⇨ 세 세트 추가 ⇨ 곡선 선택 3 ⇨ ☑ 형상유지 (☑ 체크) ⇨ 확인

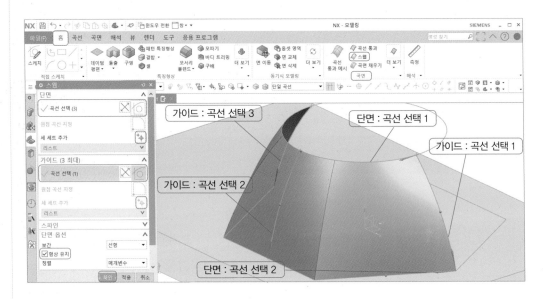

3 ▶▶ 대칭 복사하기

홈 ⇨ 특징형상 ⇨ 더 보기▼ ⇨ 연관 복사 ⇨ 대칭 특징형상 ⇨ 대칭화할 특징형상 ⇨ 특징형상 선택 ⇨ 대칭 평면 ⇨ 평면 선택(XZ평면) ⇨ 확인

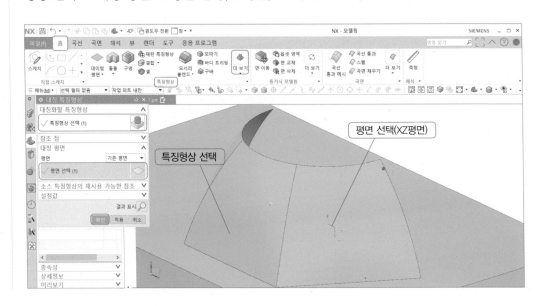

4 ▶▶ 경계 평면 모델링하기

홈 ⇨ 곡선 ⇨ 더 보기▼ ⇨ 경계 평면 ⇨ 평면형 단면 ⇨ 곡선 선택 ⇨ 확인

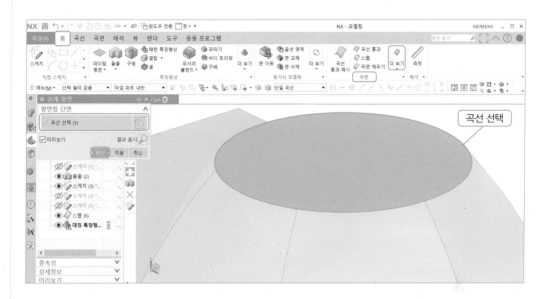

5 ▶▶ 잇기 모델링하기

홈 ⇨ 특징형상 ⇨ 더 보기▼ ⇨ 결합 ⇨ 잇기 ⇨ 타겟 ⇨ 시트 바디 선택 ⇨ 툴 ⇨ 시트 바디 선택(2개 시트) ⇨ 확인

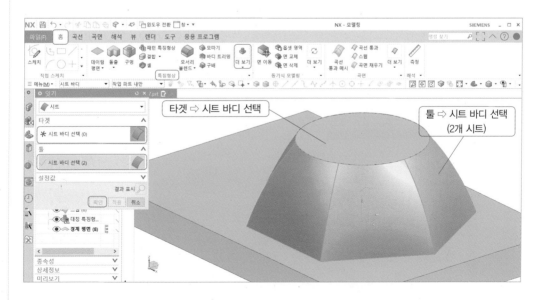

6 ▶▶ 패치 모델링하기

홈 ⇨ 특징형상 ⇨ 더 보기▼ ⇨ 결합 ⇨ 패치 ⇨ 타겟 ⇨ 바디 선택 ⇨ 툴 ⇨ 시트 바디 선택 ⇨ 툴 방향 ⇨ 면 선택 ⇨ 확인

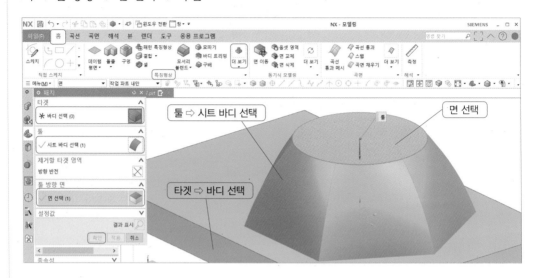

7 ▶▶ 구 모델링하기

01 ≫ 홈 ⇨ 특징형상 ⇨ 더 보기▼ ⇨ 설계 특징형상 ⇨ 구 ⇨ 중심점과 직경 ⇨ 중심 점 ⇨ 점 지정 ⇨ 치수 ⇨ 직경 : 50 ⇨ 부울 ⇨ 빼기 ⇨ 바디 선택 ⇨ 확인

02 ≫ 구의 중심은 점 지정 ⇨ 점 다이얼로그에서 X : 0, Y : 0, Z : 40을 입력하고 확인한다.

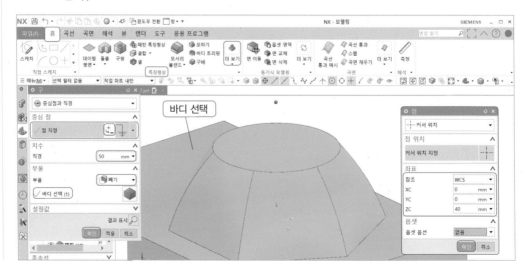

8 ▶▶ 회전 모델링하기

01 ≫ XY평면에 직선과 타원을 스케치하고 구속조건은 타원의 중심점을 X축에 곡선 상의 점으로 구속, 직선은 타원의 중심점에 곡선 상의 점으로 구속한다.

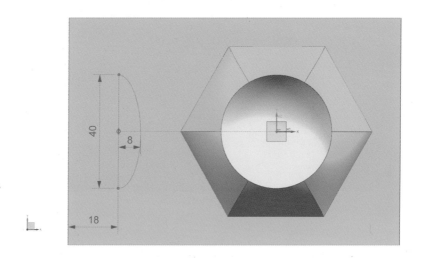

02 ≫ 홈 ⇨ 특징형상 ⇨ 회전 ⇨ 단면 ⇨ 곡선 선택 ⇨ 축 ⇨ 벡터 지정 ⇨ 한계
⇨ 시작 ⇨ 각도 0   ⇨ 부울 ⇨ 결합 ⇨ 바디 선택 ⇨ 확인
⇨ 끝 ⇨ 각도 180

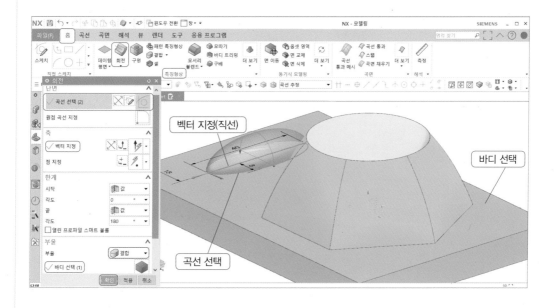

9 ►► 돌출 모델링하기

01 ≫ YZ평면에 원을 스케치하고 구속조건은 원의 중심점을 원점에 일치 구속하고, 치수를 입력한다.

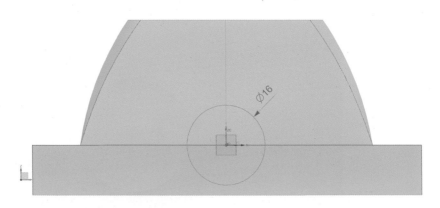

02 ≫ 홈 ⇨ 특징형상 ⇨ 돌출 ⇨ 단면 ⇨ 곡선 선택 ⇨ 한계 ⇨

| 시작 ⇨ 거리 0 | ⇨ 부울 ⇨ 결합 ⇨ 바디 선택 ⇨ 확인 |
| 끝 ⇨ 연장까지 ⇨ 개체 선택 | |

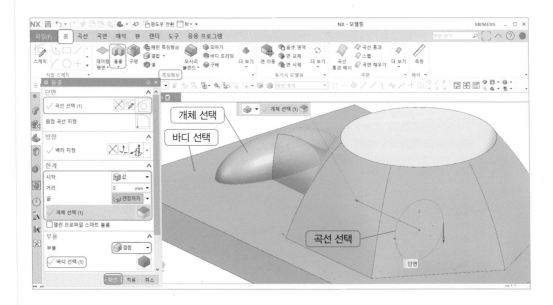

10 ▶▶ 모서리 블렌드(R) 모델링하기

01 ≫ 홈 ⇨ 특징형상 ⇨ 모서리 블렌드 ⇨ 모서리 선택 ⇨ 반경(R) 5 ⇨ 적용

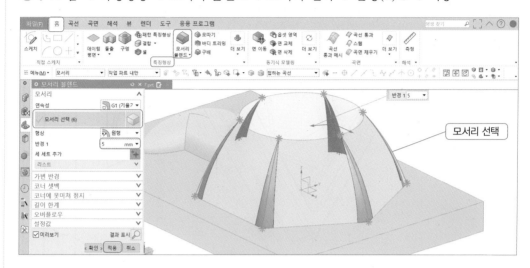

02 ≫ 모서리 선택 ⇨ 반경(R) 2 ⇨ 적용

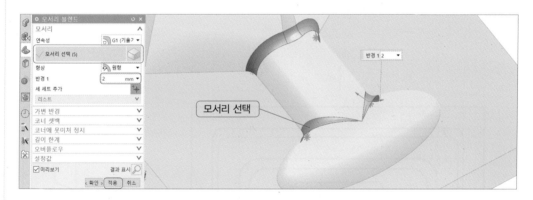

03 ≫ 모서리 선택 ⇨ 반경(R) 1 ⇨ 확인

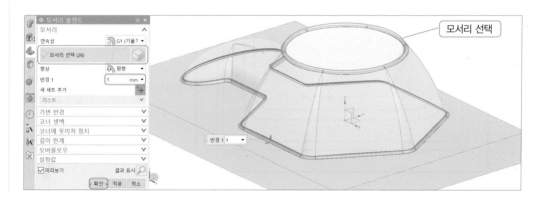

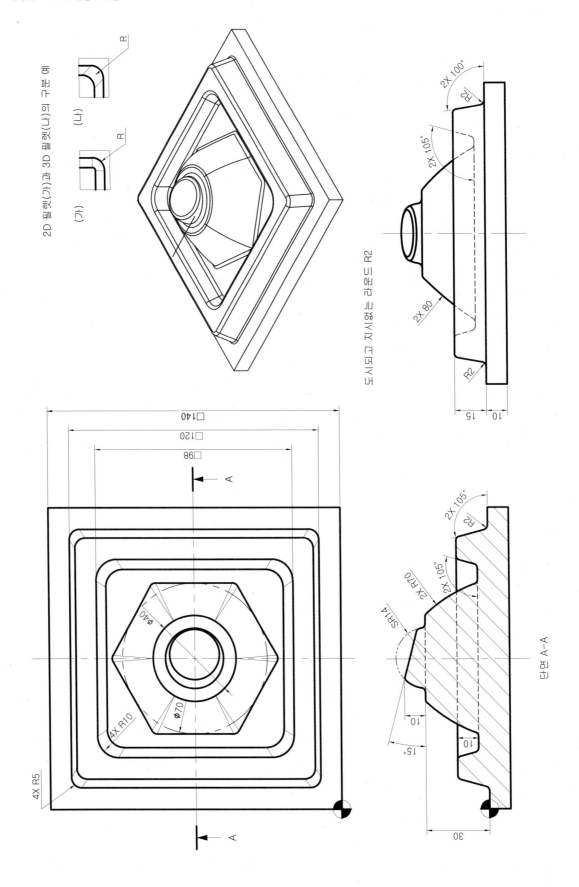

2D 필렛(가)과 3D 필렛(나)의 구분 예

(가)   (나)

도시되고 지시없는 라운드 R2

단면 A-A

16 스웹 모델링 2

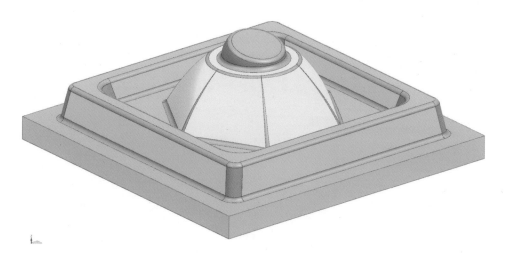

1 ▸▸ 베이스 블록 모델링하기

01 ≫ XY평면에 사각형을 스케치하고 구속조건은 중간점으로 구속, 치수를 입력한다.

02 ≫ 그림과 같이 옵셋 10과 11로 사각형을 2개 더 스케치한다.

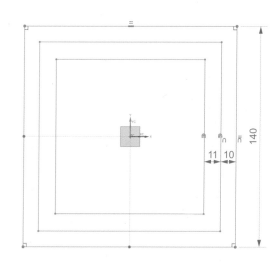

03 ≫ 홈 ⇨ 특징형상 ⇨ 돌출 ⇨ 단면 ⇨ 곡선 선택 ⇨ 한계 [⇨ 시작 ⇨ 거리 0] ⇨ 확인
　　　　　　　　　　　　　　　　　　　　　　　[⇨ 끝 ⇨ 거리 10]

💡 벡터 방향은 벡터 지정의 반전을 클릭하여 아래쪽으로 바꾸어 준다.

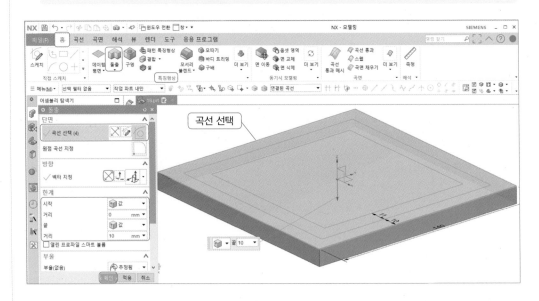

2 ▶▶ 단일 구배 돌출 모델링하기

홈 ⇨ 특징형상 ⇨ 돌출 ⇨ 단면 ⇨ 곡선 선택 ⇨ 한계 [⇨ 시작 ⇨ 거리 0] ⇨ 부울 ⇨ 결합
　　　　　　　　　　　　　　　　　　　　　　　[⇨ 끝 ⇨ 거리 15]

⇨ 바디 선택 ⇨ 구배 ⇨ 시작 한계로부터 ⇨ 각도 10° ⇨ 확인

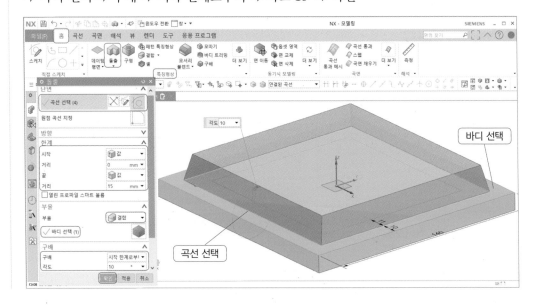

3 ▶▶ 단일 구배 돌출 모델링하기

홈 ⇨ 특징형상 ⇨ 돌출 ⇨ 단면 ⇨ 곡선 선택 ⇨ 한계 ⟦⇨ 시작 ⇨ 거리 15⟧ ⇨ 부울 ⇨ 빼기
⟦⇨ 끝 ⇨ 거리 5⟧

⇨ 바디 선택 ⇨ 구배 ⇨ 시작 한계로부터 ⇨ 각도 −15° ⇨ 확인

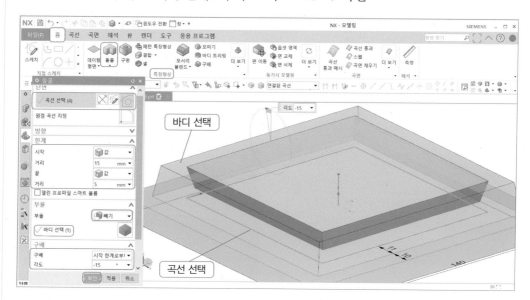

4 ▶▶ 스웹 모델링하기

01 ›› 스케치 ⇨ 스케치 유형 ⇨ 평면 상에서 ⇨ 스케치 면 ⇨ 평면 방법 ⇨ 새 평면 ⇨ 평면 지정(XY데이텀 평면) ⇨ 거리 5 ⇨ 스케치 방향 ⇨ 참조 : 수평 ⇨ 벡터 지정(X축) ⇨ 점 다이얼로그(0, 0, 0) ⇨ 확인

02 ›› 육각형을 스케치하고 치수를 입력한다. 구속조건은 육각형의 중심점을 원점에 일치 구속한다.

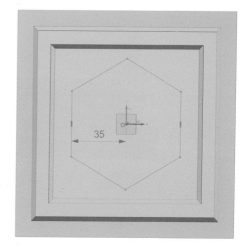

03 >> 스케치 ⇨ 스케치 유형 ⇨ 평면 상에서 ⇨ 스케치 면 ⇨ 평면 방법 ⇨ 새 평면 ⇨ 평면 지정(XY데이텀 평면) ⇨ 거리 30 ⇨ 스케치 방향 ⇨ 참조 : 수평 ⇨ 벡터 지정(X축) ⇨ 점 다이얼로그(0, 0, 0) ⇨ 확인

04 >> 원을 스케치하고 치수를 입력한다. 구속조건은 원의 중심점을 원점에 일치 구속한다.

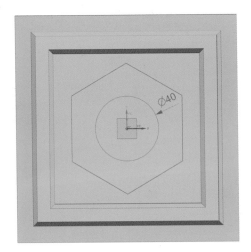

05 >> YZ평면에서 직접 스케치▼ ⇨ 추가 곡선 ⇨ 교차점 클릭 ⇨ 교차시킬 곡선 ⇨ 곡선 선택 ⇨ 적용(사이클 솔루션을 클릭하여 반대편도 점을 작도한다.)

06 >> 그림처럼 교차점과 육각형 직선의 엔드점을 잇는 원호를 스케치하고, 치수를 입력한다.

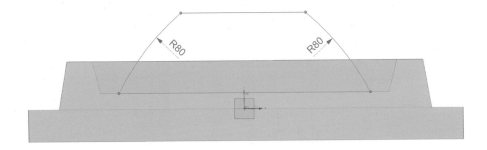

07 ≫ XZ평면에서 직접 스케치▼ ⇨ 추가 곡선 ⇨ 교차점 클릭 ⇨ 교차시킬 곡선 ⇨ 곡선 선택 ⇨ 확인(아래쪽 육각형의 직선에도 교차점을 작도한다.)

08 ≫ 그림처럼 교차점과 육각형 직선의 엔드점을 잇는 원호를 스케치하고 치수를 입력한다(직선은 중간점을 활용해도 된다).

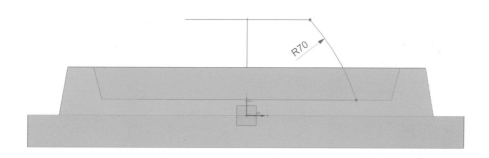

09 ≫ 홈 ⇨ 곡선 ⇨ 스웹 ⇨ 단면 ⇨ 곡선 선택 1 ⇨ 세 세트 추가 ⇨ 곡선 선택 2 ⇨ 가이드 ⇨ 곡선 선택 1 ⇨ 세 세트 추가 ⇨ 곡선 선택 2 ⇨ 세 세트 추가 ⇨ 곡선 선택 3 ⇨ ☑ 형상유지(☑ 체크) ⇨ 확인

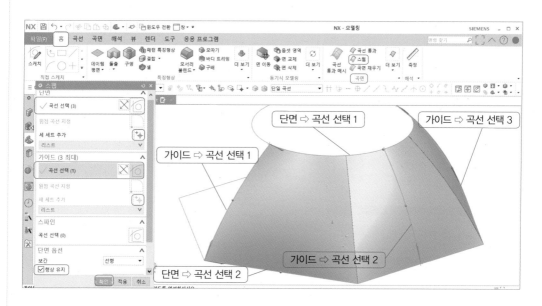

5 ▶▶ 대칭 복사하기

홈 ⇨ 특징형상 ⇨ 더 보기▼ ⇨ 연관 복사 ⇨ 대칭 특징형상 ⇨ 대칭화할 특징형상 ⇨ 특징 형상 선택 ⇨ 대칭 평면 ⇨ 평면 선택(YZ평면) ⇨ 확인

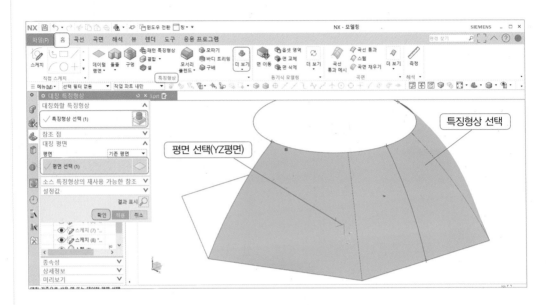

6 ▶▶ 경계 평면 모델링하기

홈 ⇨ 곡선 ⇨ 더 보기▼ ⇨ 경계 평면 ⇨ 평면형 단면 ⇨ 곡선 선택 ⇨ 확인

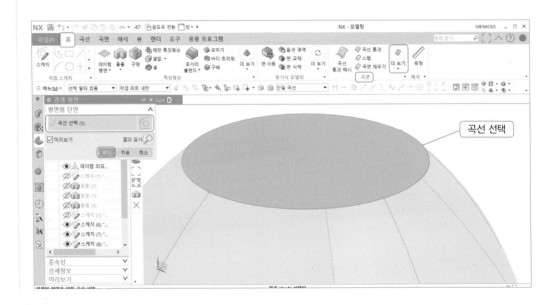

7 ▶▶ 잇기 모델링하기

홈 ⇨ 특징형상 ⇨ 더 보기▼ ⇨ 결합 ⇨ 잇기 ⇨ 타겟 ⇨ 시트 바디 선택 ⇨ 툴 ⇨ 시트 바디 선택(2개 시트) ⇨ 확인

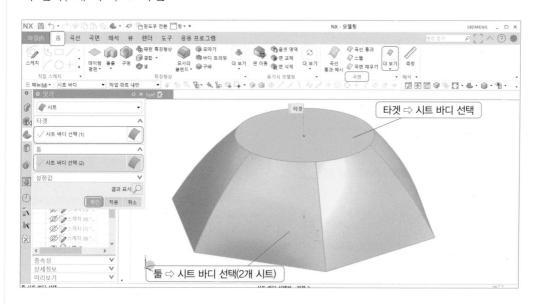

8 ▶▶ 패치 모델링하기

홈 ⇨ 특징형상 ⇨ 더 보기▼ ⇨ 결합 ⇨ 패치 ⇨ 타겟 ⇨ 바디 선택 ⇨ 툴 ⇨ 시트 바디 선택 ⇨ 툴 방향 ⇨ 면 선택 ⇨ 확인(먼저 [Ctrl]+W에서 솔리드+를 클릭한다.)

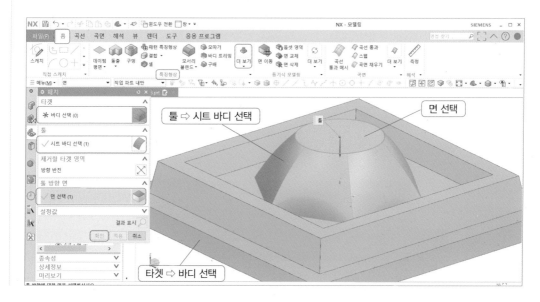

⑨ ▶▶ 구 모델링하기

01 ≫ 홈 ⇨ 특징형상 ⇨ 더 보기▼ ⇨ 설계 특징형상 ⇨ 구 ⇨ 중심점과 직경 ⇨ 중심 점 ⇨ 점 지정 ⇨ 치수 ⇨ 직경 28 ⇨ 부울 ⇨ 결합 ⇨ 바디 선택 ⇨ 확인

02 ≫ 구의 중심은 점 지정 ⇨ 점 다이얼로그에서 X : 0, Y : 0, Z : 30을 입력하고 확인한다.

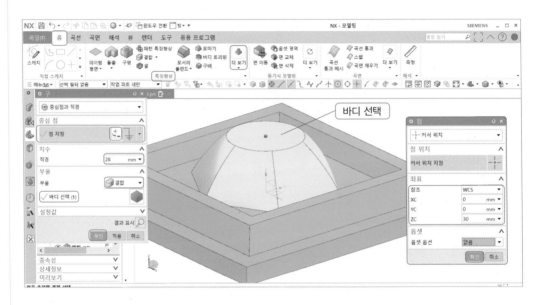

⑩ ▶▶ 돌출 모델링하기

01 ≫ XZ평면에 그림과 같이 교차 곡선과 직선을 스케치하고 치수를 입력한다.

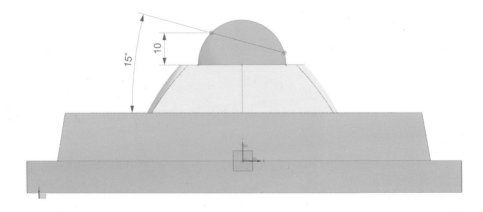

02 ≫ 홈 ⇨ 특징형상 ⇨ 돌출 ⇨ 단면 ⇨ 곡선 선택 ⇨ 한계 ⇨ 끝 ⇨ 대칭값 ⇨ 부울
⇨ 거리 14

⇨ 빼기 ⇨ 바디 선택 ⇨ 확인

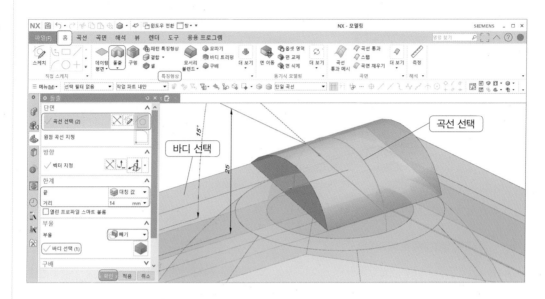

11 ▶▶ 모서리 블렌드(R) 모델링하기

01 ≫ 모서리 블렌드 ⇨ 모서리 선택 ⇨ 반경(R) 10 ⇨ 적용

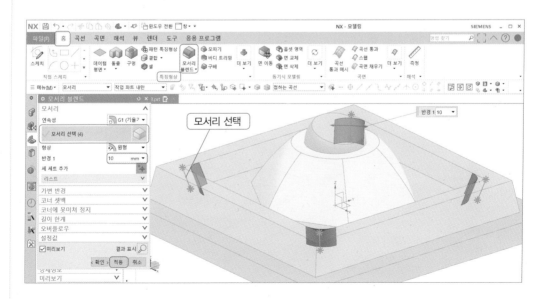

02 >> 모서리 선택 ➪ 반경(R) 5 ➪ 적용

03 >> 모서리 선택 ➪ 반경(R) 2 ➪ 적용

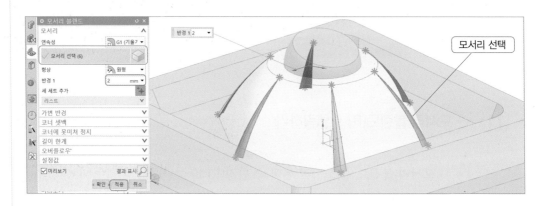

04 >> 모서리 선택 ➪ 반경(R) 2 ➪ 확인

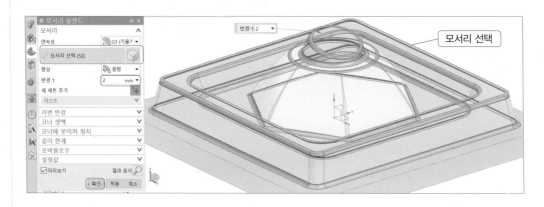

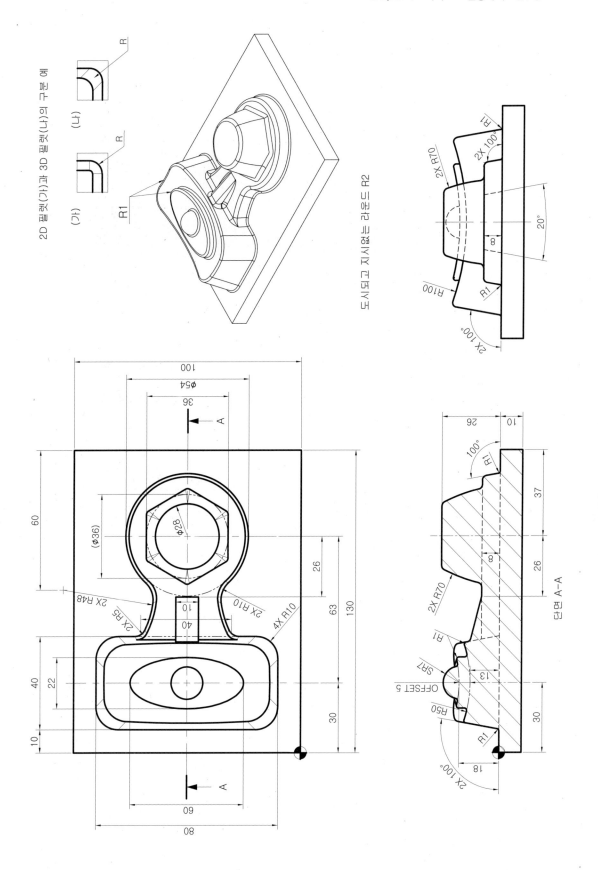

2D 필렛(가)과 3D 필렛(나)의 구분 예

도시되고 지시없는 라운드 R2

단면 A-A

17 스웹 모델링 3

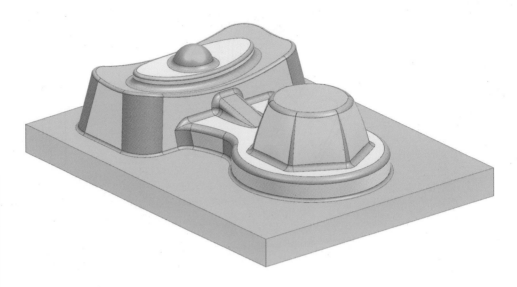

1 ▸▸ 베이스 블록 모델링하기

01 ▸▸ XY평면에 사각형을 스케치하고 구속조건은 중간점으로 구속, 치수를 입력한다.
   그림과 같이 안쪽 사각형을 스케치하여 치수를 입력한다.

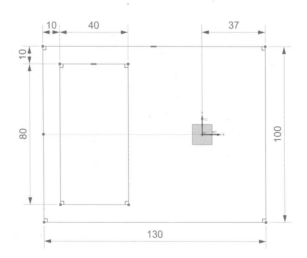

02 >> 홈 ⇨ 특징형상 ⇨ 돌출 ⇨ 단면 ⇨ 곡선 선택 ⇨ 한계 ⎡⇨ 시작 ⇨ 거리 0 ⎤ ⇨ 확인
　　　　　　　　　　　　　　　　　　　　　　　　　⎣⇨ 끝 ⇨ 거리 10 ⎦

💡 벡터 방향은 벡터 지정의 반전을 클릭하여 아래쪽으로 바꾸어 준다.

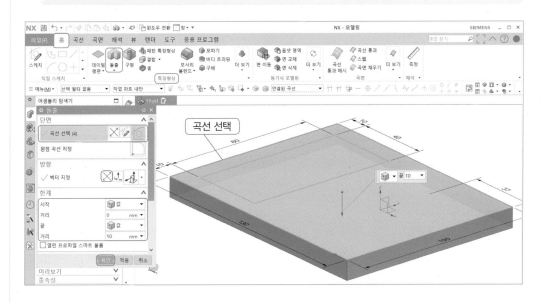

2 ▶▶ 단일 구배 돌출 모델링하기

홈 ⇨ 특징형상 ⇨ 돌출 ⇨ 단면 ⇨ 곡선 선택 ⇨ 한계 ⎡⇨ 시작 ⇨ 거리 0 ⎤ ⇨ 부울 ⇨ 결합
　　　　　　　　　　　　　　　　　　　　　　　⎣⇨ 끝 ⇨ 거리 25⎦

⇨ 바디 선택 ⇨ 구배 ⇨ 시작 한계로부터 ⇨ 각도 10° ⇨ 확인

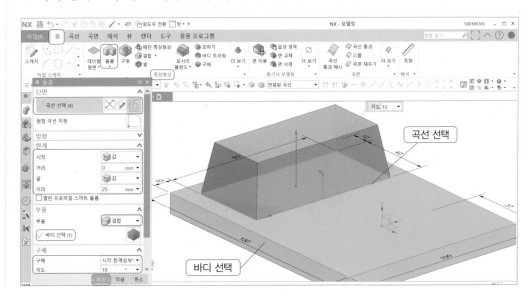

3 ▸▸ 가이드를 따라 스위핑하기

01 ▸▸ XZ평면에 그림처럼 원호를 스케치하고 치수를 입력한다. 구속조건은 원호의 중심점을 모서리에 중간점으로 구속한다(치수 5는 임의 치수이다).

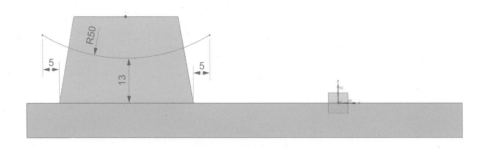

02 ▸▸ 스케치 ⇨ 스케치 유형 ⇨ 평면 상에서 ⇨ 스케치 면 ⇨ 평면 방법 ⇨ 새 평면 ⇨ 평면 지정(곡선 끝점 선택) ⇨ 스케치 방향 ⇨ 참조 ⇨ 수평 ⇨ 벡터 지정(모서리) ⇨ 점 다이얼로그(0, 0, 0) ⇨ 확인

03 ▸▸ 그림처럼 평면 지정(가이드 곡선 끝점 선택)하고, 벡터 방향은 모서리를 선택하여 지정한다. 점 지정은 점 다이얼로그를 클릭하여 좌푯값(0, 0, 0)을 입력한다.

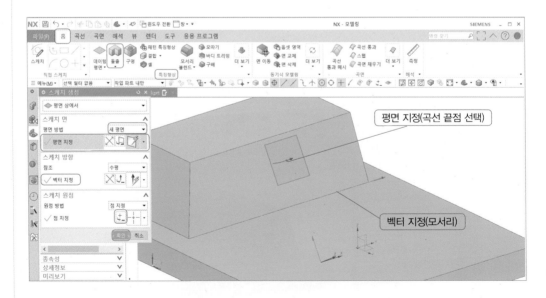

04 >> 앞에서 생성한 스케치 평면에 원호를 스케치하여 가이드 곡선의 끝점에 단면 곡선을 곡선 상의 점으로 구속하고, 단면 곡선에 원호의 중심점을 Z축에 곡선 상의 점으로 구속한다. 그림처럼 치수를 입력한다(치수 5는 임의 치수이다).

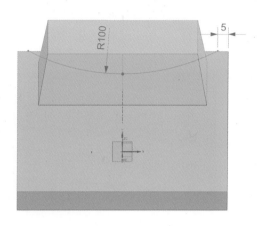

05 >> 홈 ⇨ 곡면 ⇨ 더 보기▼ ⇨ 스위핑 ⇨ 가이드를 따라 스위핑 ⇨ 단면 ⇨ 곡선 선택 ⇨ 가이드 ⇨ 곡선 선택 ⇨ 옵셋 ⇨ | 첫 번째 옵셋 0 | ⇨ 부울 ⇨ 빼기 ⇨ 바디 선택

두 번째 옵셋 −13

⇨ 확인

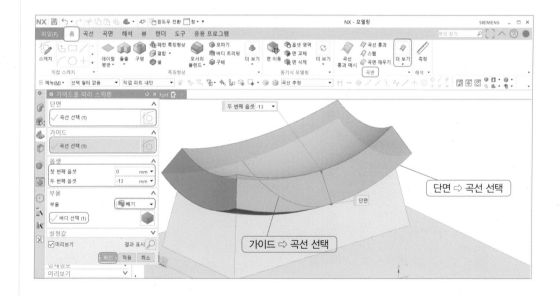

4 ▶▶ 타원 돌출 모델링하기

01 ≫ XY평면에 그림과 같이 타원을 스케치하고 치수를 입력한다. 구속조건은 타원의 중심점을 X축에 곡선 상의 점으로 구속한다(타원은 구속조건이 1개 부족한 상태가 완전 구속된 것이다).

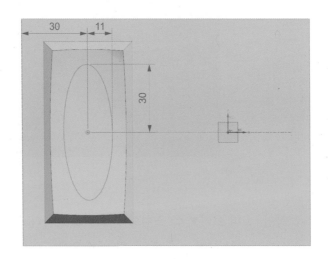

02 ≫ 홈 ⇨ 특징형상 ⇨ 돌출 ⇨ 단면 ⇨ 곡선 선택 ⇨ 한계 ⎧ ⇨ 시작 ⇨ 거리 0 ⎫ ⇨ 부울
⎩ ⇨ 끝 ⇨ 거리 25 ⎭

⇨ 결합 ⇨ 바디 선택 ⇨ 확인

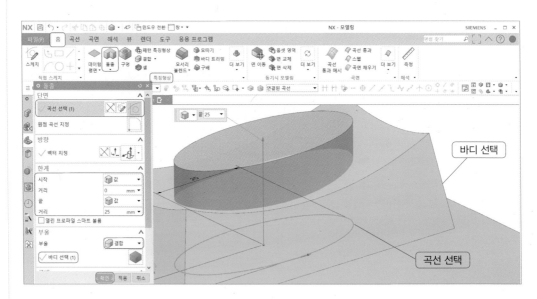

5 ▶▶ 면 교체(옵셋 5mm)

홈 ⇨ 동기식 모델링 ⇨ 면 교체 ⇨ 초기 면 ⇨ 면 선택 ⇨ 교체할 새로운 면 ⇨ 면 선택 ⇨
옵셋 ⇨ 거리 5 ⇨ 확인

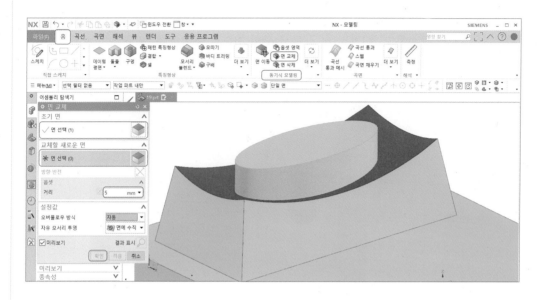

6 ▶▶ 구 모델링하기

홈 ⇨ 특징형상 ⇨ 더 보기▼ ⇨ 설계 특징형상 ⇨ 구 ⇨ 유형 ⇨ 중심점과 직경 ⇨ 점 지정
⇨ 점 다이얼로그 ⇨ 좌표 ⇨ X : −63, Y : 0, Z : 18 ⇨ 확인 ⇨ 치수 ⇨ 지름 14 ⇨ 부울
⇨ 결합 ⇨ 바디 선택 ⇨ 확인

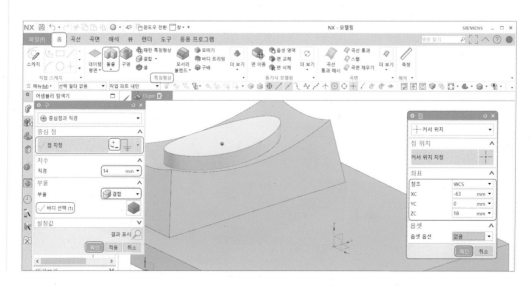

7 ▶▶ 돌출 모델링하기

01 ≫ XY평면에 그림과 같이 원과 원호을 스케치하고 치수를 입력한다.

02 ≫ 구속조건은 원의 중심점을 원점에 일치 구속한다. 점은 모서리에 곡선 상의 점으로 구속하고, 원호는 점에 곡선 상의 점으로 구속한다. 원호는 대칭하고, 수직선은 임의 위치이다.

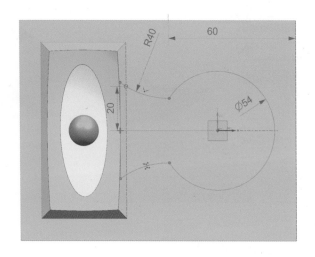

03 ≫ 홈 ⇨ 특징형상 ⇨ 돌출 ⇨ 단면 ⇨ 곡선 선택 ⇨ 한계 ⇨ 시작 ⇨ 거리 0 ⇨ 부울 ⇨ 끝 ⇨ 거리 8

⇨ 결합 ⇨ 바디 선택 ⇨ 구배 ⇨ 시작 한계로부터 ⇨ 각도 10° ⇨ 확인

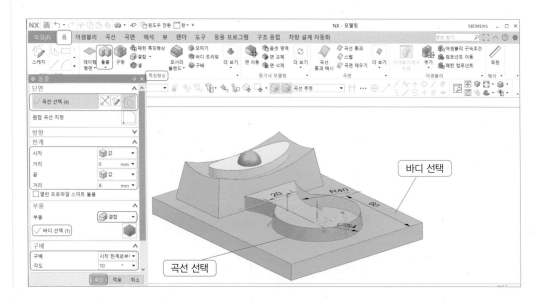

8 ▶▶ 스웹 모델링하기

01 ≫ 스케치 ⇨ 참조 ⇨ 수직 ⇨ 좌표계 지정(원통 단면 클릭) ⇨ 확인

02 ≫ 육각형을 스케치하고 치수를 입력한다. 구속조건은 육각형의 중심점을 원점에 일
치 구속한다.

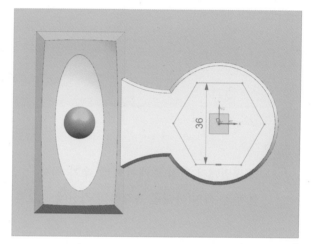

03 ≫ 스케치 ⇨ 스케치 유형 ⇨ 평면 상에서 ⇨ 스케치 면 ⇨ 평면 방법 ⇨ 새 평면 ⇨ 평
면 지정(XY데이텀 평면) ⇨ 거리 26 ⇨ 스케치 방향 ⇨ 참조 ⇨ 수평 ⇨ 벡터 지정
(X축) ⇨ 점 다이얼로그(0, 0, 0) ⇨ 확인

04 ≫ 원을 스케치하고 치수를 입력한다. 구속조건은 원의 중심점을 원점에 일치 구속
한다.

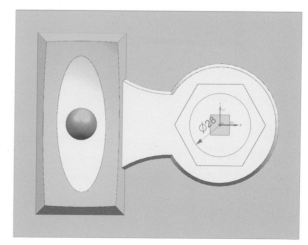

05 >> XZ평면에서 직접 스케치▼ ⇨ 추가 곡선 ⇨ 교차점 클릭 ⇨ 교차시킬 곡선 ⇨ 곡선 선택 ⇨ 적용(사이클 솔루션을 클릭하여 반대편도 점을 작도한다.)

06 >> 그림처럼 교차점과 육각형 직선의 엔드점을 잇는 원호를 스케치하고, 치수를 입력한다.

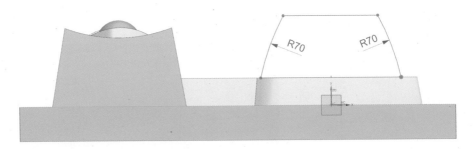

07 >> YZ평면에서 직접 스케치▼ ⇨ 추가 곡선 ⇨ 교차점 클릭 ⇨ 교차시킬 곡선 ⇨ 곡선 선택 ⇨ 확인(아래쪽 육각형의 직선에도 교차점을 작도한다.)

08 >> 그림처럼 교차점과 육각형 직선의 엔드점을 잇는 원호를 스케치하고, 치수를 입력한다(직선은 중간점을 활용해도 된다).

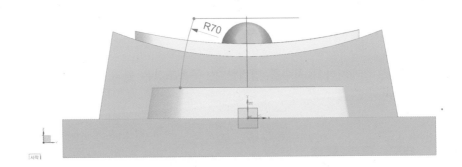

09 ≫ 홈 ⇨ 곡선 ⇨ 스웹 ⇨ 단면 ⇨ 곡선 선택 1 ⇨ 세 세트 추가 ⇨ 곡선 선택 2 ⇨가이
드 ⇨ 곡선 선택 1 ⇨ 세 세트 추가 ⇨ 곡선 선택 2 ⇨ 세 세트 추가 ⇨ 곡선선택 3
⇨ ☑ 형상유지(☑ 체크) ⇨ 확인

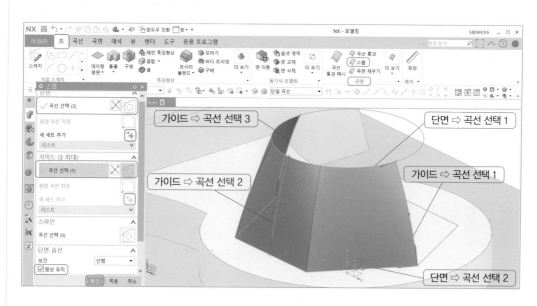

9 ▶▶ 대칭 복사하기

홈 ⇨ 특징형상 ⇨ 더 보기▼ ⇨ 연관 복사 ⇨ 대칭 특징형상 ⇨ 대칭화할 특징형상 ⇨ 특징
형상 선택 ⇨ 대칭 평면 ⇨ 평면 선택(XZ평면) ⇨ 확인

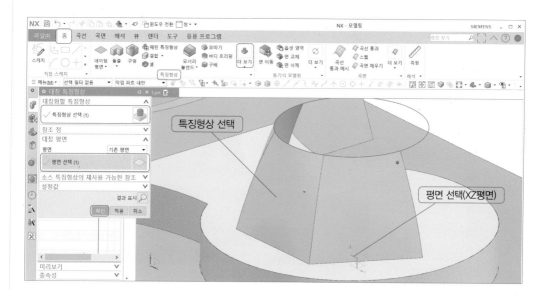

10 ▶▶ 경계 평면 모델링하기

홈 ⇨ 곡선 ⇨ 더 보기▼ ⇨ 경계 평면 ⇨ 평면형 단면 ⇨ 곡선 선택 ⇨ 확인

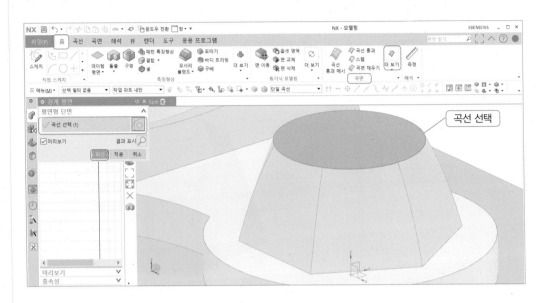

11 ▶▶ 잇기 모델링하기

홈 ⇨ 특징형상 ⇨ 더 보기▼ ⇨ 결합 ⇨ 잇기 ⇨ 타겟 ⇨ 시트 바디 선택 ⇨ 툴 ⇨ 시트 바디 선택(2개 시트) ⇨ 확인

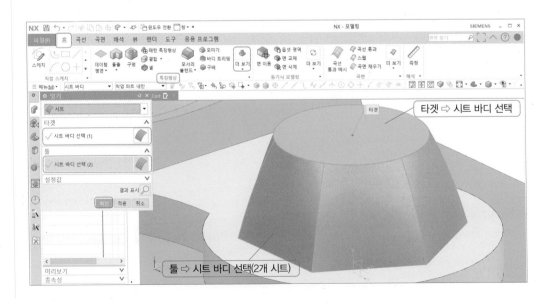

12 ▶▶ **패치 모델링하기**

홈 ⇨ 특징형상 ⇨ 더 보기▼ ⇨ 결합 ⇨ 패치 ⇨ 타겟 ⇨ 바디 선택 ⇨ 툴 ⇨ 시트 바디 선
택 ⇨ 툴 방향 ⇨ 면 선택 ⇨ 확인

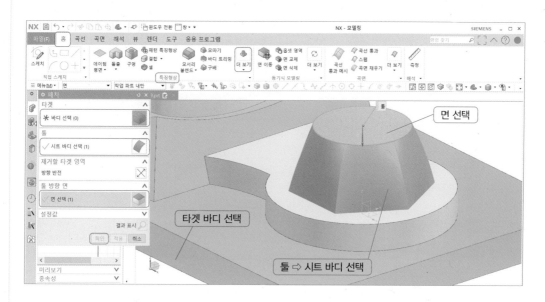

13 ▶▶ **돌출 모델링하기**

01 ▶▶ XZ평면에 그림과 같이 삼각형을 스케치하고 치수를 입력한다.

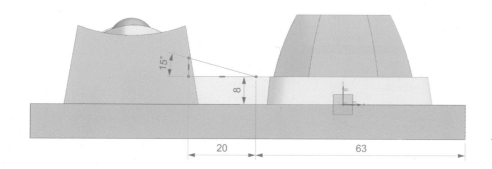

02 ≫ 홈 ⇨ 특징형상 ⇨ 돌출 ⇨ 단면 ⇨ 곡선 선택 ⇨ 한계 ⇨ 끝 ⇨ 대칭값 ⇨ 부울
⇨ 거리 5

⇨ 결합 ⇨ 바디 선택 ⇨ 확인

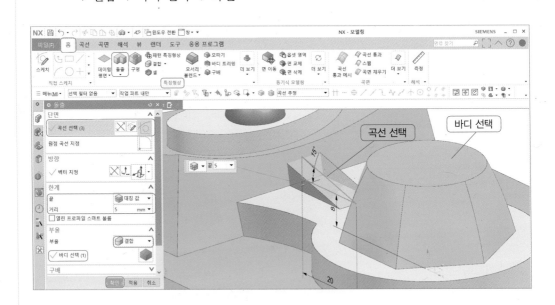

14 ▸▸ 모서리 블렌드(R) 모델링하기

01 ≫ 모서리 블렌드 ⇨ 모서리 선택 ⇨ 반경(R) 10 ⇨ 적용

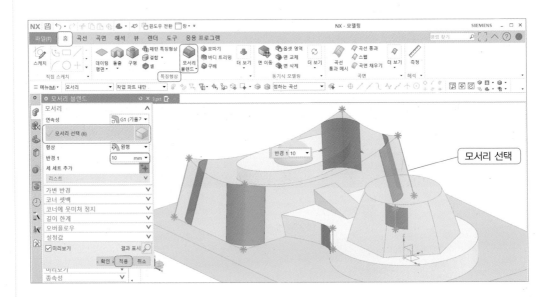

02 >> 모서리 선택 ⇨ 반경(R) 5 ⇨ 적용

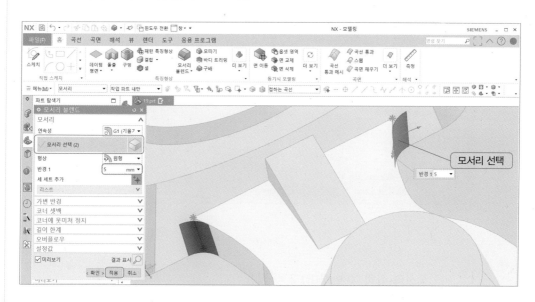

03 >> 모서리 선택 ⇨ 반경(R) 1 ⇨ 적용

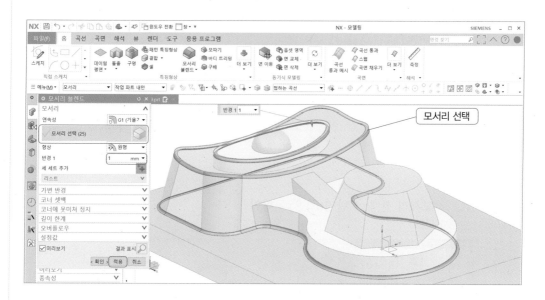

04 ≫ 모서리 선택 ⇨ 반경(R) 2 ⇨ 적용

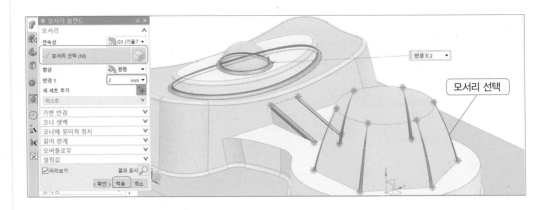

05 ≫ 모서리 선택 ⇨ 반경(R) 2 ⇨ 적용

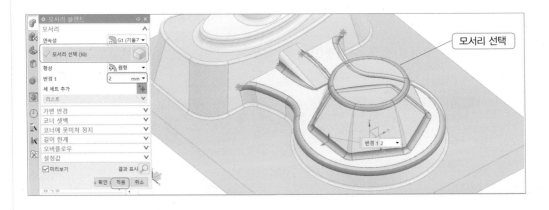

06 ≫ 모서리 선택 ⇨ 반경(R) 2 ⇨ 확인

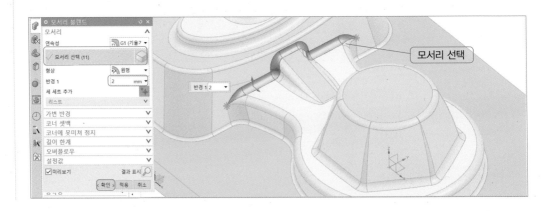

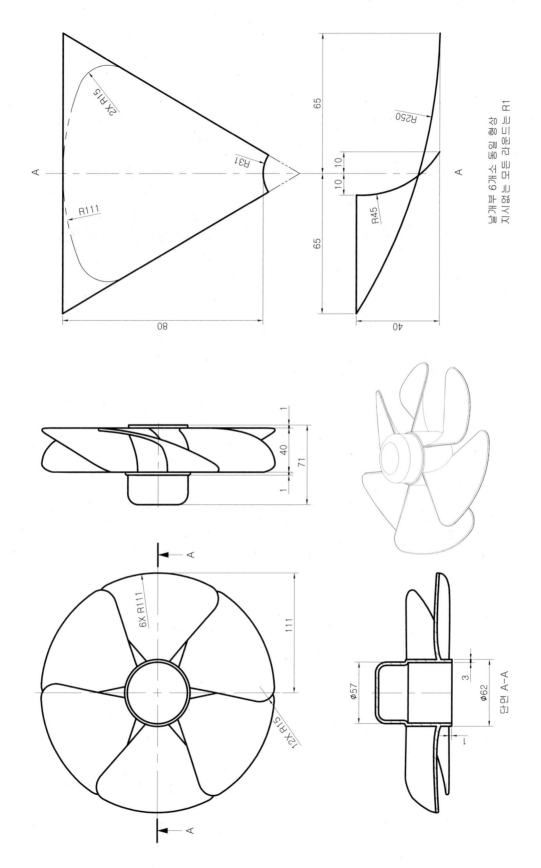

2X R15

R111

R31

A

80

65

10

10

10

R250

R45

A

65

40

날개부 6개소 동일 형상
지시없는 모든 라운드는 R1

1

40

71

1

A

6X R111

111

12X R15

A

Φ57

Φ62

3

1

단면 A-A

18 선풍기 날개

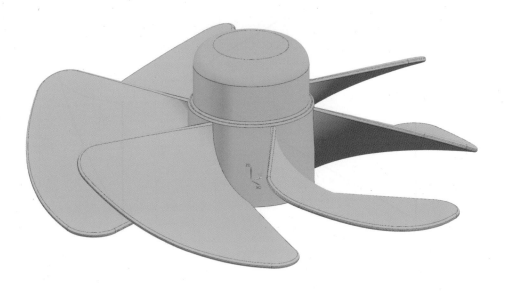

1 ▶▶ 원통 돌출 모델링하기

01 ›› XY평면에 스케치하고 구속조건은 원의 중심점을 원점에 일치 구속하고, 치수를 입력한다.

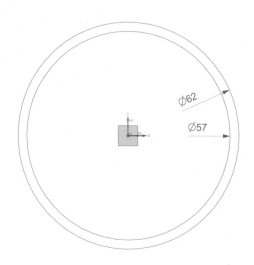

02 ≫ 홈 ⇨ 특징형상 ⇨ 돌출 ⇨ 단면 ⇨ 곡선 선택 ⇨ 한계 ⎡⇨ 시작 ⇨ 거리 0⎤ ⇨ 확인
                                              ⎣⇨ 끝 ⇨ 거리 70⎦

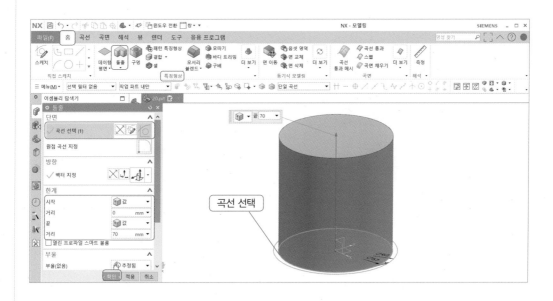

03 ≫ 홈 ⇨ 특징형상 ⇨ 돌출 ⇨ 단면 ⇨ 곡선 선택 ⇨ 한계 ⎡⇨ 시작 ⇨ 거리 −1⎤ ⇨ 부울
                                              ⎣⇨ 끝 ⇨ 거리 41⎦

⇨ 결합 ⇨ 바디 선택 ⇨ 확인

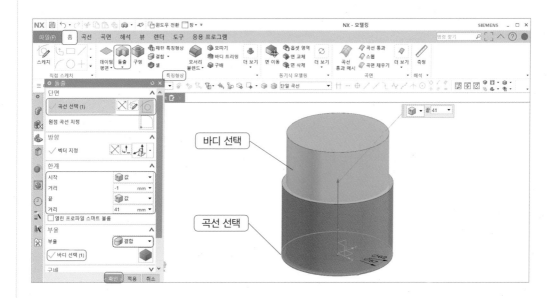

2 ▶▶ 모서리 블렌드(R) 모델링하기 1

01 〉〉홈 ⇨ 특징형상 ⇨ 모서리 블렌드 ⇨ 모서리 선택 ⇨ 반경(R) 10 ⇨ 적용

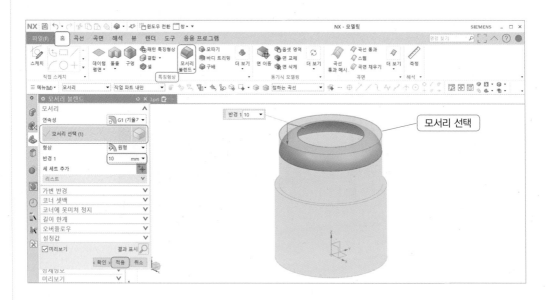

02 〉〉모서리 블렌드 ⇨ 모서리 선택 ⇨ 반경(R) 1 ⇨ 확인

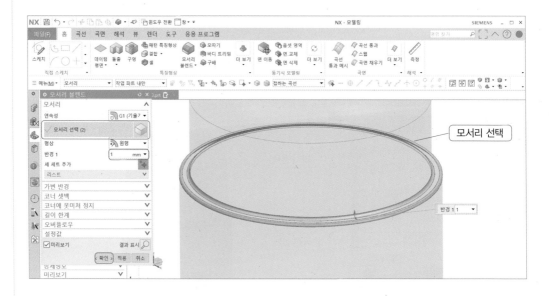

3 ▶▶ 셀 모델링하기

홈 ⇨ 특징형상 ⇨ 셀 ⇨ 피어싱할 면 ⇨ 면 선택 ⇨ 두께 3 ⇨ 확인

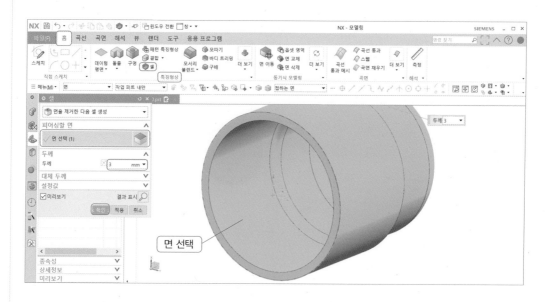

4 ▶▶ 회전 날개 모델링하기

① 스케치하기

YZ평면에 그림처럼 두 원호를 스케치하고, 구속조건은 두 원호의 엔드점(끝점)은 Y축에 곡선 상의 점으로 구속하고, 치수를 입력한다.

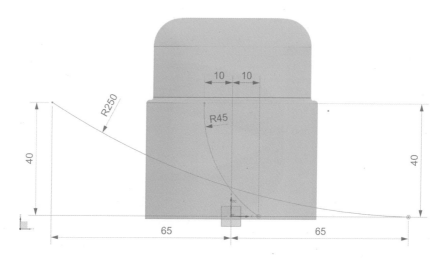

❷ 시트 원통 모델링하기

01 >> XY평면에 그림처럼 원을 스케치하고 구속조건은 원의 중심점을 원점에 일치 구속하고, 치수를 입력한다.

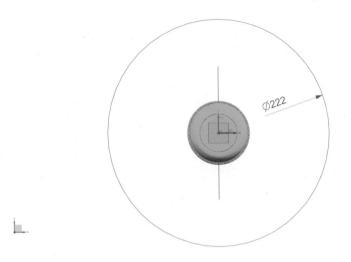

02 >> 홈 ⇨ 특징형상 ⇨ 돌출 ⇨ 단면 ⇨ 곡선 선택 ⇨ 한계 ⇨ 시작 ⇨ 거리 0 ⇨ 부울
⇨ 끝 ⇨ 거리 40
⇨ 없음 ⇨ 설정값 ⇨ 바디 유형 ⇨ 시트 ⇨ 확인

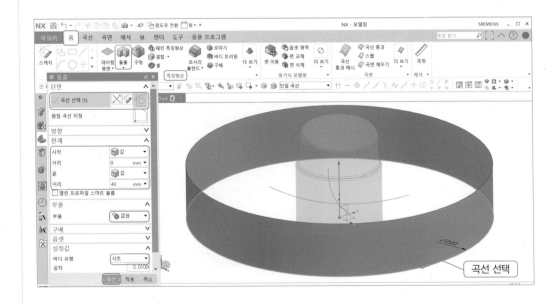

❸ 곡선 투영 하기

01 >> 곡선 ⇨ 파생 곡선 ⇨ 곡선 투영 ⇨ 투영할 곡선 또는 점 ⇨ 곡선 또는 점 선택 ⇨
투영할 개체 ⇨ 개체 선택 ⇨ 투영 방향 ⇨ 방향 : 벡터 방향 ⇨ 벡터 선택(X축) ⇨
적용

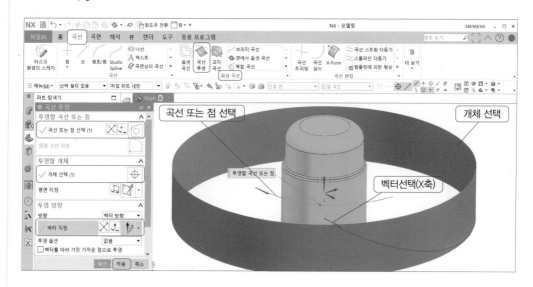

02 >> 곡선 ⇨ 파생 곡선 ⇨ 곡선 투영 ⇨ 투영할 곡선 또는 점 ⇨ 곡선 또는 점 선택 ⇨
투영할 개체 ⇨ 개체 선택 ⇨ 투영 방향 ⇨ 방향 : 벡터 방향 ⇨ 벡터 선택(X축) ⇨
확인

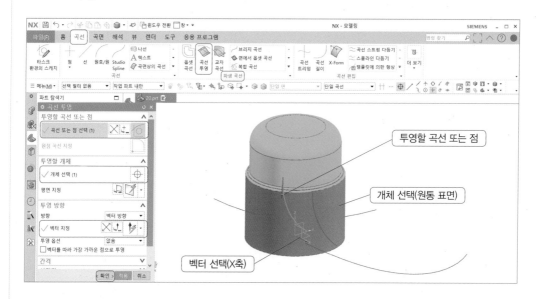

💡 투영 곡선만 남기고 모두 선택하여 Ctrl+B로 숨기고 작업하면 편리하다.

❹ 곡선 통과 모델링하기

홈 ⇨ 곡선 ⇨ 곡선 통과 ⇨ 단면 ⇨ 곡선 선택 1 ⇨ 세 세트 추가 ⇨ 곡선 선택 2 ⇨ 확인

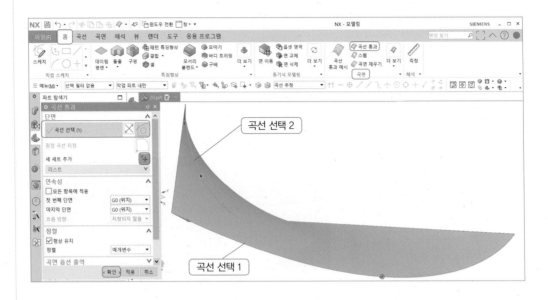

❺ 두께주기

홈 ⇨ 특징형상 ⇨ 더 보기▼ ⇨ 옵셋 / 배율 ⇨ 두께주기 면 ⇨ 면 선택 ⇨ 두께

⇨ 옵셋 1 ⇨ 1.25 ⇨ 확인
⇨ 옵셋 2 ⇨ −1.25

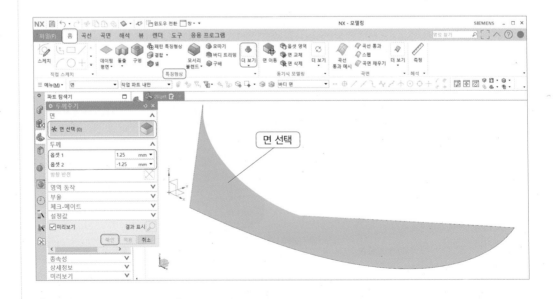

❻ 면 이동(1mm)

홈 ⇨ 동기식 모델링 ⇨ 면 이동 ⇨ 면 ⇨ 면 선택 ⇨ 거리 1 ⇨ 확인

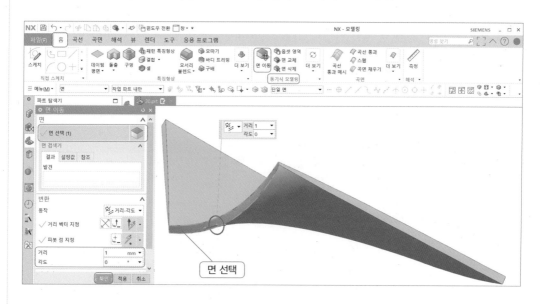

면 선택

5 ▶▶ **모서리 블렌드(R) 모델링하기 2**

홈 ⇨ 특징형상 ⇨ 모서리 블렌드 ⇨ 모서리 선택 ⇨ 반경(R) 15 ⇨ 적용

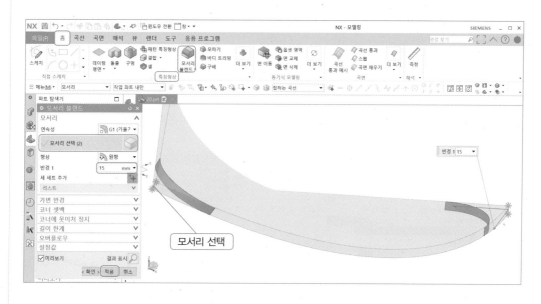

모서리 선택

6 ▶▶ 회전 복사하기

홈 ⇨ 특징형상 ⇨ 더 보기▼ ⇨ 연관 복사 ⇨ 패턴 지오메트리 ⇨ 패턴화할 지오메트리 ⇨
개체 선택 ⇨ 패턴 정의 ⇨ 레이아웃 ⇨ 원형 ⇨ 회전 축 ⇨ 벡터 지정(데이텀 Z축) ⇨ 각도
방향 ⇨ 간격 ⇨ 개수 및 피치 ⇨ 확인
　　　 ⇨ 개수 6
　　　 ⇨ 피치 각도 60°

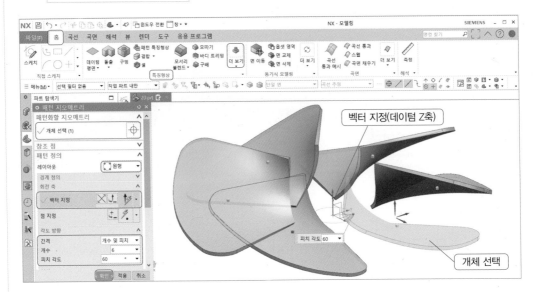

7 ▶▶ 결합하기

01 ▷▷ 홈 ⇨ 특징형상 ⇨ 결합 ⇨ 결합 ⇨ 타겟 ⇨ 바디 선택 ⇨ 공구 ⇨ 바디 선택 ⇨ 확인

02 ▷▷ Ctrl+W하여 솔리드 +를 클릭하여 원통을 불러온다.

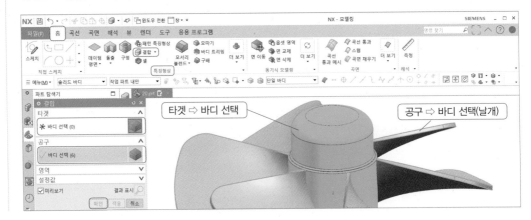

8 ▸▸ 모서리 블렌드(R) 모델링하기 3

홈 ⇨ 특징형상 ⇨ 모서리 블렌드 ⇨ 모서리 선택 ⇨ 반경(R) 1 ⇨ 확인

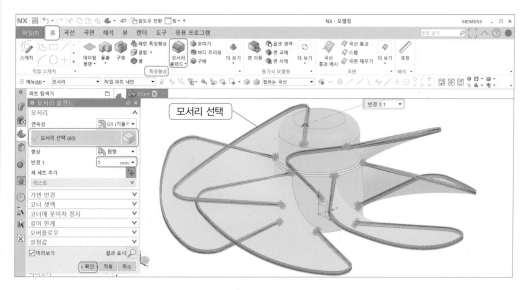

회전 날개 6개

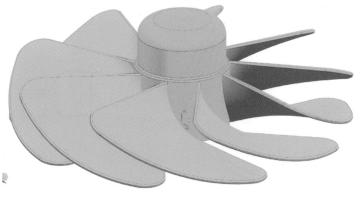

회전 날개 9개

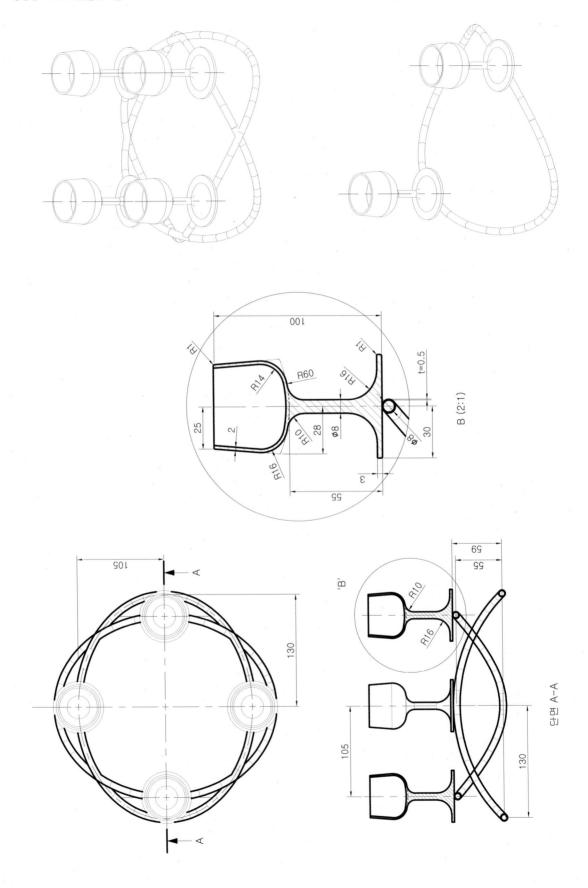

19 튜브와 컵 모델링

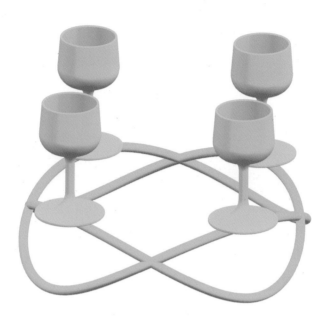

1 ▸▸ 튜브 모델링하기

❶ 스케치하기

01 ≫ XY평면에 타원을 스케치하고 구속조건은 타원의 중심점을 원점에 구속하고, 치수
를 입력한다.

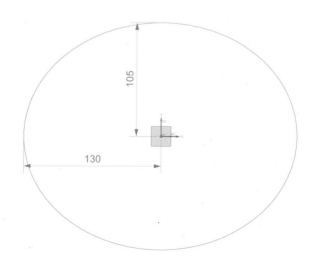

02 ≫ XZ평면에 그림처럼 원호를 스케치하고 구속조건은 원호의 중심점을 Z축에 곡선 상의 점으로 구속, 원호의 양 끝점을 X축에 곡선 상의 점으로 구속하여 치수를 입 력한다.

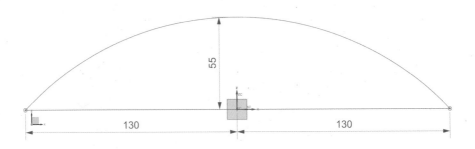

❷ 투영하기

곡선 ⇨ 파생 곡선 ⇨ 결합된 투영 ⇨ 곡선 1 ⇨ 곡선 선택 ⇨ 곡선 2 ⇨ 곡선 선택 ⇨ 확인

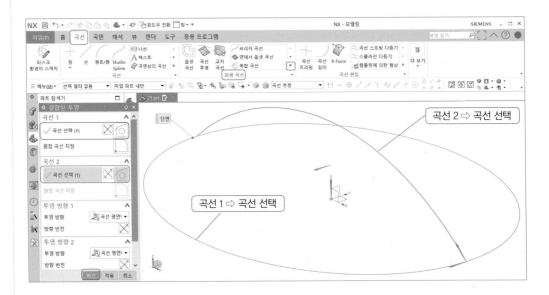

❸ 튜브 모델링하기

홈 ⇨ 곡면 ⇨ 더 보기▼ ⇨ 튜브 ⇨ 단면 ⇨ 경로 ⇨ 곡선 선택 ⇨ 단면 ⟶ 외경 8 ⇨ 확인
　　　　　　　　　　　　　　　　　　　　　　　　　　　　　⟶ 내경 7

💡 튜브는 내경이 0일 때는 속이 찬 솔리드인 봉이 된다.

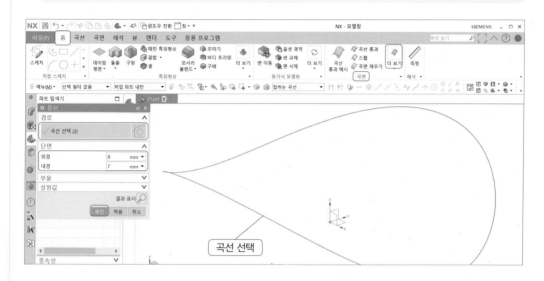

② ▸▸ 컵 회전 모델링하기

01 ≫ YZ평면에 그림처럼 원호와 직선을 스케치하고 치수를 입력한다. R60의 원호 중심
　　　점은 수직선에 곡선 상의 점으로 구속한다. 그림처럼 옵셋 2mm하여 직선은 연장
　　　한다.

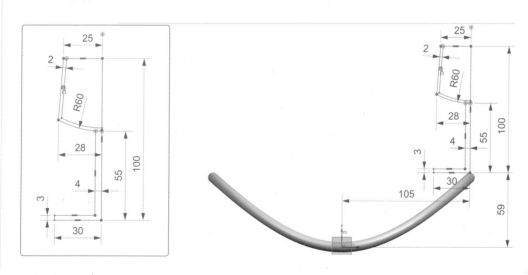

02 >> 홈 ⇨ 특징형상 ⇨ 회전 ⇨ 단면 ⇨ 곡선 선택 ⇨ 축 ⇨ 벡터 지정(직선) ⇨ 한계 ⇨

시작 ⇨ 각도 0	⇨ 부울 ⇨ 없음 ⇨ 확인
끝 ⇨ 각도 360	

💡 셀렉션 바에서 연결된 곡선으로 교차에서 정지 아이콘을 클릭하고 곡선을 선택한다.

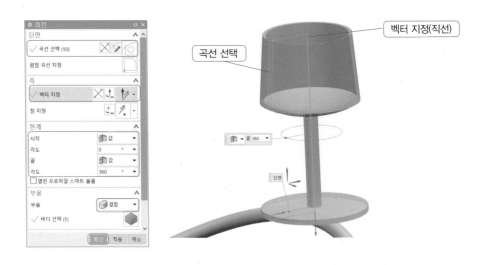

③ ►► 모서리 블렌드(R) 모델링하기

01 >> 홈 ⇨ 특징형상 ⇨ 모서리 블렌드 ⇨ 모서리 선택 ⇨ 반경(R) 14 ⇨ 적용

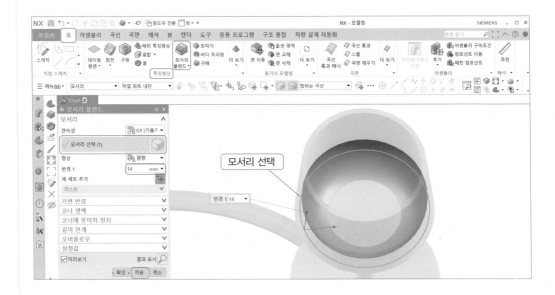

02 >> 모서리 블렌드 ⇨ 모서리 선택 ⇨ 반경(R) 16 ⇨ 적용

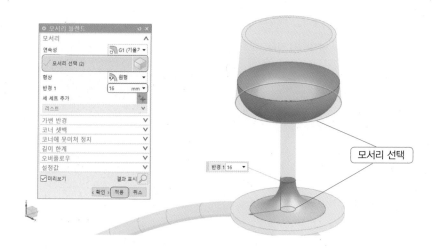

03 >> 모서리 블렌드 ⇨ 모서리 선택 ⇨ 반경(R) 10 ⇨ 적용

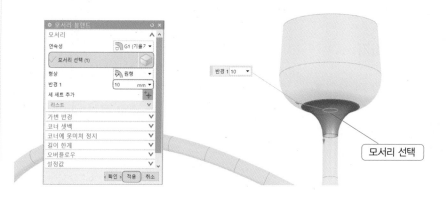

04 >> 모서리 블렌드 ⇨ 모서리 선택 ⇨ 반경(R) 1 ⇨ 확인

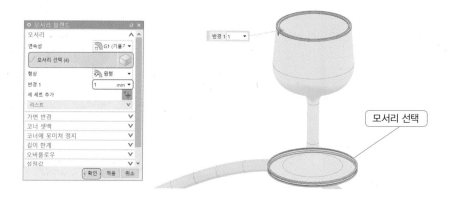

④ ▶▶ 대칭 복사하기

홈 ⇨ 특징형상 ⇨ 더 보기▼ ⇨ 연관 복사 ⇨ 대칭 지오메트리 ⇨ 대칭할 지오메트리 ⇨ 개체 선택 ⇨ 대칭 평면 ⇨ 평면 지정(XZ데이텀 평면) ⇨ 확인

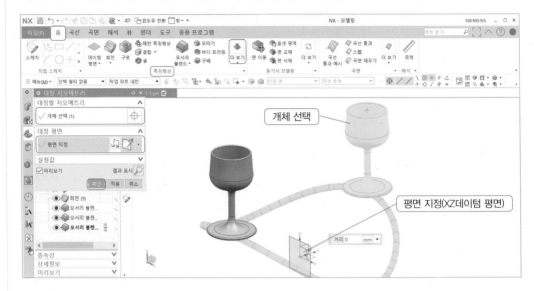

⑤ ▶▶ 회전 복사하기

홈 ⇨ 특징형상 ⇨ 더 보기▼ ⇨ 연관 복사 ⇨ 패턴 지오메트리 ⇨ 패턴화할 지오메트리 ⇨ 개체 선택 ⇨ 패턴 정의 ⇨ 레이아웃 ⇨ 원형 ⇨ 회전 축 ⇨ 벡터 지정(데이텀 Z축) ⇨ 각도 방향 ⇨ 간격 ⇨ 개수 및 피치 ⇨ 확인
　　　　　⇨ 개수 2
　　　　　⇨ 피치 각도 90°

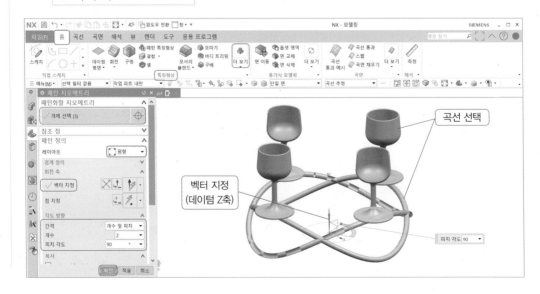

Chapter 5

유니그래픽스 3D CAD

Drafting 작업하기

NX Drafting 응용프로그램은 설계 모델의 도면을 생성하고 관리하는 도구를 제공한다. Drafting 응용프로그램에서 생성된 도면은 모델링에 연관되며, 모델링에 대한 변경된 사항은 도면에 자동으로 반영된다. 연관성을 통해 모델링을 변경할 수 있으며, 모델링이 완성된 후 응용프로그램에서 Drafting을 선택하여 기능을 수행할 수 있다.

1 Drafting 환경 조성하기

1 ▶▶ Drafting 시작하기

01 ≫ 파일 ⇨ 드래프팅

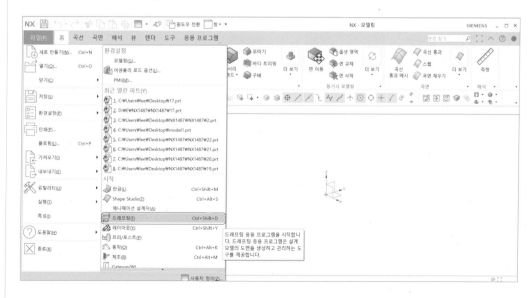

02 >> ⦿ 표준 크기(⦿체크) ⇨ 크기 A2 420×594 ⇨ 배율 1 : 1 ⇨ 단위 ⦿밀리미터(⦿체크) ⇨ 확인

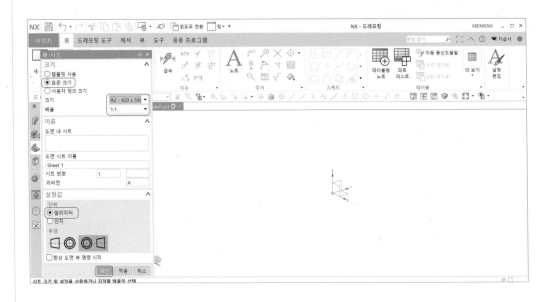

② ▶▶ 도면 양식 그리기

❶ 윤곽선 그리기

01 >> 드래프팅 도구 ⇨ 도면 형식 ⇨ 경계 및 영역

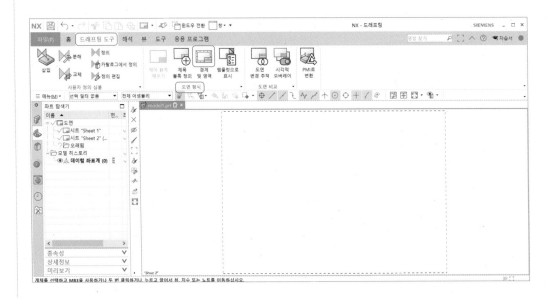

02 >> 경계 및 영역 ⇨ 폭 : 5 ⇨ 중심 및 방향 마크 ⇨ 수평 : 왼쪽 및 오른쪽 ⇨ 수직 : 아래쪽 및 위쪽 ⇨ □ 트리밍 마크 생성(□ 체크 해제) ⇨ 영역 ⇨ □ 영역 생성(□ 체크 해제) ⇨ 여백 ⇨ 위쪽 : 10 ⇨ 아래쪽 : 10 ⇨ 왼쪽 : 10 ⇨ 오른쪽 : 10 ⇨ 확인

💡 **윤곽선** : 제도 영역을 나타내는 윤곽은 0.7mm 굵기의 실선으로 그린다.
- KS B ISO 5457은 왼쪽의 윤곽은 20mm의 폭을 가지며, 이것은 철할 때 여백으로 사용하기도 한다. 다른 윤곽은 10mm의 폭을 가진다.
- KS B 0001은 A2 이하 용지의 철하지 않을 때에는 모든 윤곽의 폭이 10mm이다.

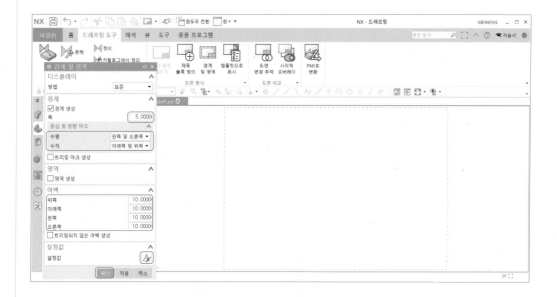

03 >> 위 그림 설정값을 클릭하면 아래 팝업 창이 나온다.

경계 ⇨ 내부 선(실선) : 0.7 ⇨ 외부 선 : 보이지 않음 ⇨ 중심 및 방향 마크 ⇨ 길이 : 5 ⇨ 연장 : 5 ⇨ 선의 굵기 : 0.7 ⇨ 확인

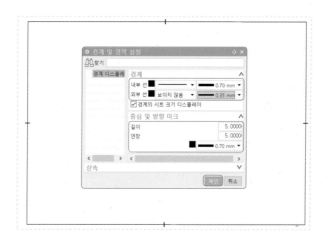

❷ 표제란 그리기

01 >> 홈 ⇨ 테이블 ⇨ 테이블형 노트 ⇨ 고정 : 오른쪽 아래 ⇨ 테이블 크기 ⇨ 열의 개수
: 4 ⇨ 행의 개수 : 2 ⇨ 열 폭 : 50 ⇨ 행 높이 : 8 ⇨ 원점 : 위치 지정 ⇨ 닫기

💡 행 높이는 설정 ⇨ 공통 ⇨ 단면 ⇨ 행 크기 ⇨ 행 높이 : 8 ⇨ 닫기(설정에서 행 높이를 지정
하면 팝업 창에서 행 높이가 생성된다.)

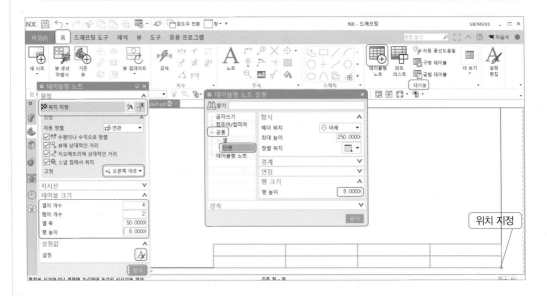

02 >> 홈 ⇨ 테이블 ⇨ 테이블형 노트 ⇨ 고정 : 오른쪽 아래 ⇨ 테이블 크기 ⇨ 열의 개수
: 5 ⇨ 행의 개수 : 6 ⇨ 열 폭 : 15 ⇨ 행 높이 : 8 ⇨ 원점 : 위치 지정 ⇨ 닫기

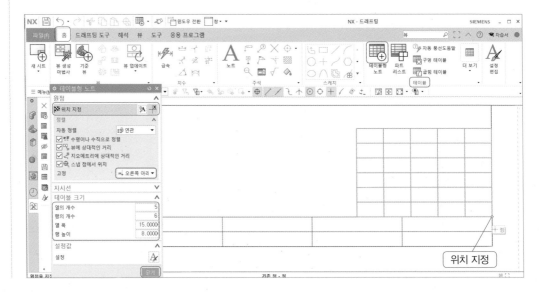

03 >> 셀 위쪽 선 근처로 마우스를 가져가면 셀이 그림처럼 바뀌면 마우스 오른쪽을 클릭한다.

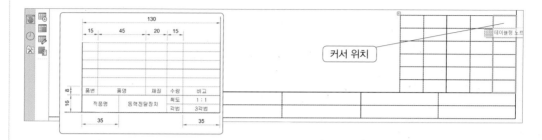

04 >> 마우스 오른쪽을 클릭하면 그림과 같은 팝업 창이 나온다. ⇨ 크기 조절

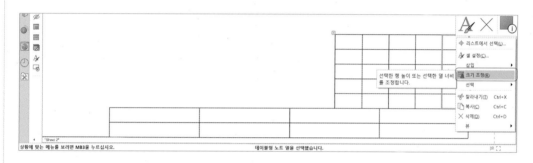

05 >> 열 폭 : 35를 입력한다(같은 방법으로 셀 크기 조절).

06 >> 병합하고자한 셀을 선택하여 마우스 오른쪽을 클릭하면 그림처럼 팝업 창이 나온다. ⇨ 셀 병합(같은 방법으로 셀 크기 조절)

07 ≫ 더블 클릭 ⇨ 동력전달장치

더블 클릭하여 텍스트를 입력한다(같은 방법으로 텍스트 입력).

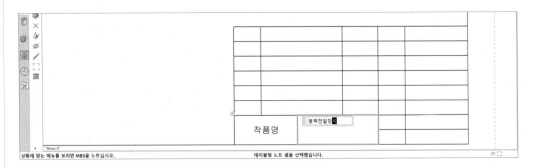

08 ≫ 테이블 노트 단면(상단 +자) ⇨ 테이블 노트 단면 클릭 ⇨ 셀 설정

09 ≫ 공통 ⇨ 셀 ⇨ 형식 ⇨ 카테고리 텍스트 ⇨ 텍스트 정렬 : 가운데 중간 ⇨ 경계 ⇨
측면 : 모두 ⇨ 검정 : 실선 : 0.18 ⇨ 닫기

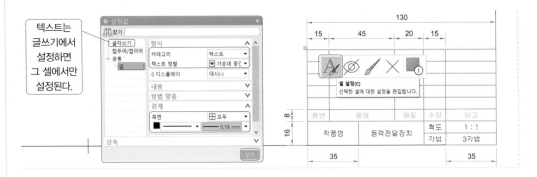

10 ≫ 테이블 노트 단면(상단 +자) ⇨ 테이블 노트 단면 클릭 ⇨ 셀 설정

11 ≫ 공통 ⇨ 셀 ⇨ 형식 ⇨ 카테고리 텍스트 ⇨ 텍스트 정렬 : 가운데 중간 ⇨ 경계 ⇨
측면 : 왼쪽 ⇨ 검정 : 실선 : 0.5 ⇨ 닫기

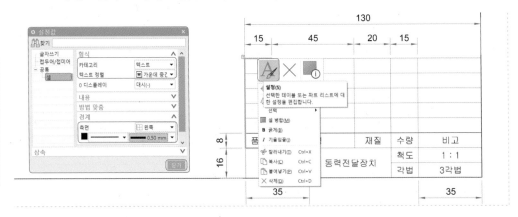

12 ≫ 테이블 노트 단면(상단 +자) ⇨ 테이블 노트 단면 클릭 ⇨ 셀 설정

13 ≫ 공통 ⇨ 셀 ⇨ 형식 ⇨ 카테고리 텍스트 ⇨ 텍스트 정렬 : 가운데 중간 ⇨ 경계 ⇨ 측면 : 아래쪽 ⇨ 검정 : 실선 : 0.35 ⇨ 닫기

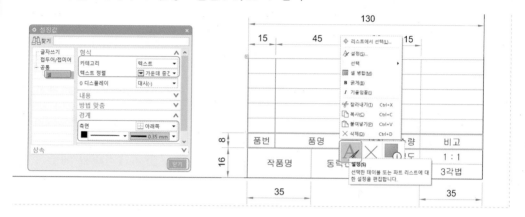

③ ▶▶ 도면 환경 설정하기

메뉴 ⇨ 환경 설정 ⇨ 드래프팅

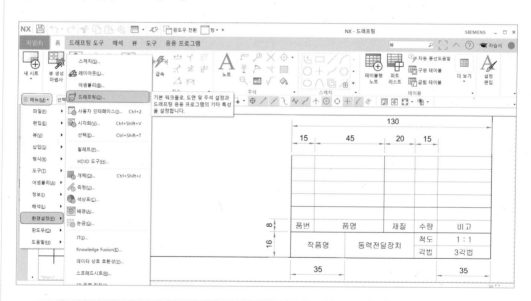

💡 도면을 그리는 데 치수 기입은 중요한 부분이다. 도면에 투상이 잘 되어 있어도 치수 기입이 올바르지 못하면 불량 제품을 만들 수 있기 때문이다. 또한 치수는 형상의 치수만을 표시하는 것이 아니라 가공법, 다듬질 정도, 재료 등에도 관계되므로 정확하고 올바르게 기입되어야 한다.

도면에 치수 기입을 할 때 치수에 필요한 설정은 먼저 모두 설정을 하고 투상하며, 간단할 경우 도면 작성을 모두 마치고 설정을 수정하는 방법이 있다.

치수 ⇨ 텍스트 ⇨ 단위 ⇨ 단위 : 밀리미터 ⇨ 소수점 구분 기호 : • 마침표

💡 콤마를 선택한다.

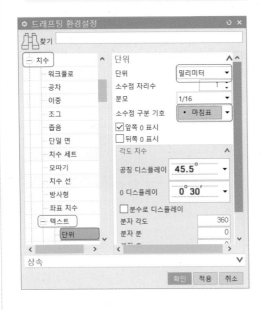

텍스트 ⇨ 부가 텍스트 ⇨ 범위 ⇨ ☐ 전체 치수에 적용(☐ 체크 해제) ⇨ 형식 ⇨ 검정 ⇨ A 굴림 ⇨ 높이 3.5

💡 특수 문자 ∅ 등을 말한다.

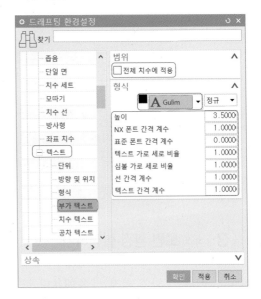

치수 ⇨ 텍스트 ⇨ 치수 텍스트 ⇨ 범위 ⇨ ☐ 전체 치수에 적용(☐ 체크 해제) ⇨ 형식 ⇨ 검정 ⇨ A 굴림 ⇨ 높이 : 3.5 ⇨ 치수 선 간격 계수 : 0.3

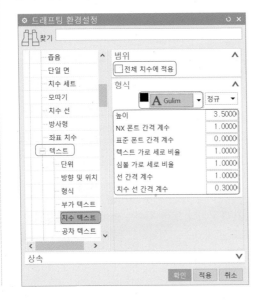

치수 ⇨ 텍스트 ⇨ 공차 텍스트 ⇨ 범위 ⇨ ☐ 전체 치수 적용(☐ 체크 해제) ⇨ 형식 ⇨ 빨강 ⇨ A 굴림 ⇨ 높이 : 2.2 ⇨ 선 간격 계수 : 0.01 ⇨ 텍스트 간격 계수 : 0.5

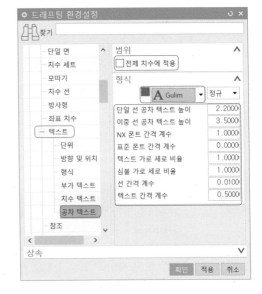

공통 ⇨ 선/화살표 ⇨ 화살촉 ⇨ 지시선 및 치수 측면 1 ⇨ 유형 ⇨ 빨강 : 실선 : 0.13 ⇨ 치수 측면 2 ⇨ 유형 ⇨ 빨강 : 실선 : 0.13 ⇨ 형식 ⇨ 길이 : 3.5 ⇨ 각도 : 19 ⇨ 점 직경 : 1.5

공통 ⇨ 선/화살표 ⇨ 화살표선 ⇨ 지시선 및 화살표 선 측면 1 ⇨ 빨강 : 실선 : 0.13 ⇨ 화살표 선 측면 2 ⇨ 빨강 : 실선 : 0.13 ⇨ 스팁 ⇨ 길이 : 5 ⇨ 스팁 위 텍스트 계수 : 0.3

💡 치수선의 화살표는 흰색 또는 빨간색

💡 치수선은 흰색 또는 빨간색

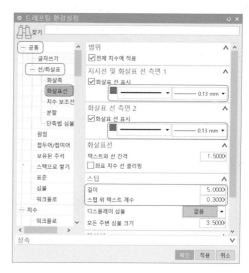

공통 ⇨ 선/화살표 ⇨ 치수 보조선 ⇨ 플래그 지시선 또는 측면 1 ⇨ 빨강 : 실선 : 0.13 ⇨ 간격 : 1 ⇨ 측면 2 ⇨ 빨강 : 실선 : 0.13 ⇨ 간격 : 1 ⇨ 치수 보조선 돌출 : 2

공통 ⇨ 글자쓰기 ⇨ 텍스트 매개 변수 ⇨ 검정 ⇨ A 굴림 ⇨ 높이 : 3.5

💡 일반 텍스트 문자를 말한다.

💡 치수 보조선은 흰색 또는 빨간색

도면 보기 ⇨ 공통 ⇨ 보이는 선(외형선) ⇨
형식 ⇨ 검정 : 실선 : 0.5

💡 외형선(굵은 실선)의 굵기는 0.4~0.80이며
기능사는 0.5, 산업기사는 0.35 굵기로 주
어진다.

도면 보기 ⇨ 공통 ⇨ 음영처리 ⇨ 형식 ⇨
렌더링 스타일 : 전체 음영처리 ⇨ 보이는
와이어프레임 색상 : 검정 ⇨ 숨겨진 와이어
프레임 색상 : 검정 ⇨ 음영처리된 절단 면
색상 : 은색

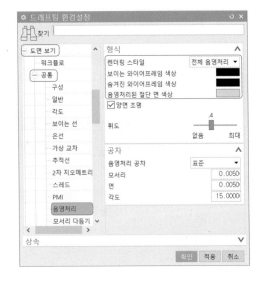

도면 보기 ⇨ 공통 ⇨ 은선(점선) ⇨ 형식
⇨ 노랑 : 실선 : 0.35

💡 숨은선의 굵기는 외형선과 가는 실선의 중
간 굵기의 선으로 노란색이다.

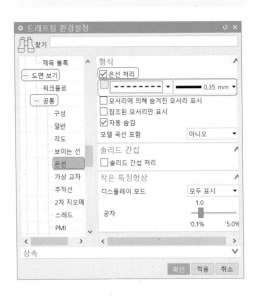

도면 보기 ⇨ 공통 ⇨ 모서리 다듬기 ⇨ 형
식 ⇨ □ 부드러운 모서리 표시(□ 체크 해
제) ⇨ 검정 : 실선 : 0.13

💡 모서리 다듬기는 투상 형상에 따라 선택
한다.

주석 ⇨ GD&T ⇨ 형식 ⇨ 빨강 : 실선 : 0.13

💡 형상공차 지시 틀은 가는 실선으로 빨강 또는 흰색이다.

주석 ⇨ 풍선도움말 ⇨ 형식 ⇨ 검정 : 실선 : 0.5 ⇨ 유형 : 원 ⇨ 크기 14

💡 부품 식별 번호는 외형선과 같은 굵기의 선을 사용한다.

주석 ⇨ 표면 다듬질 심볼 ⇨ 형식 ⇨ 빨강 : 실선 : 0.13

💡 표면 다듬질 기호와 부품 번호에 같이 사용될 경우에는 굵은 실선이며, 부품도에 사용되는 기호는 빨간색으로 3/5 크기이다.

주석 ⇨ 해칭/영역 채우기 ⇨ 해칭 ⇨ 패턴 : 철/일반 사용 ⇨ 거리 : 3 ⇨ 각도 : 45 ⇨ 형식 ⇨ 색상 : 빨강 ⇨ 폭 : 0.13

💡 해칭선은 가는 선으로 선의 굵기는 0.1~0.3을 사용한다.

주석 ⇨ 중심선 ⇨ 형식 ⇨ 색상 : 빨강 ⇨ 폭 : 0.13

💡 중심선은 빨간색으로 선의 굵기는 가는 1점 쇄선을 사용한다.

도면 보기 ⇨ 상세정보 ⇨ 단면 선 ⇨ 형식 ⇨ 색상 : 검정 ⇨ 1점 쇄선 ⇨ 폭 : 0.35 ⇨ 화살촉 ⇨ 길이 : 7 ⇨ 각도 : 25 ⇨ 화살표 선 ⇨ 화살표 길이 : 15 ⇨ 경계에서 화살표까지 거리 : 12 ⇨ 돌출 : 5 ⇨ 확인

도면 보기 ⇨ 워크플로 ⇨ 경계 ⇨ ☐ 디스플레이(☐ 체크 해제)

💡 투상도의 뷰 경계를 해지 또는 유지한다.

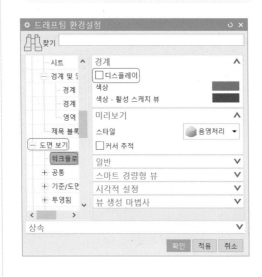

메뉴 ⇨ 환경설정 ⇨ 사각화 ⇨ 색상 ⇨ 도면 레이아웃 ⇨ 도면 및 레이아웃 색상 ⇨ ☐ 단색 디스플레이(☐ 체크 해제) ⇨ 확인

💡 ☐ 체크 해제 : 칼라, ☑ 체크 : 흑백

④ ▶▶ 주서 작성하기

도면이 모두 작성되면 다음과 같이 주서를 작성한다.

주서

1. 일반공차-가) 가공부 : KS B ISO 2768-m

   -나) 주강부 : KS B 0418 보통급

   -다) 주조부 : KS B 0250-CT11

2. 도시되고 지시없는 모따기는 1X45°, 필렛과 라운드는 R3

3. 일반 모따기는 0.2X45°

4. ▽ 부 외면 명청색, 내면 광명단 도장 (품번 1, 4, 5)

5. 기어 치부 열처리 $H_RC40\pm2$(품번 2)

6 표면거칠기

$$\overset{}{\bigtriangledown} = \overset{}{\bigtriangledown} , -$$

$$\overset{w}{\bigtriangledown} = \overset{12.5}{\bigtriangledown} , N10$$

$$\overset{x}{\bigtriangledown} = \overset{3.2}{\bigtriangledown} , N8$$

$$\overset{y}{\bigtriangledown} = \overset{0.8}{\bigtriangledown} , N6$$

$$\overset{z}{\bigtriangledown} = \overset{0.2}{\bigtriangledown} , N4$$

2 동력 전달 장치 그리기

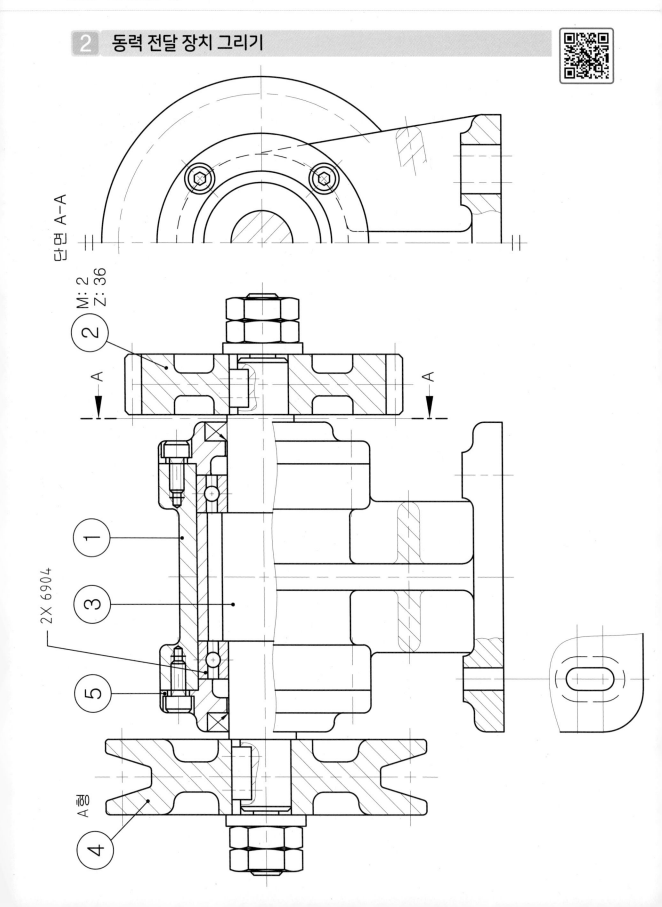

단면 A-A

2 M: 2
Z: 36

A

A

1

3

2X 6904

5

A-A

4

동력 전달 장치는 모터에서 발생한 동력을 기계에 전달하기 위한 장치를 말한다. 동력의 공급 및 전달, 속도 제어, 회전 제어 등의 역할을 한다.

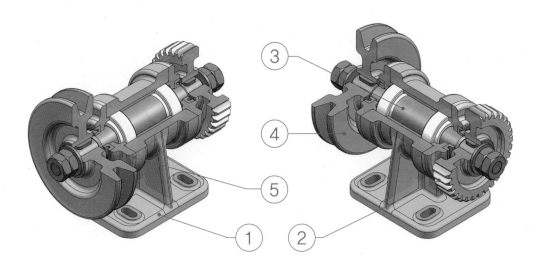

동력 전달 장치 조립도

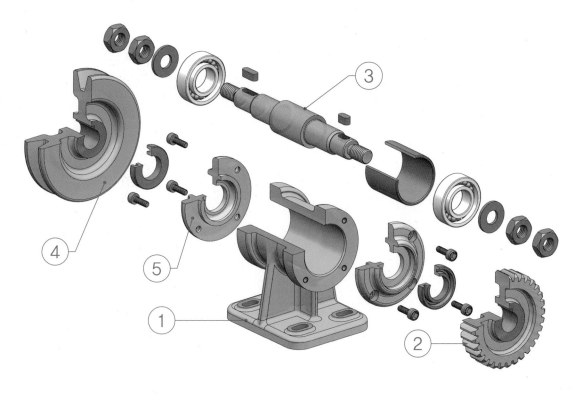

동력 전달 장치 분해도

동력 전달 장치 부품도

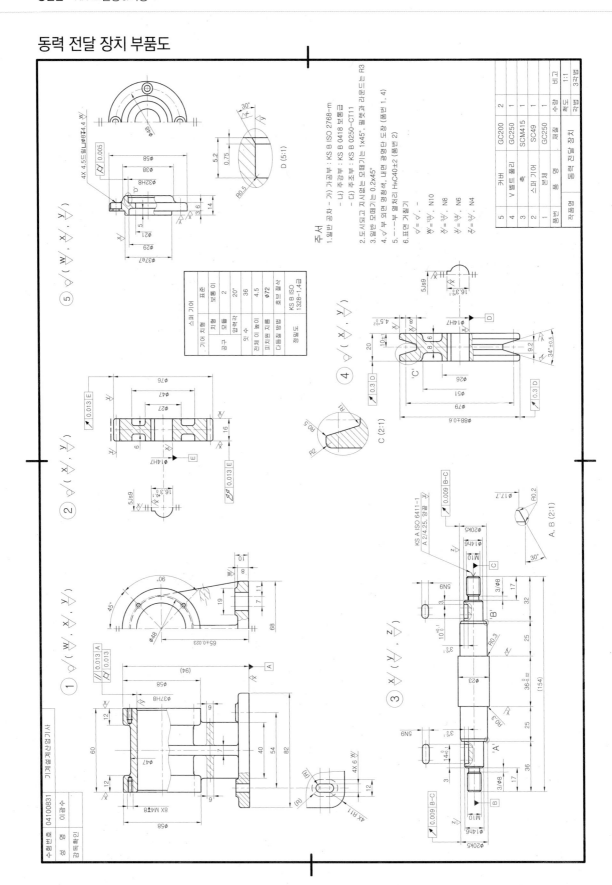

3　본체 도면 그리기

① ▶▶ 본체 모델링하기

홈 ⇨ 새로 만들기 ⇨ 폴더(저장 경로) 지정 ⇨ 이름(파일명) 지정 ⇨ 확인

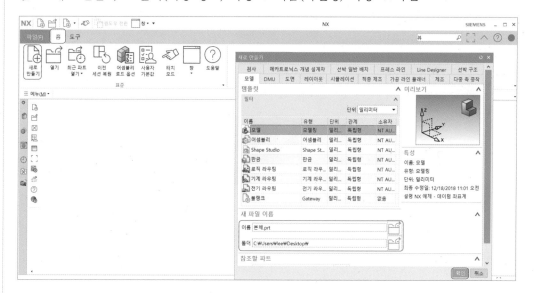

❶ 베이스 모델링하기

01 ≫ XY평면에서 거리 −57인 지점에 평면을 생성하여 사각형을 스케치한다. 구속조건은 중간점으로 구속하고, 치수를 입력한다.

02 ≫ 슬롯을 그림처럼 스케치하고 치수를 입력, 옵셋 3mm하여 대칭 또는 패턴 곡선한다.

03 ≫ 직선을 그림처럼 스케치하고 구속조건은 중간점으로 구속, 치수를 입력한다.

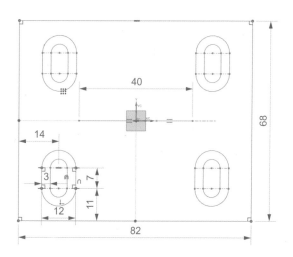

04 〉〉 홈 ⇨ 특징형상 ⇨ 돌출 ⇨ 단면 ⇨ 곡선 선택 ⇨ 한계 ⇨ 시작 ⇨ 거리 0 ⇨ 확인
　　　　　　　　　　　　　　　　　　　　　　　 ⇨ 끝 ⇨ 거리 8

05 〉〉 곡선을 선택하고 벡터 방향을 아래쪽으로 방향 반전한다.

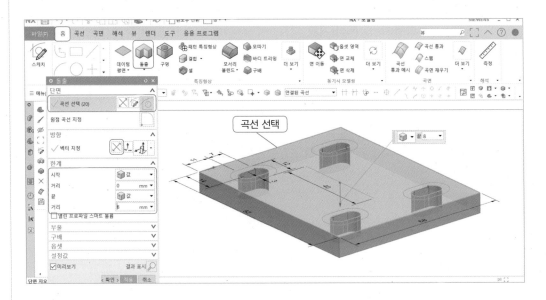

06 〉〉 홈 ⇨ 특징형상 ⇨ 돌출 ⇨ 단면 ⇨ 곡선 선택 ⇨ 한계 ⇨ 시작 ⇨ 거리 0 ⇨
　　　　　　　　　　　　　　　　　　　　　　　 ⇨ 끝 ⇨ 거리 2

부울 ⇨ 결합 ⇨ 바디 선택 ⇨ 확인

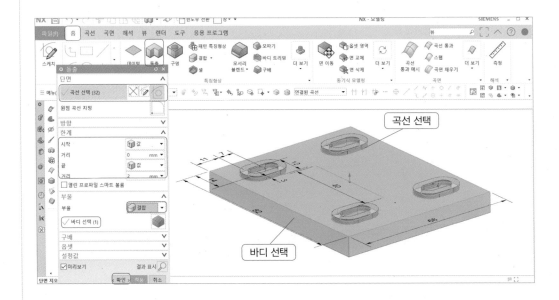

07 ≫ 홈 ⇨ 특징형상 ⇨ 돌출 ⇨ 단면 ⇨ 곡선 선택 ⇨ 한계 ⇨ 시작 ⇨ 거리 0 ⇨
　　　　　　　　　　　　　　　　　　　　⇨ 끝 ⇨ 거리 37

　　부울 ⇨ 결합 ⇨ 바디 선택 ⇨ 옵셋 ⇨ 양면 ⇨ 시작 : -3 ⇨ 확인
　　　　　　　　　　　　　　　　　　　　⇨ 끝 : 3

💡 옵셋 값을 먼저 입력해야 부울에서 결합할 수 있다.

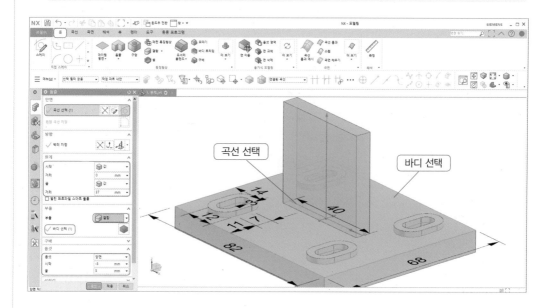

❷ 원통 돌출 모델링하기

01 ≫ YZ평면에 원을 스케치하고 구속조건은 원점과 원의 중심점을 일치 구속, 치수를
　　입력한다.

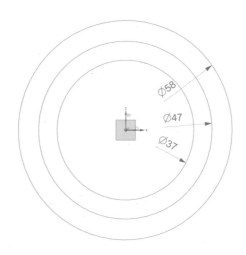

02 ≫ 홈 ⇨ 특징형상 ⇨ 돌출 ⇨ 단면 ⇨ 곡선 선택 ⇨ 한계 ⎡ 끝 : 대칭값 ⎤ ⇨ 부울 ⇨
⎣ ⇨ 거리 30 ⎦

없음 ⇨ 적용

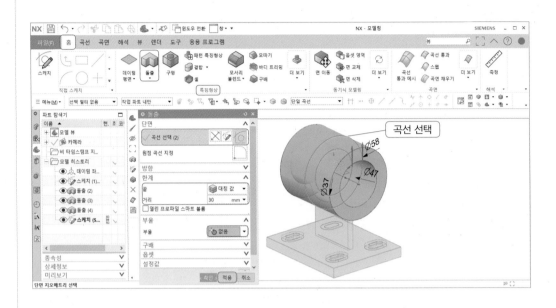

03 ≫ 홈 ⇨ 특징형상 ⇨ 돌출 ⇨ 단면 ⇨ 곡선 선택 ⇨ 한계 ⎡ 끝 : 대칭값 ⎤ ⇨ 부울 ⇨
⎣ ⇨ 거리 18 ⎦

빼기 ⇨ 바디 선택 ⇨ 확인

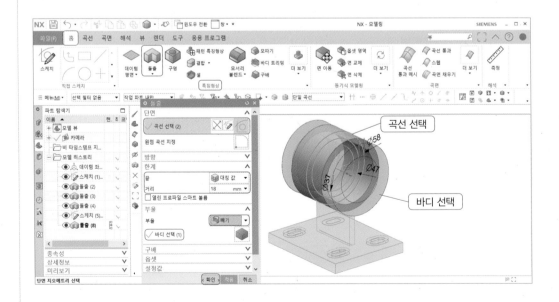

❸ 모서리 블렌드(R) 모델링하기 1

01 》 홈 ⇨ 특징형상 ⇨ 모서리 블렌드 ⇨ 모서리 선택 ⇨ 반경(R) 11 ⇨ 적용

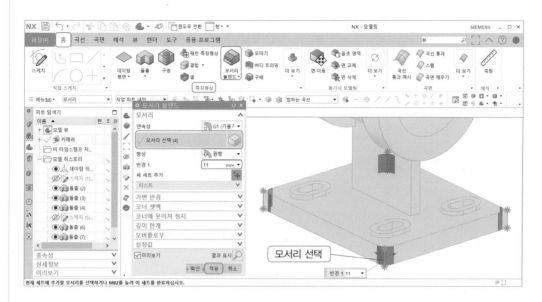

02 》 홈 ⇨ 특징형상 ⇨ 모서리 블렌드 ⇨ 모서리 선택 ⇨ 반경(R) 3 ⇨ 적용

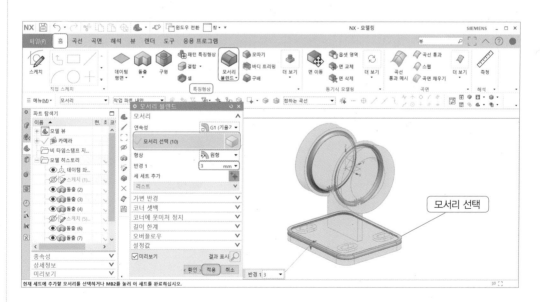

03 >> 홈 ⇨ 특징형상 ⇨ 모서리 블렌드 ⇨ 모서리 선택 ⇨ 반경(R) 3 ⇨ 확인

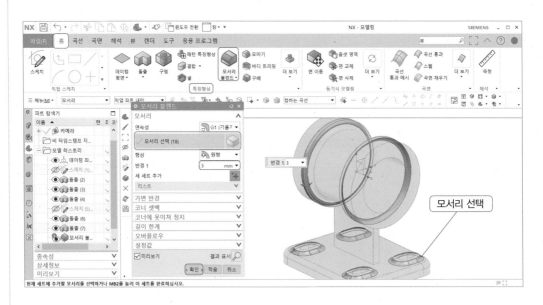

④ 베이스와 원통 결합하기

홈 ⇨ 특징형상 ⇨ 결합 ⇨ 결합 ⇨ 타겟 ⇨ 바디 선택 ⇨ 공구 ⇨ 바디 선택 ⇨ 확인

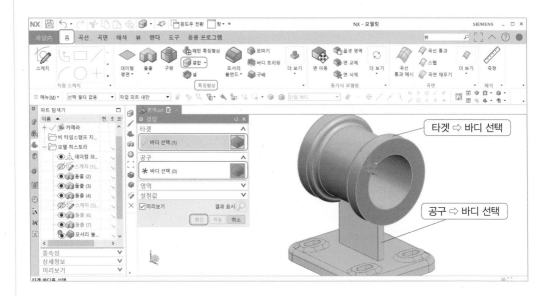

❺ 리브 만들기

01 >> YZ평면에 교차 곡선을 스케치하여 참조 선으로 바꾸어 준다.

02 >> 직선을 스케치하여 구속조건은 직선의 시작점과 베이스 모서리 시작점에 일치 구속과 교차 곡선에 접함 구속한다. 직선은 Z축을 기준으로 대칭 복사한다.

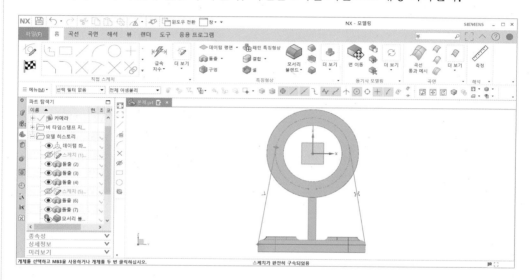

03 >> 홈 ➪ 특징형상 ➪ 더 보기▼ ➪ 설계 특징형상 ➪ 리브 ➪ 타겟 ➪ 바디 선택 ➪ 단면 ➪ 곡선 선택 ➪ 벽면 ➪ ⊙절단면에 평행(⊙ 체크) ➪ 치수 : 대칭 ➪ 두께 : 7 ➪ 바디 선택 ➪ ☑ 리브와 타겟 결합(☑ 체크) ➪ 확인

💡 반대쪽도 같은 방법으로 리브를 생성한다.

⑥ 모서리 블렌드(R) 모델링하기 2

01 ≫ 홈 ⇨ 특징형상 ⇨ 모서리 블렌드 ⇨ 모서리 선택 ⇨ 반경(R) 3 ⇨ 적용

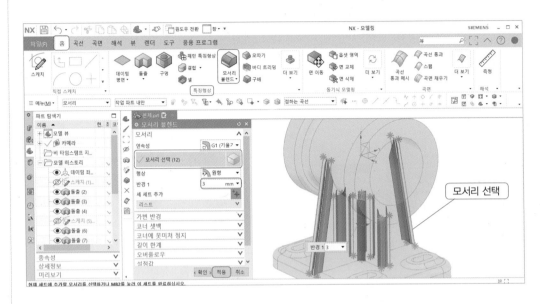

02 ≫ 홈 ⇨ 특징형상 ⇨ 모서리 블렌드 ⇨ 모서리 선택 ⇨ 반경(R) 3 ⇨ 적용

❼ 나사 작업하기

01 》 그림처럼 원통 단면에 원을 스케치하여 치수를 입력, 구속조건은 원의 중심과 원점을 일치 구속하고 참조 선으로 변환한다.

02 》 그림처럼 직선을 스케치하여 치수를 입력, 구속조건은 원점에 곡선 상의 점으로 구속한다.

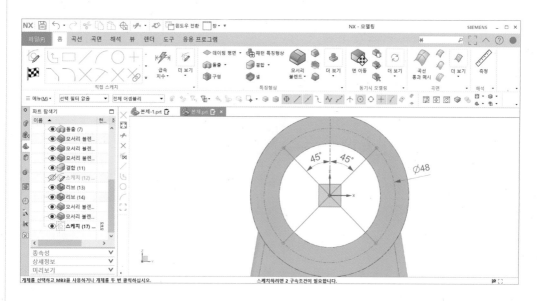

03 》 홈 ⇨ 특징형상 ⇨ 구멍 ⇨ 스레드 구멍 ⇨ 위치 ⇨ 점 지정 ⇨ 스레드 치수 ⇨ 크기 : M4×0.7 ⇨ 스레드 깊이 : 8 ⇨ 치수 ⇨ 깊이 : 11 ⇨ 공구 팁 각도 : 118° ⇨ 확인

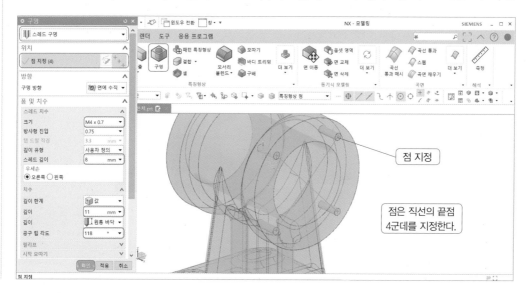

❽ 대칭 복사하기

홈 ⇨ 특징형상 ⇨ 더 보기▼ ⇨ 연관 복사 ⇨ 대칭 특징형상 ⇨ 대칭화할 특징형상 ⇨ 특징
형상 선택 ⇨ 대칭 평면 ⇨ 평면 선택(YZ평면) ⇨ 확인

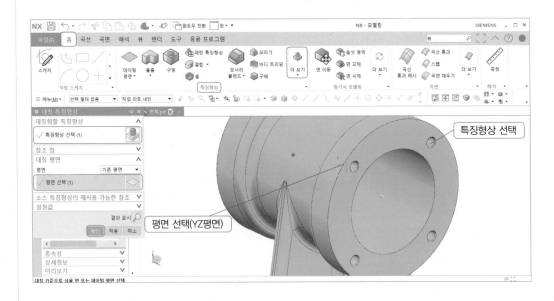

❾ 2D 도면 작성을 위해 파일 1개를 복사하여 그림처럼 나사를 상하 두 개를 그린다.

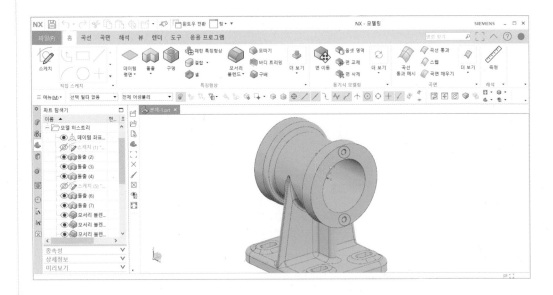

② ▶▶ 본체 투상하기

❶ 투상도 불러오기

01 ≫ 먼저 앞에서 그린 도면 양식을 불러온다.

02 ≫ 홈 ⇨ 뷰 ⇨ 기준 뷰 ⇨ 파트 ⇨ 본체 ⇨ 모델 뷰 ⇨ 사용할 모델 뷰 : 오른쪽 ⇨
배율 1 : 1 ⇨ 뷰 원점 ⇨ 우측면도 위치 지정

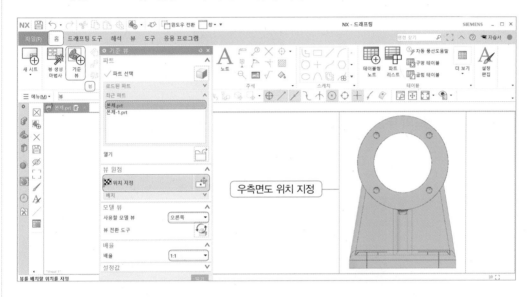

03 ≫ 홈 ⇨ 뷰 ⇨ 기준 뷰 ⇨ 파트 ⇨ 본체 ⇨ 모델 뷰 ⇨ 사용할 모델 뷰 : 앞쪽 ⇨ 배율
1 : 1 ⇨ 뷰 원점 ⇨ 정면도 위치 지정

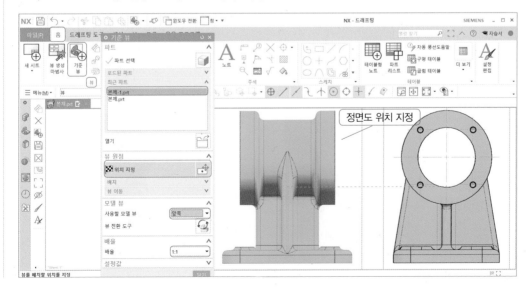

04 >> 저면도 위치 지정

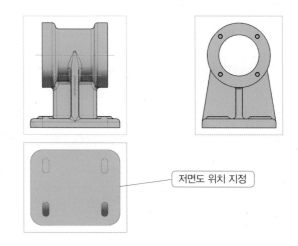

저면도 위치 지정

❷ 정면도의 부분 단면도 투상하기

01 >> 정면도 뷰 경계를 클릭하여 활성 스케치 뷰를 선택한다.

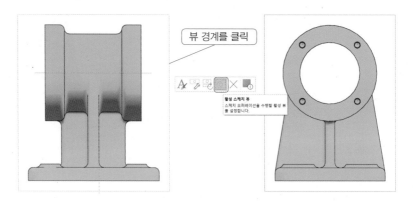

뷰 경계를 클릭

02 >> 그림과 같이 사각과 스플라인으로 스케치한다. 사각형은 중심선을 약간 넘어서 그린다.

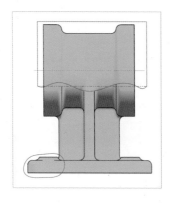

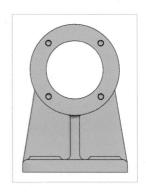

03 >> 홈 ⇨ 뷰 ⇨ 분할 단면 뷰 ⇨ 뷰 선택

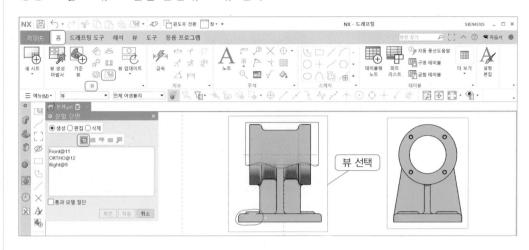

04 >> 기준점 지정(절단면의 기준점은 우측면도 원의 중심점이며, 단면하고자 하는 기준
점이 된다.)

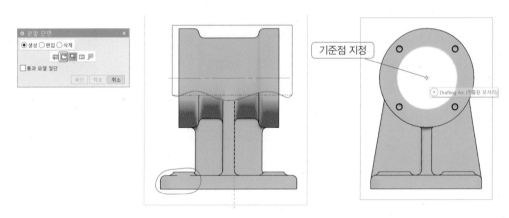

05 >> 돌출 벡터 지정은 벡터의 방향을 확인하여 지정한다.

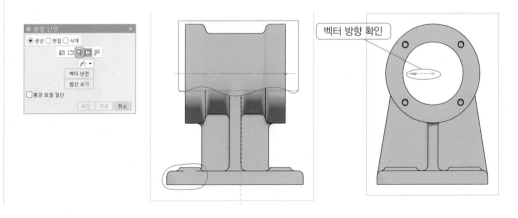

06 >> 곡선 선택(그림처럼 직선과 스플라인 스케치 곡선을 선택한다.)

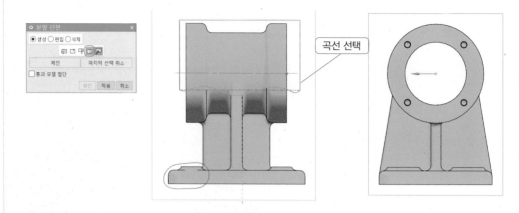

곡선 선택

07 >> 경계 곡선 수정 ⇨ 적용

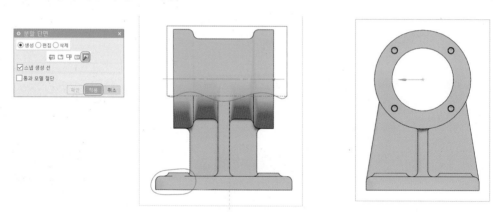

❸ 정면도의 볼트 구멍 부분 단면도 투상하기

01 >> 뷰 선택

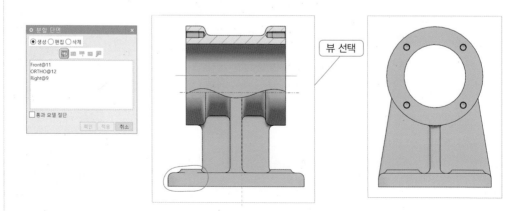

뷰 선택

02 >> 기준점 지정(절단면의 기준점은 우측면도 볼트 구멍의 중간점이며, 단면하고자 하는
기준점이 된다). 나머지는 정면도의 부분 단면도 투상하기와 같은 방법으로 한다.

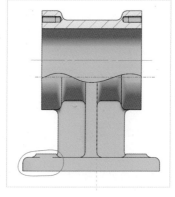

❹ 우측도의 대칭 생략도 투상하기

01 >> 우측면도 뷰 경계를 클릭하여 활성 스케치 뷰를 선택한다.

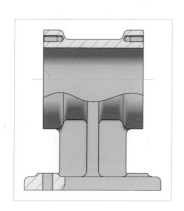
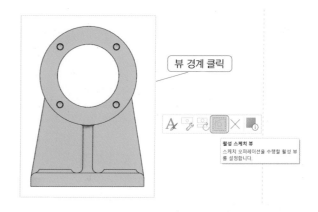

02 >> 그림과 같이 사각과 스플라인으로 스케치한다. 사각형은 원의 중심점에 곡선 상의
점으로 구속한다.

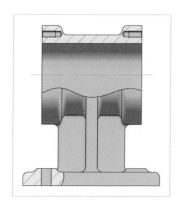
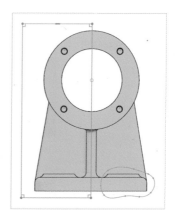

03 >> 홈 ⇨ 뷰 ⇨ 분할 단면 뷰 ⇨ 뷰 선택

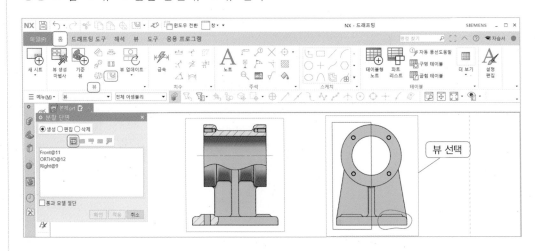

뷰 선택

04 >> 기준점 지정(절단면의 기준점은 정면도 좌측 모서리 끝점이며, 단면하고자 하는 기준점이 된다). 나머지는 정면도의 부분 단면도 투상하기와 같은 방법으로 한다.

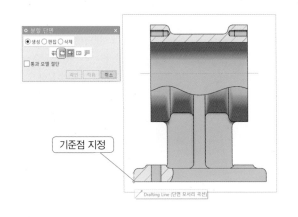

기준점 지정

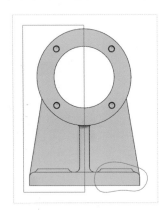

❺ 우측도의 볼트 구멍 부분 단면도 투상하기

01 >> 뷰 선택

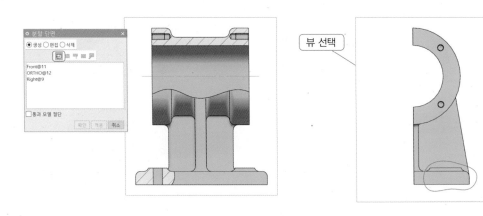

뷰 선택

02 >> 기준점 지정(절단면의 기준점은 정면도 볼트 구멍의 중심점이며, 단면하고자 하는 기준점이 된다). 나머지는 정면도의 부분 단면도 투상하기와 같은 방법으로 한다.

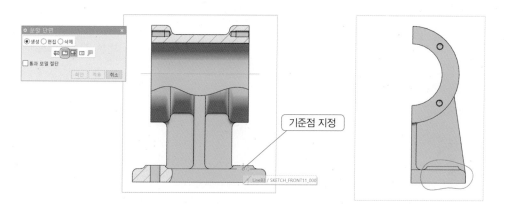

기준점 지정

❺ 저면도의 부분 투상하기

01 >> 우측면도 뷰 경계를 클릭하여 활성 스케치 뷰를 선택한다.

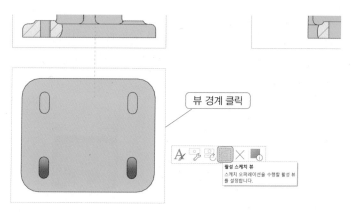

뷰 경계 클릭

활성 스케치 뷰
스케치 오퍼레이션을 수행할 활성 뷰를 설정합니다.

02 >> 그림과 같이 사각과 스플라인으로 스케치한다.

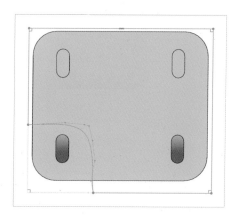

03 ≫ 홈 ⇨ 뷰 ⇨ 분할 단면 뷰 ⇨ 뷰 선택

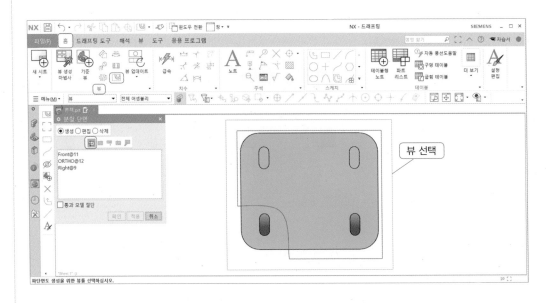

04 ≫ 기준점 지정(절단면의 기준점은 정면도 원통의 위쪽 끝점이며, 단면하고자 하는 기준점이 된다). 나머지는 정면도의 부분 단면도 투상하기와 같은 방법으로 한다.

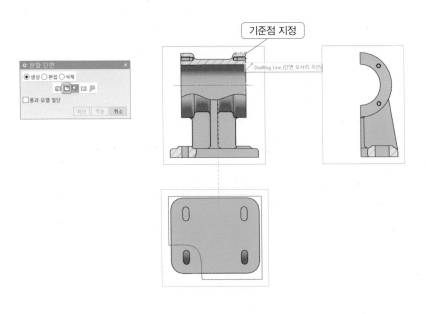

❻ 숨은선 그리기

01 》 뷰 경계 클릭 ⇨ 설정 ⇨ 공통 ⇨ 검은색 ⇨ 점선 ⇨ 0.35mm ⇨ 확인

02 》 불필요한 은선(점선)을 클릭하여 Ctrl+B로 숨기기 한다.

은선(점선) 클릭

❼ 절단선 편집하기

01 》 뷰 경계 오른쪽 클릭 ⇨ 뷰 종속 편집 ⇨ 편집 추가 ⇨ 전체 개체 편집 ⇨ 선 색상 :
빨간색 ⇨ 선 스타일 : 원본 ⇨ 선 굵기 : 0.18mm ⇨ 적용

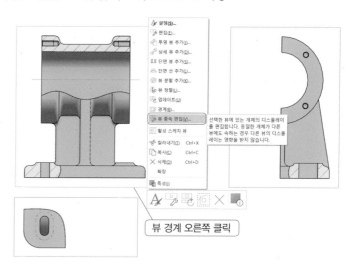

뷰 경계 오른쪽 클릭

02 >> 개체 선택 ⇨ 확인

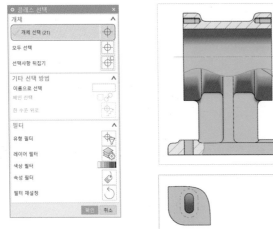
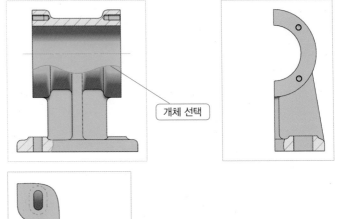

개체 선택

03 >> 같은 방법으로 측면도와 저면도의 절단선을 편집한다.

❽ 대칭 중심선 그리기

01 >> 홈 ⇨ 주석 ⇨ 대칭 중심선 ⇨ 시작과 끝 ⇨ 시작 : 개체 선택 ⇨ 끝 : 개체 선택 ⇨ 치수 ⇨ (A) 간격 : 2.0 ⇨ (B) 옵셋 : 2.0 ⇨ (C) 연장 : 6.0 ⇨ 스타일 ⇨ 색상 : 빨간색 ⇨ 폭 : 0.13 ⇨ 확인

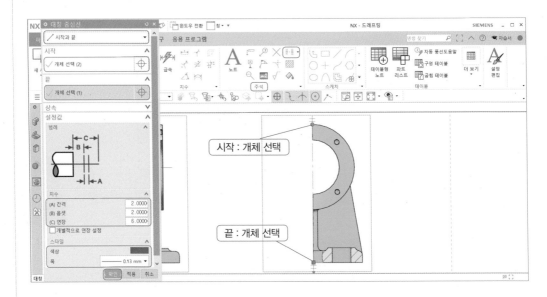

시작 : 개체 선택

끝 : 개체 선택

02 >> 우측면도 절단 직선을 클릭하여 Ctrl+B로 숨기기 한다.

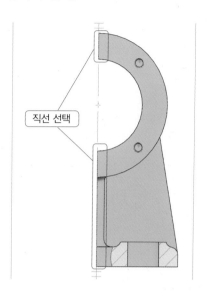

직선 선택

❾ 볼트 중심선 그리기

홈 ⇨ 주석 ⇨ 볼트 원 중심선 ⇨ 중심 점 ⇨ 배치 : 개체 선택(원의 중심, 볼트 중심 1, 2)
⇨ 치수 ⇨ (A) 간격 : 1.5 ⇨ (B) 십자 중심 : 3.0 ⇨ ☑ 개별적으로 연장(☑ 체크) ⇨ 스타
일 ⇨ 색상 : 빨간색 ⇨ 폭 : 0.13 ⇨ 확인

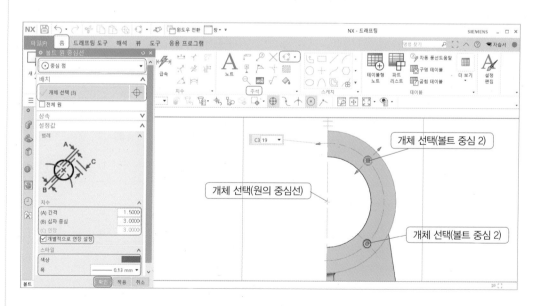

⑩ 중심선 그리기

홈 ⇨ 주석 ⇨ 중심 마크 ⇨ 위치 : 개체 선택 ⇨ 치수 ⇨ (A) 간격 : 1.5 ⇨ (B) 십자 중심 : 3.0 ⇨ ☑ 개별적으로 연장(☑ 체크) ⇨ 스타일 ⇨ 색상 : 빨간색 ⇨ 폭 : 0.13 ⇨ 확인

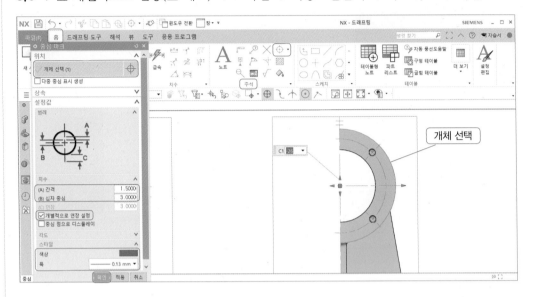

⑪ 3D 중심선 그리기

01 ≫ 홈 ⇨ 주석 ⇨ 3D 중심선 ⇨ 면 ⇨ 개체 선택 ⇨ 치수 ⇨ (A) 간격 : 1.5 ⇨ (B) 오버런 : 3.0 ⇨ (C) 연장 : 3.0 ⇨ 스타일 ⇨ 색상 : 빨간색 ⇨ 폭 : 0.13 ⇨ 확인

02 ≫ 같은 방법으로 나머지 3D 중심선을 모두 그린다.

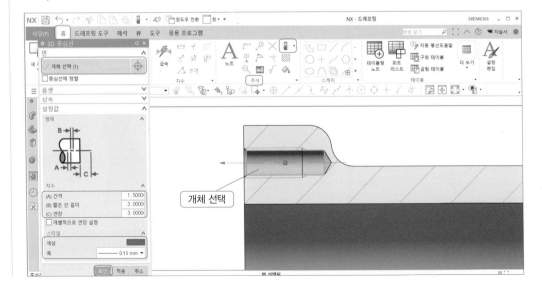

⑫ 리브 그리기

01 ≫ 그림처럼 스케치하여 치수를 입력하고, 가는 실선으로 설정한다.

02 ≫ 홈 ⇨ 주석 ⇨ 해칭 ⇨ 경계 ⇨ 선택 모드 : 영역에 있는 점 ⇨ 검색할 영역 ⇨ 내부 위치 지정 ⇨ 설정값 ⇨ 패턴 : 철/일반 사용 ⇨ 거리 : 2.0 ⇨ 색상 : 빨간색 ⇨ 폭 : 0.13 ⇨ 확인

03 ≫ 같은 방법으로 우측면도 리브 회전 도시 단면도를 해칭한다.

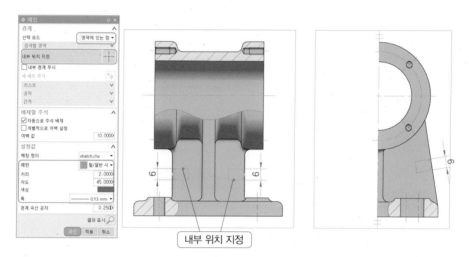

내부 위치 지정

⑬ 뷰 경계 숨기기

메뉴 ⇨ 환경설정 ⇨ 드래프팅 ⇨ 도면 보기 ⇨ 워크 플로 ⇨ 경계 ⇨ ☑ 디스플레이(☑ 체크) ⇨ 확인(☐ 디스플레이 ☐ 체크 해제하면 뷰 경계가 숨겨진다.)

3 ▶▶ 치수 기입하기

❶ 수평 치수 기입하기

01 ▷ 홈 ⇨ 치수 ⇨ 급속 ⇨ 참조 ⇨ 첫 번째 개체 선택 ⇨ 두 번째 개체 선택 ⇨ 측정 ⇨
방법 : 수평 ⇨ 원점 ⇨ 위치 지정

02 ▷ 같은 방법으로 수평 치수를 모두 입력한다.

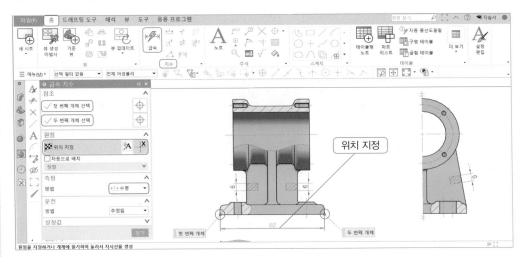

❷ 수직 치수 기입하기

01 ▷ 홈 ⇨ 치수 ⇨ 급속 ⇨ 참조 ⇨ 첫 번째 개체 선택 ⇨ 두 번째 개체 선택 ⇨ 측정 ⇨
방법 : 수직 ⇨ 원점 ⇨ 위치 지정

02 ▷ 같은 방법으로 수직 치수를 모두 입력한다.

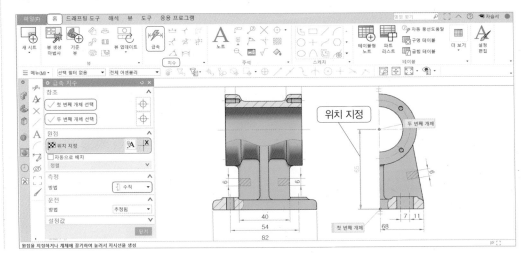

❸ 원통형 치수 기입하기

01 ≫ 홈 ⇨ 치수 ⇨ 급속 ⇨ 참조 ⇨ 첫 번째 개체 선택 ⇨ 두 번째 개체 선택 ⇨ 측정 ⇨ 방법 : 원통형 ⇨ 원점 ⇨ 위치 지정

02 ≫ 같은 방법으로 원통 지름 치수를 모두 입력한다.

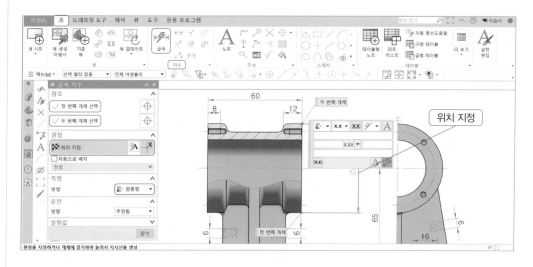

❹ 직경(반경) 치수 기입하기

01 ≫ 홈 ⇨ 치수 ⇨ 반경 ⇨ 참조 ⇨ 개체 선택 ⇨ 측정 ⇨ 방법 : 반경 ⇨ 원점 ⇨ 위치 지정

02 ≫ 직경 치수와 반경 치수는 방법에서 직경 또는 방사형을 선택하여 치수를 기입한다.

03 ≫ 같은 방법으로 반지름 치수를 모두 입력한다.

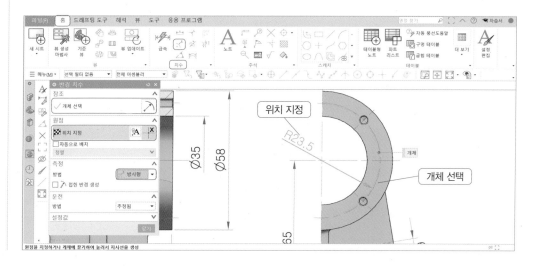

⑤ 각도 치수 기입하기

01 ≫ 홈 ⇨ 치수 ⇨ 각도 ⇨ 참조 ⇨ 첫 번째 개체 선택 ⇨ 두 번째 개체 선택 ⇨ 원점 ⇨ 위치 지정

02 ≫ 같은 방법으로 반지름 치수를 모두 입력한다.

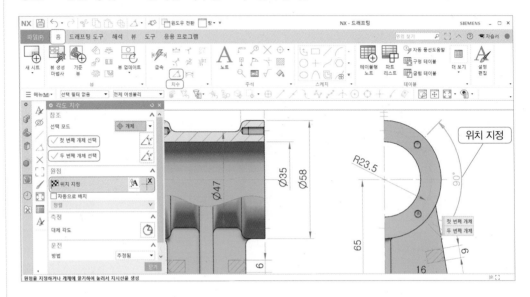

⑥ 치수 편집하기

01 ≫ 스타일(설정)에서 편집하기 : 4 치수를 클릭 ⇨ 설정 ⇨ 텍스트 ⇨ 형식 ⇨ 형식 ⇨ ☑ 치수 텍스트 재정의(☑ 체크) ⇨ 4×M4

💡 노트(A)를 클릭하면 문자와 기호를 편집할 수 있다.

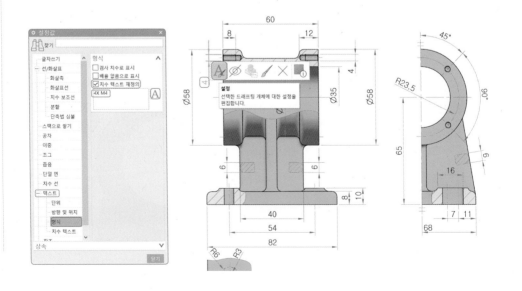

02 ›› 반지름 치수 편집하기

R24 치수를 더블 클릭 ⇨ 사용자 정의

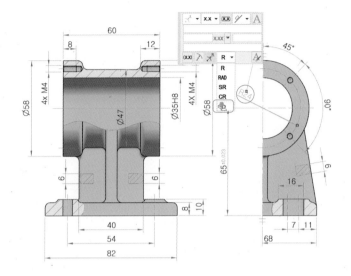

03 ›› 텍스트 편집

04 ›› R문자를 ∅로 변경할 때는 ∅를 클릭하고 확인 버튼을 클릭한다.

05 ›› 24 치수를 클릭 ⇨ 설정 ⇨ 텍스트 ⇨ 형식 ⇨ 형식 ⇨ ☑ 치수 텍스트 재정의(☑ 체크) ⇨ 48

06 ›› 같은 방법으로 반지름 치수를 모두 편집한다.

❼ 반 치수 기입하기

68 치수를 클릭 ⇨ 설정 ⇨ 선/화살표 ⇨ 화살촉 ⇨ 범위 ⇨ □ 전체 치수에 적용(□ 체크 해제) ⇨ 치수 측면 2 ⇨ □ 화살촉 표시(□ 체크 해제) ⇨ 선/화살표 ⇨ 치수 보조선 ⇨ 범위 ⇨ □ 전체 치수에 적용(□ 체크 해제) ⇨ 측면 2 ⇨ □ 치수 보조선 표시(□ 체크 해제)

> 💡 치수 측면 1과 2의 순서는 치수 기입할 때 선택 순위이다.

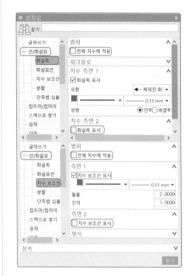
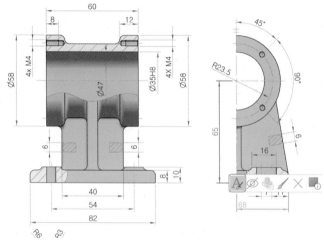

❽ 공차 치수 기입하기

01 ≫ 65 치수를 더블 클릭 ⇨ ±X ⇨ 0.023

02 ≫ ▼를 클릭하면 소수점 단위를 설정할 수 있다.

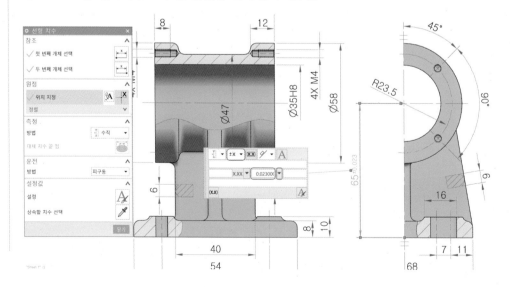

❾ 다듬질 기호 표기

홈 ⇨ 주석 ⇨ 표면 다듬질 심볼 ⇨ 속성 ⇨ 재료 제거 : 재료 제거가 필요함 ⇨ 아래쪽 텍
스트 y ⇨ 설정값 ⇨ 각도 : 180 ⇨ ☑텍스트 뒤집기(☑체크) ⇨ 원점 ⇨ 위치 지정

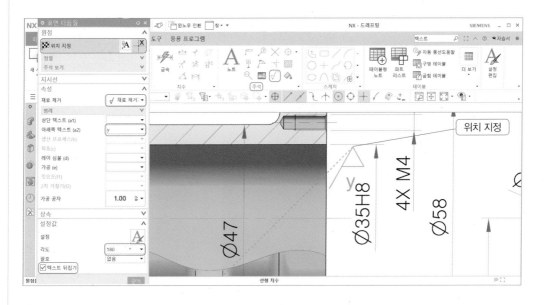

❿ 데이텀 표기

삽입 ⇨ 주석 ⇨ 데이텀 형상 심볼 ⇨ 지시선 ⇨ 종료 개체 선택 ⇨ 유형 : 데이텀 ⇨ 데이텀
식별자 ⇨ 문자 : A ⇨ 원점 ⇨ 위치 지정

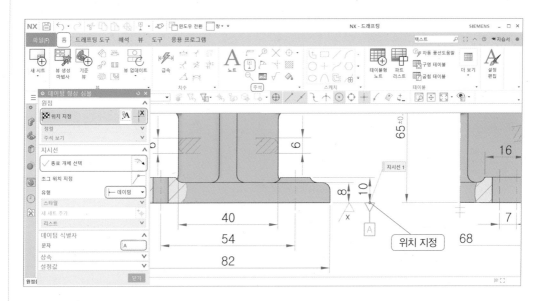

⑪ 형상 공차 기입하기

홈 ⇨ 주석 ⇨ 형상 제어 프레임 ⇨ 지시선 ⇨ 종료 개체 선택 ⇨ 유형 : 보통 ⇨ 프레임 ⇨
특성 : 평행도 ⇨ 공차 : 0.013 ⇨ 1차 데이텀 참조 : A ⇨ 원점 ⇨ 위치 지정

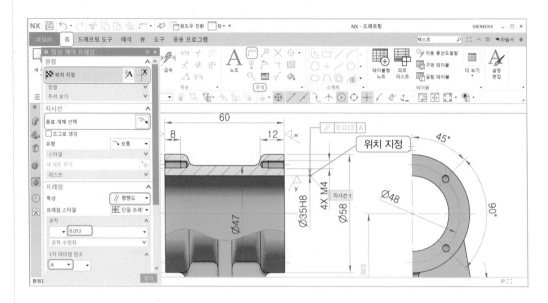

⑫ 부품 식별 번호 표기

홈 ⇨ 주석 ⇨ 풍선도움말 ⇨ 유형 : 원 ⇨ 텍스트 : 1 ⇨ 원점 ⇨ 위치 지정

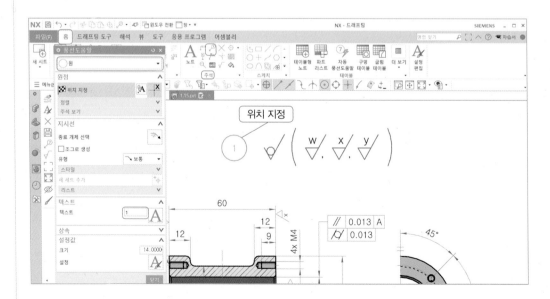

4 스퍼기어 도면 그리기

(1) ▶▶ 스퍼기어 모델링하기

❶ 회전 모델링하기

01 ≫ XY평면에서 스케치하고 수평선은 중간점으로 구속, 치수를 입력한다.

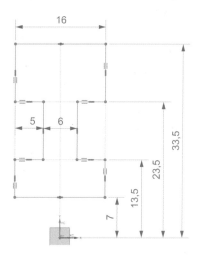

02 ≫ 홈 ⇨ 특징형상 ⇨ 회전 ⇨ 단면 ⇨ 곡선 선택 ⇨ 축 ⇨ 벡터 지정 ⇨ 한계
⇨ 시작 ⇨ 각도 0 ⇨ 확인
⇨ 끝 ⇨ 각도 360

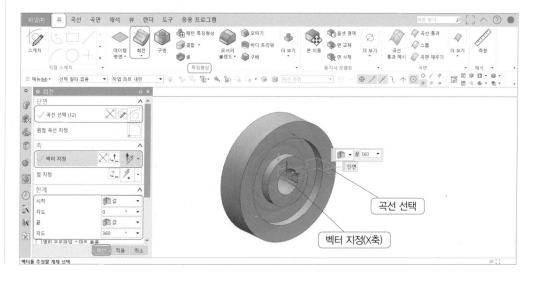

❷ 기어 이 모델링하기

01 ≫ XZ평면에 스케치하고, 치수는 다음 계산과 같이 입력한다.
구속조건은 원의 중심을 원점에 일치 구속한다.

① 원호 d1=M(모듈)×Z(잇수)=2×36=72
② 원호 d2=원호d1+M(모듈)×2=72+(2×2)=76
③ 원호 d3=원호d2−(M(모듈)×2.25)×2=76−(2×2.25)×2=67
   ⓐ 직선 1과 2 사이 거리=M/4=2/4=0.5
   ⓑ 직선 2와 3 사이 거리=M/2=2/2=1
   ⓒ 직선 2와 4 사이 거리=M×1.5708/2=2×1.5708/2=1.5708

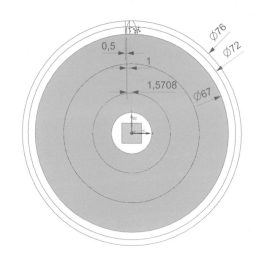

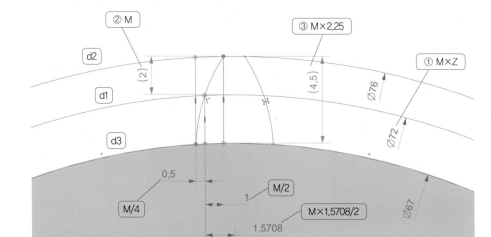

02 >> 홈 ⇨ 특징형상 ⇨ 돌출 ⇨ 단면 ⇨ 곡선 선택 ⇨ 한계 ⎡ 끝 : 대칭값 ⎤ ⇨ 부울
　　　　　　　　　　　　　　　　　　　　　　　　　⎣ 거리 : 8 ⎦

　　　⇨ 결합 ⇨ 확인

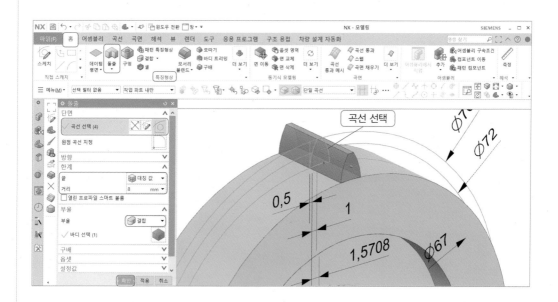

❸ 모따기하기

홈 ⇨ 특징형상 ⇨ 모따기 ⇨ 모서리 선택 ⇨ 옵셋 ⇨ 단면 : 대칭 ⇨ 거리 : 2 ⇨ 확인

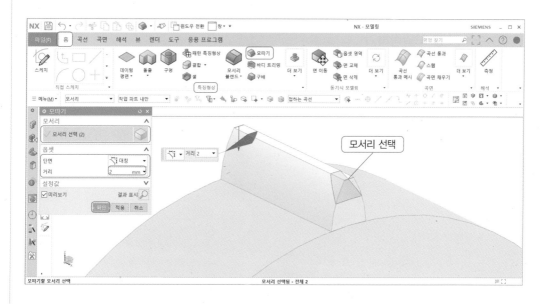

❹ 회전 복사하기

홈 ⇨ 특징형상 ⇨ 더 보기▼ ⇨ 연관 복사 ⇨ 패턴 지오메트리 ⇨ 패턴화할 지오메트리 ⇨
개체 선택 ⇨ 패턴 정의 ⇨ 레이아웃 : 원형 ⇨ 회전 축 ⇨ 벡터 지정(데이텀 X축) ⇨ 각도

방향 ⇨ 간격 ⇨ 개수 및 피치 ⇨ 확인
　　　 ⇨ 개수 ⇨ 36
　　　 ⇨ 피치 각도 ⇨ 10°

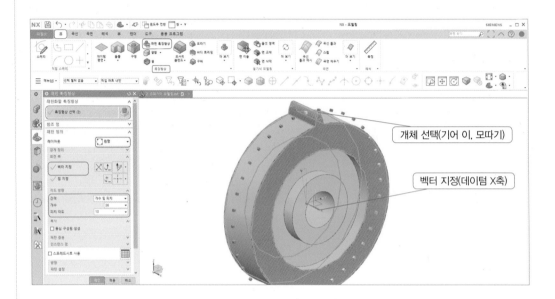

❺ 키 홈 모델링하기

01 ›› XZ평면에 사각형을 스케치하고 구속조건은 중간점으로 구속하여 치수를 입력한다.

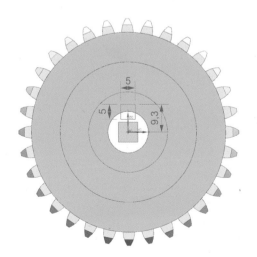

02 ›› 홈 ⇨ 특징형상 ⇨ 돌출 ⇨ 단면 ⇨ 곡선 선택 ⇨ 한계 ⇨ 끝 : 대칭값 ⇨ 부율

⇨ 거리 8

⇨ 빼기 ⇨ 바디 선택 ⇨ 확인

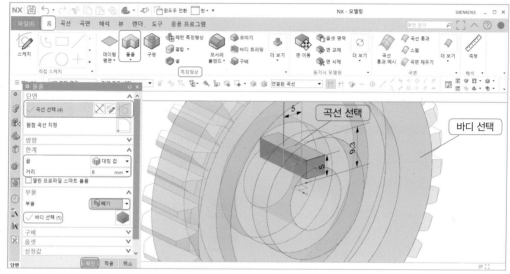

⑥ 모서리 블렌드(R) 모델링하기

홈 ⇨ 특징형상 ⇨ 모서리 블렌드 ⇨ 모서리 선택 ⇨ 반경(R) 3 ⇨ 확인

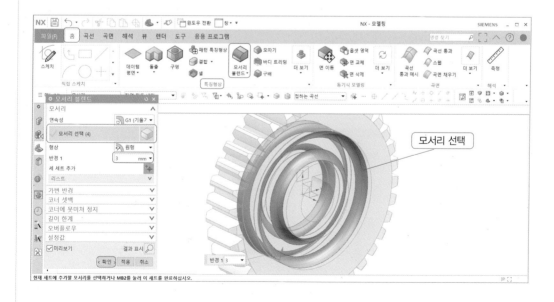

② ▶▶ 스퍼기어 투상하기

❶ 투상도 불러오기

01 ＞＞ 홈 ⇨ 뷰 ⇨ 기준 뷰 ⇨ 파트 ⇨ 본체 ⇨ 모델 뷰 ⇨ 사용할 모델 뷰 : 앞쪽 ⇨ 배율 1 : 1 ⇨ 뷰 원점 ⇨ 정면도 위치 지정

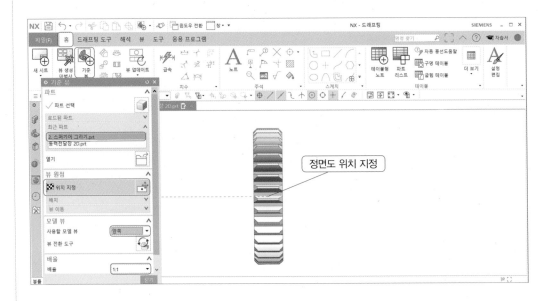

02 ＞＞ 뷰 원점 ⇨ 우측면도 위치 지정

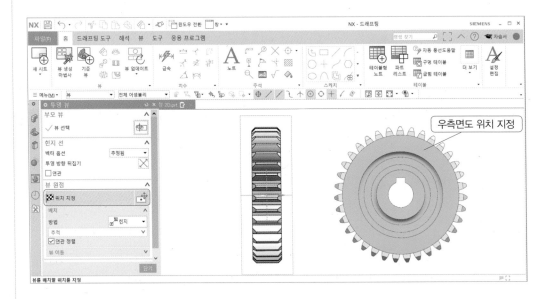

❷ 스퍼기어 정면도의 단면도 투상하기

01 ≫ 정면도 뷰 경계를 클릭하여 활성 스케치 뷰를 선택한다.

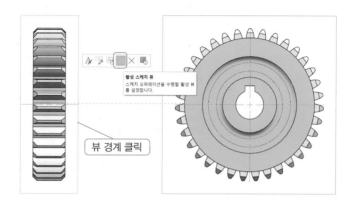

뷰 경계 클릭

02 ≫ 그림과 같이 사각형을 스케치한다. 사각형은 스퍼기어를 포함하게 그린다.

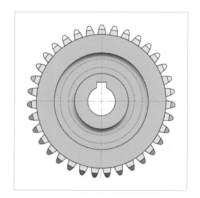

03 ≫ 홈 ⇨ 뷰 ⇨ 분할 단면 뷰 ⇨ 뷰 선택

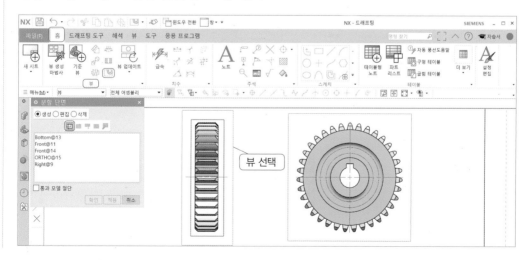

뷰 선택

04 >> 기준점 지정(절단면의 기준점은 우측면도 원의 중심점이며, 단면하고자 하는 기준점이 된다.)

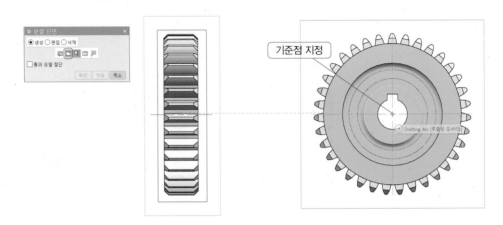

05 >> 돌출 벡터 지정은 벡터의 방향을 확인하여 지정한다.

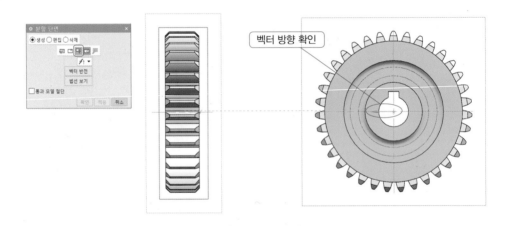

06 >> 곡선 선택(그림처럼 사각형을 선택한다.)

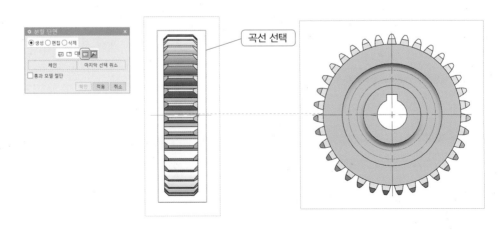

07 >> 경계 곡선 수정 ▷ 적용

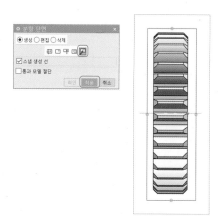

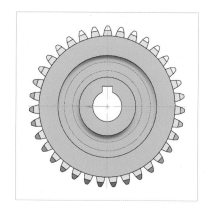

❸ 뷰 경계 설정

01 >> 뷰 경계 오른쪽을 클릭하여 경계를 선택한다.

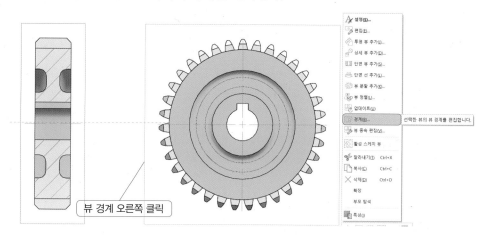

뷰 경계 오른쪽 클릭

02 >> 수동 직사각형을 선택하여 그림처럼 마우스를 클릭한 상태로 이동한다.

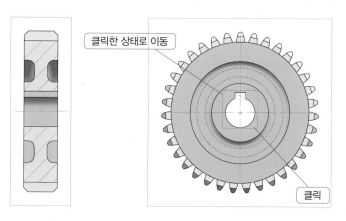

클릭한 상태로 이동

클릭

❹ 와이어프레임으로 변환

뷰 경계 클릭 ⇨ 설정값 ⇨ 공통 ⇨ 음영처리 ⇨ 형식
⇨ 렌더링 스타일 : 와이어프레임 ⇨ 확인

❺ 2D 중심선 그리기

홈 ⇨ 주석 ⇨ 2D 중심선 ⇨ 유형 ⇨ 점으로 ⇨ 점 1 : 개체 선택 ⇨ 점 2 : 개체 선택 ⇨ 치수 ⇨ (A) 간격 : 1.5 ⇨ (B) 대시 : 3 ⇨ (C) 연장 : 3 ⇨ 스타일 ⇨ 색상 : 빨간색 ⇨ 폭 : 0.13 ⇨ 확인

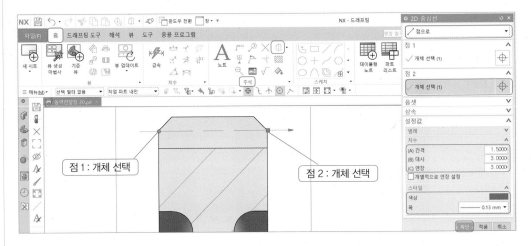

❻ 중심선 그리기

홈 ⇨ 주석 ⇨ 중심 마크 ⇨ 위치 : 개체 선택 ⇨ 치수 ⇨ (A) 간격 : 1.5 ⇨ (B) 십자 중심 : 3.0 ⇨ (C) 연장 : 3 ⇨ 스타일 ⇨ 색상 : 빨간색 ⇨ 폭 : 0.13 ⇨ 확인

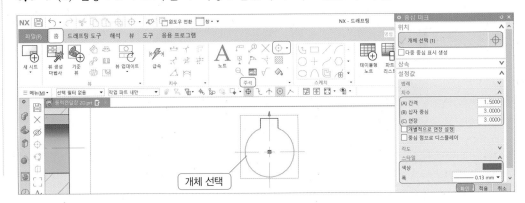

3 ▶▶ 치수 기입하기

❶ 수평 및 수직 치수 기입하기

홈 ⇨ 치수 ⇨ 급속 ⇨ 참조 ⇨ 첫 번째 개체 선택 ⇨ 두 번째 개체 선택 ⇨ 측정 ⇨ 방법 : 수평 ⇨ 원점 ⇨ 위치 지정(같은 방법으로 수평 및 수직 치수를 모두 입력한다.)

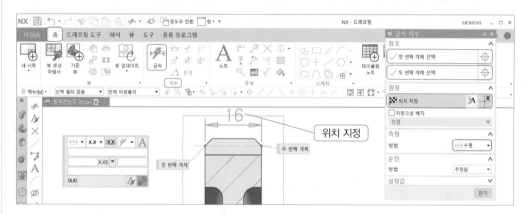

❷ 원통형 치수 기입하기

홈 ⇨ 치수 ⇨ 급속 ⇨ 참조 ⇨ 첫 번째 개체 선택 ⇨ 두 번째 개체 선택 ⇨ 측정 ⇨ 방법 : 원통형 ⇨ 원점 ⇨ 위치 지정(같은 방법으로 원통 지름 치수를 모두 입력한다.)

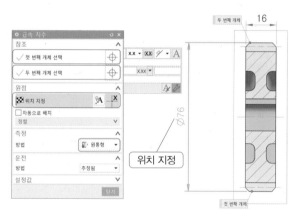

❸ 반 치수 및 치수 편집하기

∅16.3 치수를 클릭 ⇨ 설정

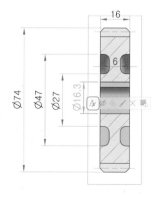

- 선/화살표 ⇨ 화살촉 ⇨ 범위 ⇨ □ 전체 치수에 적용(□ 체크 해제) ⇨ 치수 측면 2 ⇨ □ 화살촉 표시(□ 체크 해제)(치수 측면 1과 2는 개체 선택 순서이다.)
- 선/화살표 ⇨ 치수 보조선 ⇨ 범위 ⇨ □ 전체 치수에 적용(□ 체크 해제) ⇨ 측면 2 ⇨ □ 치수 보조선 표시(□ 체크 해제)(치수 측면 1과 2는 개체 선택 순서이다.)
- 텍스트 ⇨ 형식 ⇨ 형식 ⇨ ☑치수 텍스트 재정의(☑체크) ⇨ 14H7 ⇨ 닫기

④ 다듬질 기호 표기

01 ≫ 홈 ⇨ 주석 ⇨ 표면 다듬질 심볼 ⇨ 속성 ⇨ 재료 제거 : 재료 제거가 필요함 ⇨ 아래쪽 텍스트 y ⇨ 설정값 ⇨ 각도 : 0 ⇨ 원점 ⇨ 위치 지정

02 ≫ 같은 방법으로 다듬질 기호를 모두 입력한다.

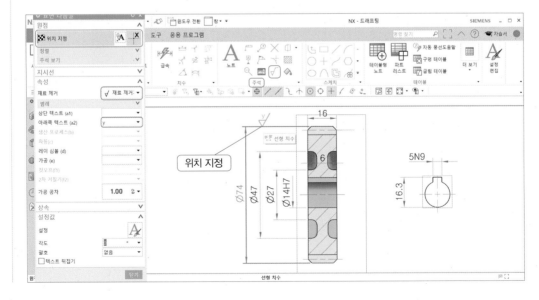

❺ 데이텀 표기

삽입 ⇨ 주석 ⇨ 데이텀 형상 심볼 ⇨ 지시선 ⇨ 종료 개체 선택 ⇨ 유형 : 데이텀 ⇨ 데이텀
식별자 ⇨ 문자 : E ⇨ 원점 ⇨ 위치 지정

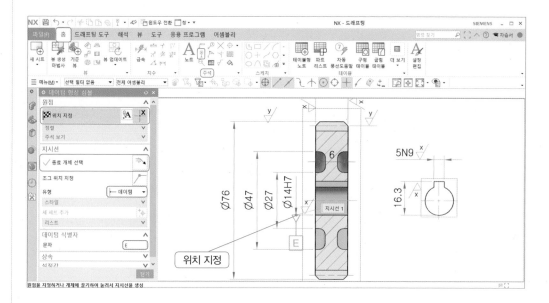

❻ 형상 공차 기입하기

01 » 홈 ⇨ 주석 ⇨ 형상 제어 프레임 ⇨ 지시선 ⇨ 종료 개체 선택 ⇨ 유형 : 보통 ⇨
프레임 ⇨ 특성 : 온 흔들림 ⇨ 공차 : 0.013 ⇨ 1차 데이텀 참조 : E ⇨ 원점 ⇨ 위
치 지정

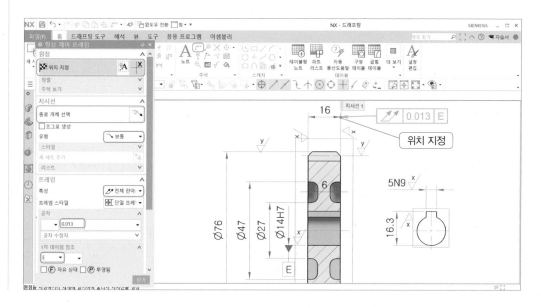

02 ≫ 홈 ⇨ 주석 ⇨ 형상 제어 프레임 ⇨ 지시선 ⇨ 종료 개체 선택 ⇨ 유형 : 보통 ⇨ 프레임 ⇨ 특성 : 원주 흔들림 ⇨ 공차 : 0.013 ⇨ 1차 데이텀 참조 : E ⇨ 원점 ⇨ 위치 지정

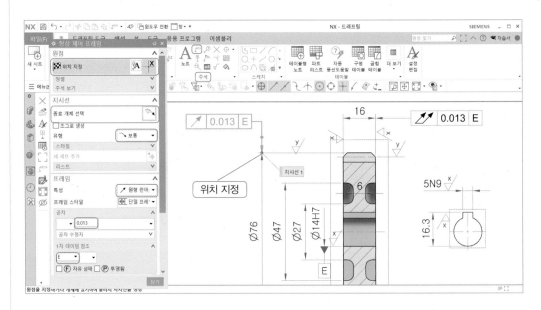

⑦ 기어 요목표 그리기

홈 ⇨ 테이블 ⇨ 테이블형 노트 ⇨ 고정 : 오른쪽 아래 ⇨ 테이블 크기 ⇨ 열의 개수 : 3 ⇨ 행의 개수 : 10 ⇨ 열 폭 : 15 ⇨ 행 높이 : 8 ⇨ 닫기

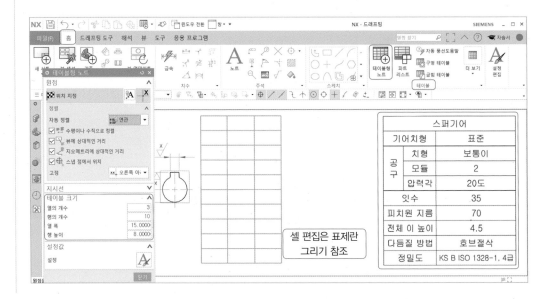

5 축 도면 그리기

1 ▶▶ 축 모델링하기

❶ 회전 모델링하기

01 ▶▶ XY평면에 그림과 같이 스케치하고 구속조건은 X축과 Y축에 동일직선으로 구속, 치수를 입력한다.

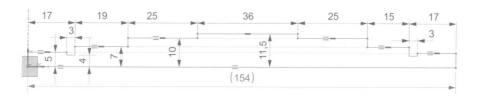

02 ▶▶ 홈 ⇨ 특징형상 ⇨ 회전 ⇨ 단면 ⇨ 곡선 선택 ⇨ 축 ⇨ 벡터 지정 ⇨ 한계

⇨ 시작 ⇨ 각도 0   ⇨ 확인
⇨ 끝 ⇨ 각도 360

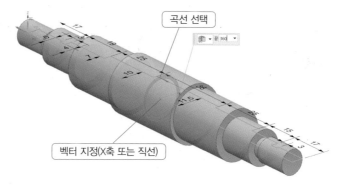

곡선 선택

벡터 지정(X축 또는 직선)

❷ 키 홈 모델링하기

01 ▶▶ XY평면에 그림과 같이 스케치하고 구속조건은 중간점으로 구속, 치수를 입력한다.

02 ≫ 홈 ⇨ 특징형상 ⇨ 돌출 ⇨ 단면 ⇨ 곡선 선택 ⇨ 한계 ⇨ 시작 ⇨ 거리 4 ⇨ 부울
⇨ 끝 ⇨ 거리 7

⇨ 빼기 ⇨ 바디 선택 ⇨ 확인

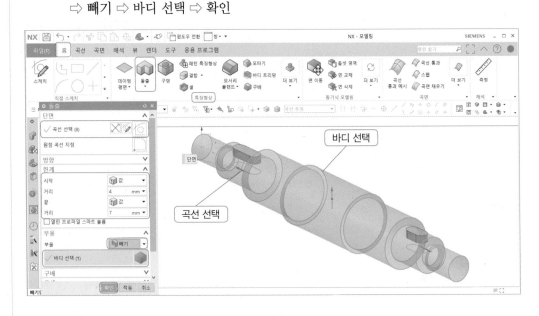

❸ 나사 작업하기

01 ≫ 홈 ⇨ 특징형상 ⇨ 더 보기▼ ⇨ 설계 특징형상 ⇨ 스레드 ⇨ 스레드 유형 ⇨ ⊙심
볼 ⇨ ⊙오른나사 ⇨ 원통 선택(같은 방법으로 나사 작업도 한다.)

02 ≫ 스레드 유형은 간단히 표시하는 심볼과 나사산 모양을 표시하는 상세가 있으며, 나
사부의 원통을 선택하면 자동으로 나사의 재원이 생성되며 필요에 따라 사용자가
수정할 수 있다.

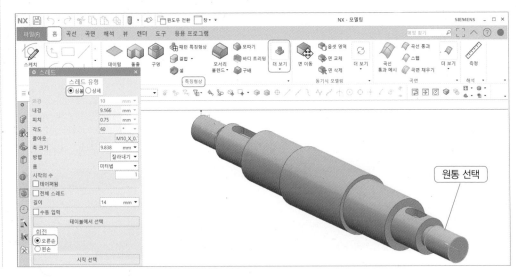

❹ 모따기 하기

01 >> 홈 ⇨ 특징형상 ⇨ 모따기 ⇨ 모서리 선택 ⇨ 옵셋 ⇨ | 단면 : 대칭 | ⇨ 적용
| 거리 1 |

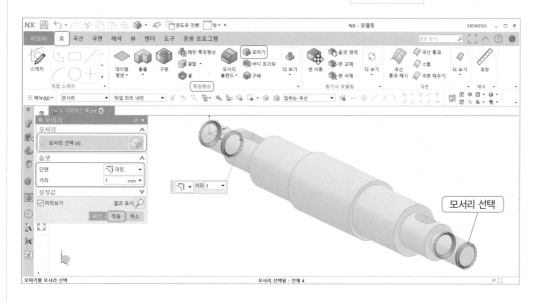

02 >> 홈 ⇨ 특징형상 ⇨ 모따기 ⇨ 모서리 선택 ⇨ 옵셋 ⇨ | 단면 : 옵셋 및 각도 | ⇨ 적용
| 거리 1.15 |
| 각도 30° |

03 >> 같은 방법으로 옵셋 및 각도로 반대쪽 모따기도 한다.

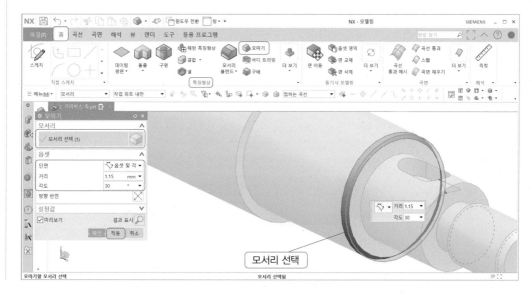

❺ 모서리 블렌드(R) 모델링하기

홈 ⇨ 특징형상 ⇨ 모서리 블렌드 ⇨ 모서리 선택 ⇨ 반경(R) 0.2 ⇨ 확인

이 모서리 블렌드는 거스러미를 제거하는 정도이다.

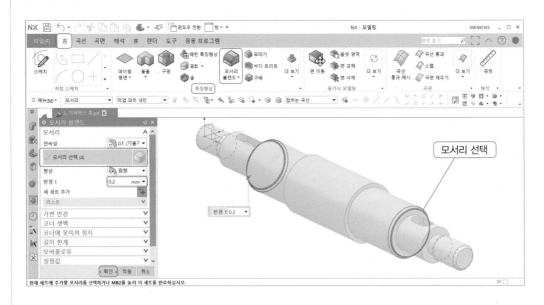

② ▶▶ 축 투상하기

❶ 투상도 불러오기

01 ≫ 홈 ⇨ 뷰 ⇨ 기준 뷰 ⇨ 파트 ⇨ 기어박스 축 ⇨ 모델 뷰 ⇨ 사용할 모델 뷰 : 앞쪽
⇨ 배율 1 : 1 ⇨ 뷰 원점 ⇨ 정면도 위치 지정

02 >> 뷰 원점 ▷ 평면도 위치 지정

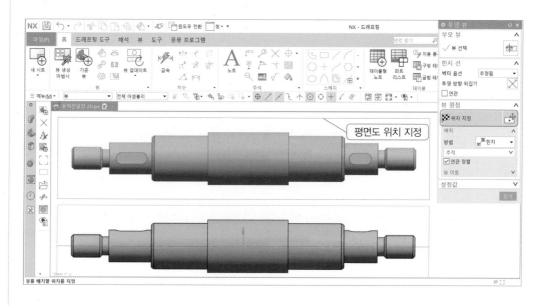

❷ 스퍼기어 정면도의 단면도 투상하기

01 >> 정면도 뷰 경계를 클릭하여 활성 스케치 뷰를 선택한다.

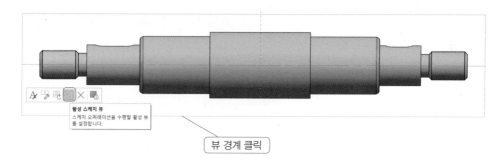

02 >> 그림과 같이 스플라인으로 스케치한다.

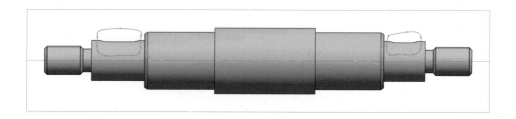

03 ≫ 홈 ⇨ 뷰 ⇨ 분할 단면 뷰 ⇨ 뷰 선택

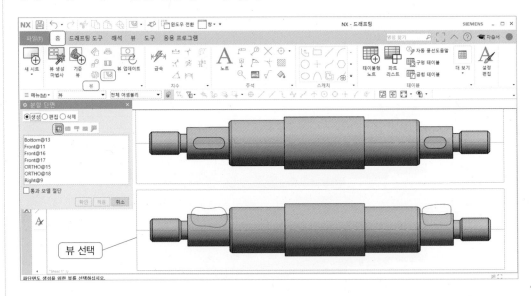

뷰 선택

04 ≫ 기준점 지정(절단면의 기준점은 평면도 원의 중심점이며, 단면하고자 하는 기준점이 된다.)

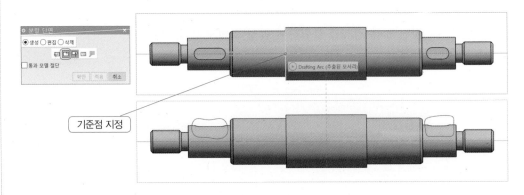

기준점 지정

05 ≫ 돌출 벡터 지정은 벡터의 방향을 확인하여 지정한다.

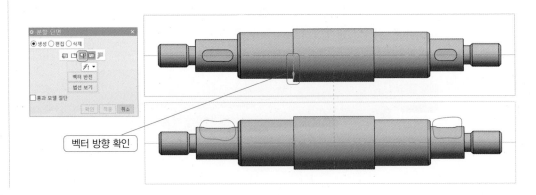

벡터 방향 확인

06 >> 곡선 선택(그림처럼 사각형을 선택한다.)

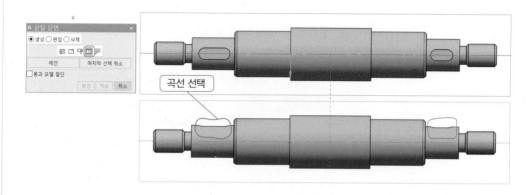

07 >> 경계 곡선 수정 ➯ 적용(같은 방법으로 반대쪽 키홈도 부분 단면한다.)

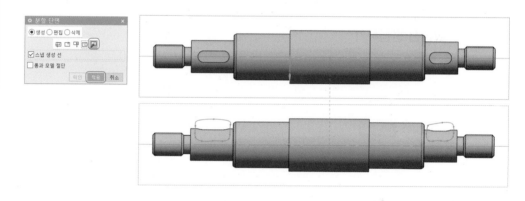

❸ 뷰 경계 설정

01 >> 뷰 경계 오른쪽을 클릭하여 경계를 선택한다.

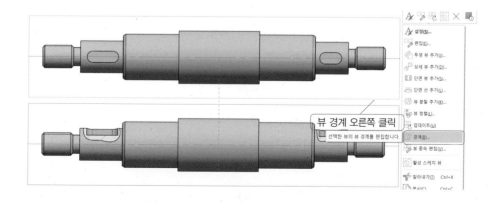

02 ≫ 수직 사각형을 선택하여 그림처럼 마우스를 클릭한 상태로 이동한다.

03 ≫ 반대쪽에도 같은 방법으로 투상도(평면도)를 다시 불러 뷰 경계를 설정한다.

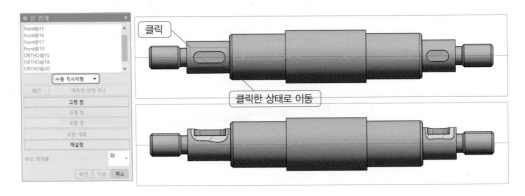

❹ 절단선 편집하기

01 ≫ 뷰 경계 오른쪽 클릭 ⇨ 뷰 종속 편집

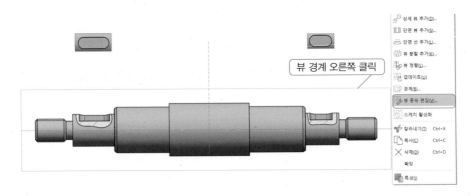

02 ≫ 뷰 종속 편집 ⇨ 편집 추가 ⇨ 와이어프레임 편집 ⇨ 선 색상 : 빨간색 ⇨ 선 스타일
： 원본 ⇨ 선 굵기 : 1.8mm ⇨ 적용

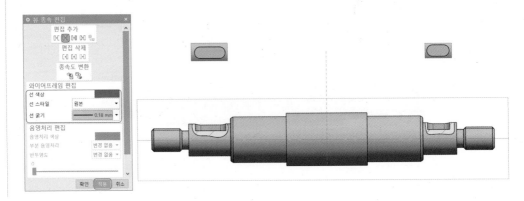

03 》 개체 선택 ⇨ 확인

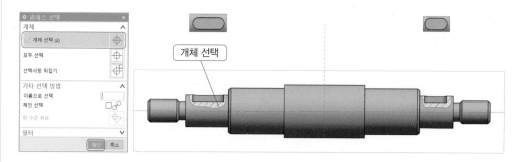

개체 선택

❺ 와이어프레임으로 변환

01 》 뷰 경계 클릭 ⇨ 설정값 ⇨ 공통 ⇨ 음영처리 ⇨ 형식 ⇨ 렌더링 스타일 : 와이어프레임 ⇨ 확인

02 》 같은 방법으로 반대쪽에도 와이어프레임으로 변환한다.

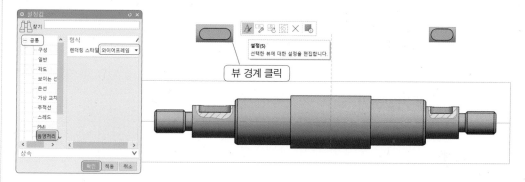

뷰 경계 클릭

❻ 키 홈 중심선

홈 ⇨ 주석 ⇨ 중심 마크 ⇨ 위치 : 개체 선택 ⇨ 치수 ⇨ (A) 간격 : 1.5 ⇨ (B) 십자 중심 : 1.5 ⇨ (C) 연장 : 2.0 ⇨ 스타일 ⇨ 색상 : 빨간색 ⇨ 폭 : 0.13 ⇨ 확인

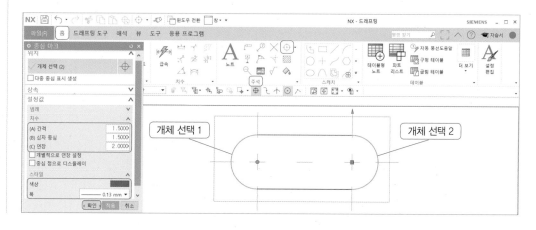

개체 선택 1   개체 선택 2

❼ 상세 뷰

홈 ⇨ 뷰 ⇨ 상세 뷰 ⇨ 유형 : 원형 ⇨ 경계 : 중심점과 경계점 선택 ⇨ 원점 ⇨ 위치 지정
⇨ 배율 ⇨ 5 : 1 ⇨ 위치 지정 ⇨ 노트 ⇨ A, B(5 : 1)

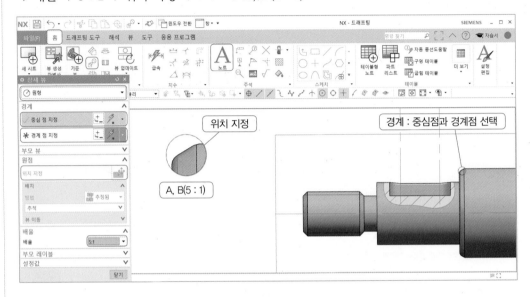

③ ▶▶ 치수 기입하기

그림과 같이 치수 및 공차 기입, 데이텀 및 형상 공차, 다듬질 정도, 지시선을 기입하여 축
도면을 완성한다.

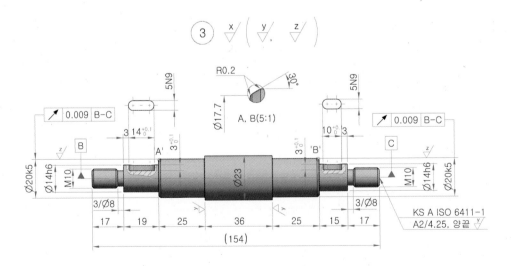

6 V 벨트 풀리 도면 그리기

1 ▶▶ V 벨트 풀리 모델링하기

❶ 회전 모델링하기

01 » XZ평면에서 그림과 같이 스케치하고 V홈의 수평선과 축 조립 구멍 수평선의 끝점
은 Y축에 곡선 상의 점으로 구속, 치
수를 입력하여 Z축을 기준으로 대칭
한다.

02 » 참조 선 끝점은 사선에 곡선 상의 점
으로 구속한다.

03 » 수평선 9.2는 원점에 중간점으로 구
속, 치수를 입력하여 참조 선으로 변
환한다.

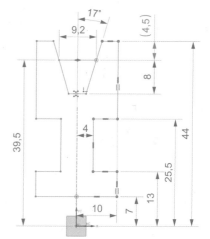

04 » 홈 ⇨ 특징형상 ⇨ 회전 ⇨ 단면 ⇨ 곡선 선택 ⇨ 축 ⇨ 벡터 지정 ⇨ 한계
　　　⇨ 시작 ⇨ 각도 0　　 ⇨ 확인
　　　⇨ 　끝 ⇨ 각도 360

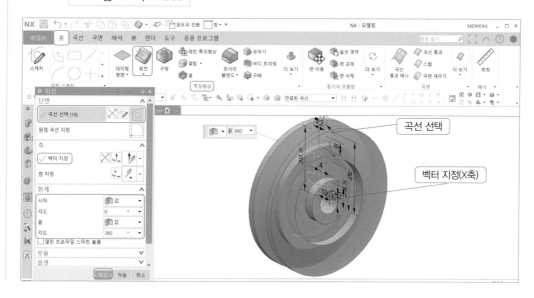

❷ 키 홈 모델링하기

01 ≫ XZ평면에 사각형을 스케치하고 구속조건은 중간점으로 구속하여 치수를 입력한다.

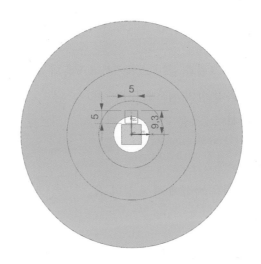

02 ≫ 홈 ⇨ 특징형상 ⇨ 돌출 ⇨ 단면 ⇨ 곡선 선택 ⇨ 한계 ⇨ 끝 : 대칭값 ⇨ 부울
⇨ 거리 : 10

⇨ 빼기 ⇨ 바디 선택 ⇨ 확인

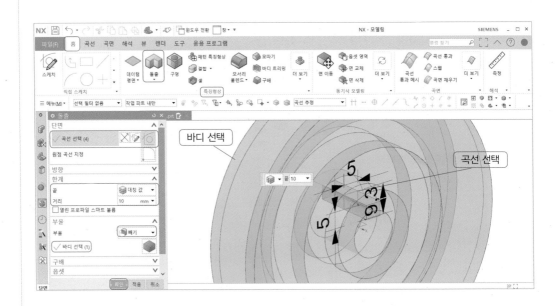

❸ 모서리 블렌드(R) 모델링하기

01 ≫ 홈 ⇨ 특징형상 ⇨ 모서리 블렌드 ⇨ 모서리 선택 ⇨ 반경(R) 3 ⇨ 적용

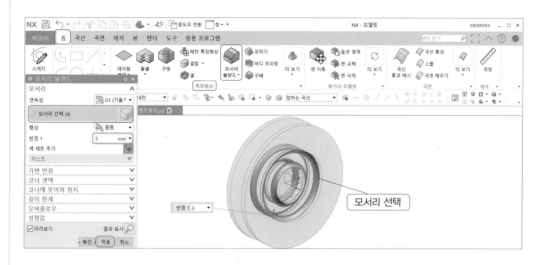

02 ≫ 모서리 블렌드 ⇨ 모서리 선택 ⇨ 반경(R) 2 ⇨ 적용

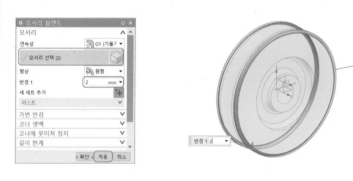

03 ≫ 모서리 블렌드 ⇨ 모서리 선택 ⇨ 반경(R) 0.5 ⇨ 적용

04 >> 모서리 블렌드 ➡ 모서리 선택 ➡ 반경(R) 1 ➡ 확인

모서리 선택

반경 1 1

---

2 ▶▶ V벨트 풀리 투상하기

❶ 투상도 불러오기

01 >> 홈 ➡ 뷰 ➡ 기준 뷰 ➡ 파트 ➡ 본체 ➡ 모델 뷰 ➡ 사용할 모델 뷰 : 앞쪽 ➡ 배율
1 : 1 ➡ 뷰 원점 ➡ 정면도 위치 지정

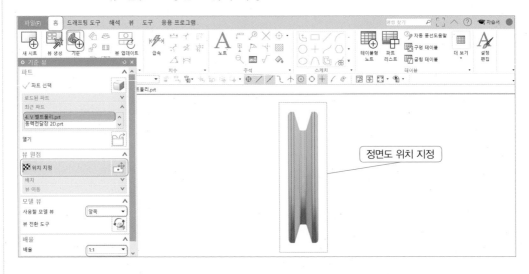

정면도 위치 지정

02 >> 뷰 원점 ➡ 우측면도 위치 지정

우측면도 위치 지정

❷ V벨트 풀리 정면도의 단면도 투상하기

01 ≫ 정면도 뷰 경계를 클릭하여 활성 스케치 뷰를 선택한다.

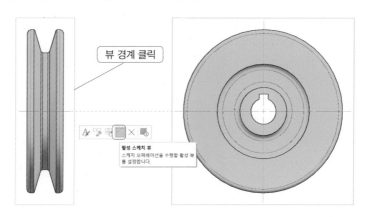

02 ≫ 그림과 같이 사각형을 스케치한다. 사각형은 V벨트 풀리를 포함하게 그린다.

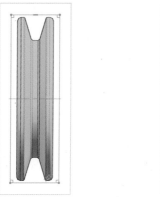
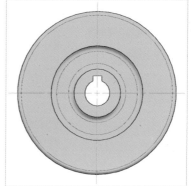

03 ≫ 홈 ⇨ 뷰 ⇨ 분할 단면 뷰 ⇨ 뷰 선택

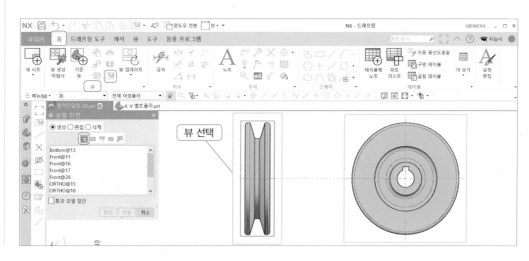

04 >> 기준점 지정(절단면의 기준점은 우측면도 원의 중심점이며, 단면하고자 하는 기준점이 된다.)

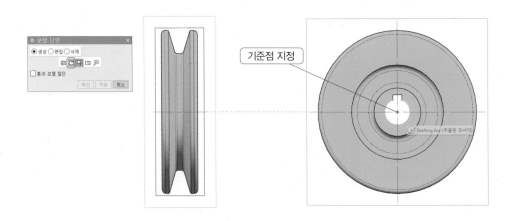

05 >> 돌출 벡터 지정은 벡터의 방향을 확인하여 지정한다.

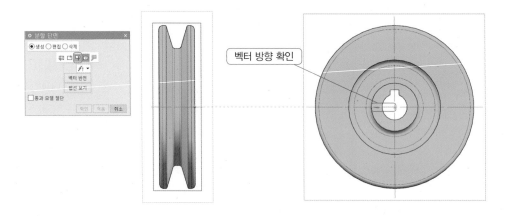

06 >> 곡선 선택(그림처럼 사각형을 선택한다.)

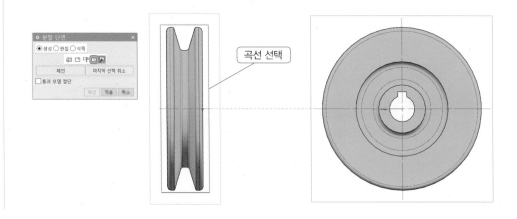

07 >> 경계 곡선 수정 ⇨ 적용

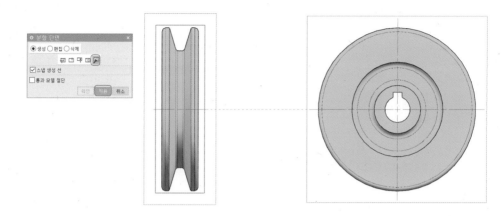

❸ 뷰 경계 설정

01 >> 뷰 경계 오른쪽 클릭하여 경계를 선택한다.

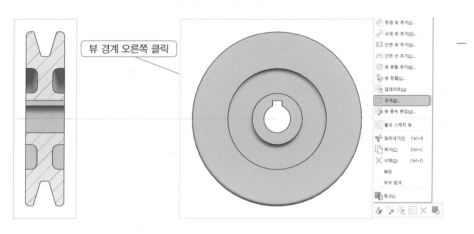

뷰 경계 오른쪽 클릭

02 >> 수동 직사각형을 선택하여 그림처럼 마우스를 클릭한 상태로 이동한다.

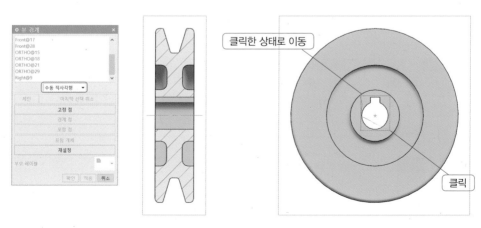

클릭한 상태로 이동

클릭

❹ 와이어프레임으로 변환

뷰 경계 클릭 ⇨ 설정값 ⇨ 공통 ⇨ 음영처리 ⇨ 형식 ⇨ 렌더링 스타일 : 와이어프레임 ⇨ 확인

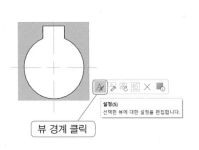

❺ 상세 뷰

홈 ⇨ 뷰 ⇨ 상세 뷰 ⇨ 유형 : 원형 ⇨ 경계 : 중심점과 경계점 선택 ⇨ 원점 ⇨ 위치 지정 ⇨ 배율 ⇨ 2 : 1 ⇨ 위치 지정한 다음 노트에서 ⇨ 'C'와 C(2:1)를 입력한다.

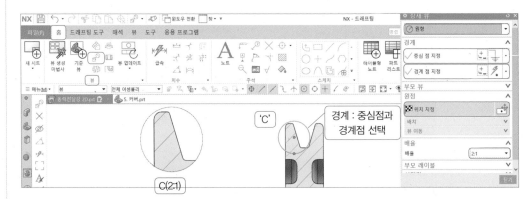

❻ 중심선 그리기

홈 ⇨ 주석 ⇨ 중심 마크 ⇨ 위치 : 개체 선택 ⇨ 치수 ⇨ (A) 간격 : 1.5 ⇨ (B) 십자 중심 : 1.5 ⇨ (C) 연장 : 3 ⇨ 스타일 ⇨ 색상 : 빨간색 ⇨ 폭 : 0.13 ⇨ 확인

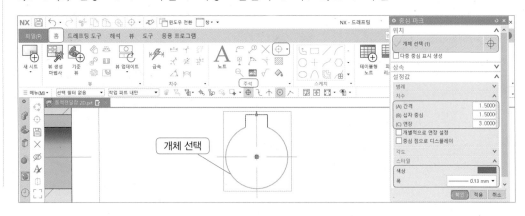

❼ 2D 중심선 그리기

01 ≫ 홈 ⇨ 주석 ⇨ 2D 중심선 ⇨ 유형 ⇨ 점으로 ⇨ 점 1 : 개체 선택 ⇨ 점 2 : 개체 선택 ⇨ 치수 ⇨ (A) 간격 : 1.5 ⇨ (B) 대시 : 3 ⇨ ☑ 개별적으로 연장 설정(☑ 체크) ⇨ 스타일 ⇨ 색상 : 빨간색 ⇨ 폭 : 0.13 ⇨ 적용

02 ≫ 먼저 그림처럼 스케치에서 직선을 4.5로 옵셋하고, 2D 중심선을 그린 다음, 옵셋한 직선은 Ctrl+J로 선택하여 빨간색으로 바꾸고 치수는 선택하여 Ctrl+B로 숨긴다.

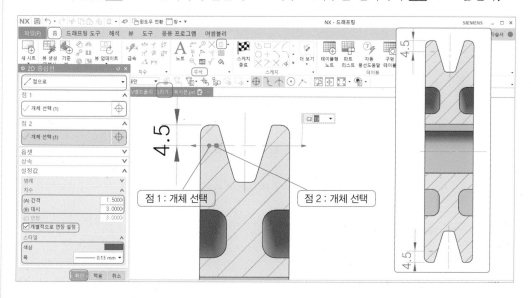

---

③ ▶▶ 치수 기입하기

그림과 같이 치수 및 공차 기입, 데이텀 및 형상 공차, 다듬질 정도를 기입하여 V벨트 풀리 도면을 완성한다.

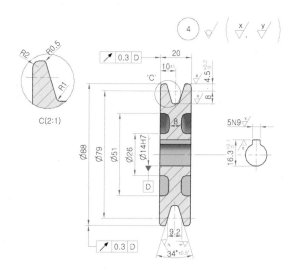

7 커버 도면 그리기

① ▶▶ 커버 모델링하기

❶ 회전 모델링하기

01 ≫ XY평면에서 그림과 같이 스케치하고, 왼쪽 수직선은 Y축에 동일직선으로 구속하
고 치수를 입력한다.

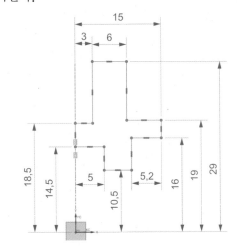

02 ≫ 홈 ⇨ 특징형상 ⇨ 회전 ⇨ 단면 ⇨ 곡선 선택 ⇨ 축 ⇨ 벡터 지정 ⇨ 한계

| ⇨ 시작 ⇨ 각도 0 | ⇨ 확인 |
| ⇨ 끝 ⇨ 각도 360 | |

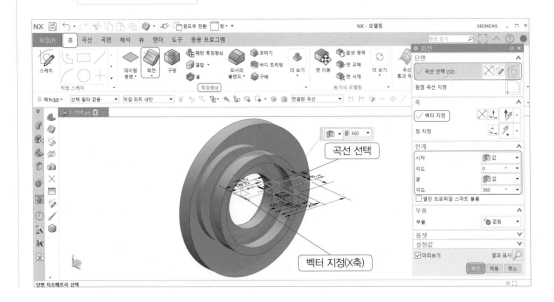

❸ 모서리 블렌드(R) 모델링하기

01 >> 홈 ⇨ 특징형상 ⇨ 모서리 블렌드 ⇨ 모서리 선택 ⇨ 반경(R) 3 ⇨ 적용

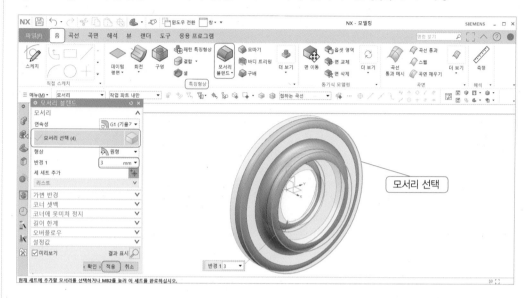

02 >> 모서리 블렌드 ⇨ 모서리 선택 ⇨ 반경(R) 0.5 ⇨ 확인

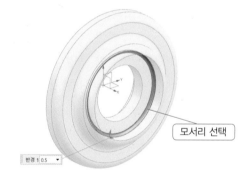

❹ 모따기하기

홈 ⇨ 특징형상 ⇨ 모따기 ⇨ 모서리 선택 ⇨ 옵셋 ⇨

단면 : 옵셋 및 각도	⇨ 확인
거리 : 0.75	
각도 : 30°	

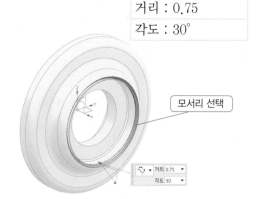

❼ 깊은자리파기(카운터 보어) 작업하기

01 ≫ 그림처럼 원통 단면에 원을 스케치하여 치수를 입력, 구속조건은 원의 중심점을 Y
축에 곡선 상에 점으로 구속하고 원형 패턴(원형 배열)한다.

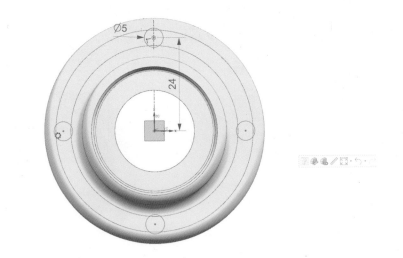

💡 그림처럼 스케치하여 자리파기 하는 것이 편리하다.

02 ≫ 홈 ⇨ 특징형상 ⇨ 구멍 ⇨ 일반 구멍 ⇨ 위치 ⇨ 점 지정 ⇨ 폼 및 치수 ⇨ 폼 : 카
운터 보어 ⇨ 치수 ⇨ 카운터 보어 직경 : 8 ⇨ 카운터 보어 깊이 : 4.4 ⇨ 직경 :
4.5 ⇨ 깊이 : 10 ⇨ 부울 ⇨ 빼기 ⇨ 바디 선택 ⇨ 확인

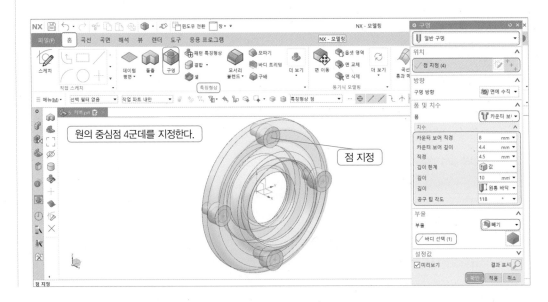

② ▶▶ 커버 투상하기

❶ 투상도 불러오기

01 ▷▷ 홈 ⇨ 뷰 ⇨ 기준 뷰 ⇨ 파트 ⇨ 본체 ⇨ 모델 뷰 ⇨ 사용할 모델 뷰 : 위쪽 ⇨ 배율
1 : 1⇨ 뷰 원점 ⇨ 정면도 위치 지정

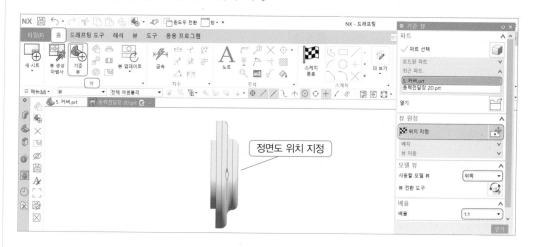

정면도 위치 지정

02 ▷▷ 뷰 원점 ⇨ 우측면도 위치 지정

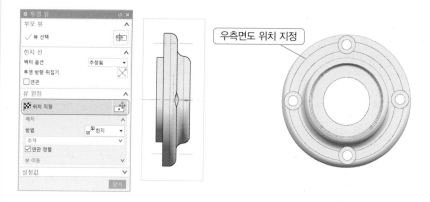

우측면도 위치 지정

❷ 커버 정면도의 단면도 투상하기

01 ▷▷ 정면도 뷰 경계를 클릭하여
활성 스케치 뷰를 선택한다.

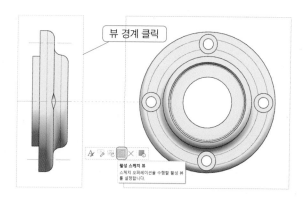

뷰 경계 클릭

활성 스케치 뷰
스케치 오퍼레이션을 수행할 활성 뷰
를 설정합니다.

02 >> 그림과 같이 사각형을 스케치한다. 사각형은 커버를 포함하게 그린다.

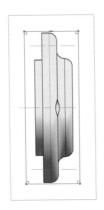
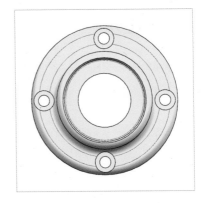

03 >> 홈 ⇨ 뷰 ⇨ 분할 단면 뷰 ⇨ 뷰 선택

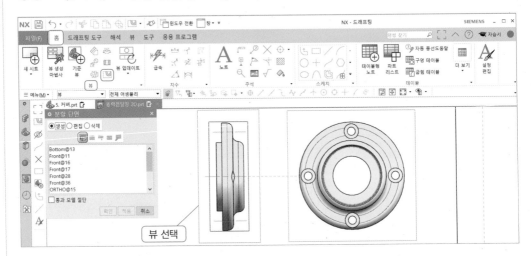

뷰 선택

04 >> 기준점 지정(절단면의 기준점은 우측면도 원의 중심점이며, 단면하고자 하는 기준
점이 된다.)

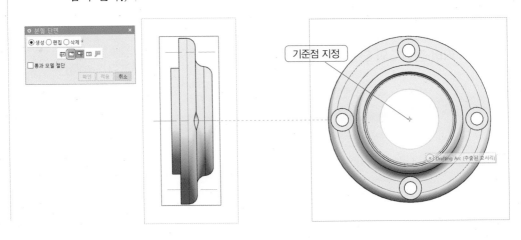

기준점 지정

05 >> 돌출 벡터 지정은 벡터의 방향을 확인하여 지정한다.

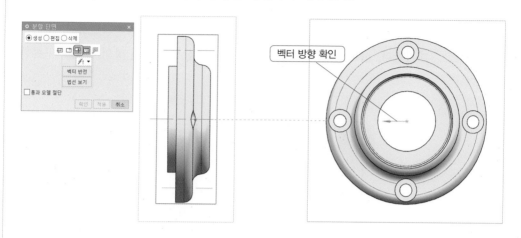

벡터 방향 확인

06 >> 곡선 선택(그림처럼 사각형을 선택한다.)

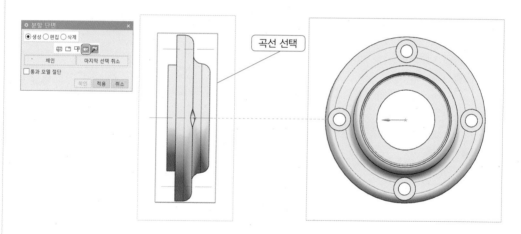

곡선 선택

07 >> 경계 곡선 수정 ➡ 적용

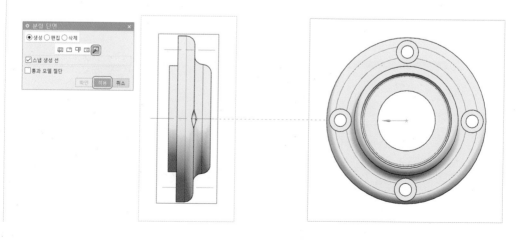

❸ 대칭 생략도 투상하기

01 ≫ 우측면도 뷰 경계를 클릭하여 활성 스케치 뷰를 선택 ⇨ 그림과 같이 사각형을 스케치한다. 사각형의 수직선은 커버 원의 중심점에 곡선 상의 점으로 구속한다.

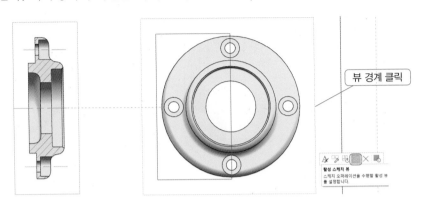

뷰 경계 클릭

활성 스케치 뷰
스케치 오퍼레이션을 수행할 활성 뷰를 설정합니다.

02 ≫ 홈 ⇨ 뷰 ⇨ 분할 단면 뷰 ⇨ 뷰 선택

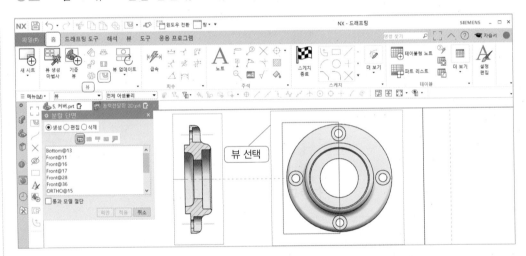

뷰 선택

03 ≫ 기준점 지정(다음 단계부터는 커버 정면도의 단면도 투상하기와 같은 방법으로 한다.)

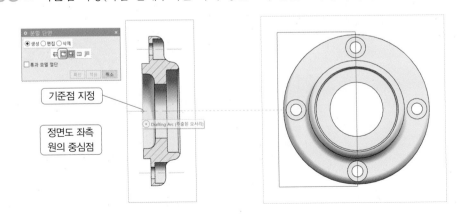

기준점 지정

정면도 좌측
원의 중심점

❹ 상세 뷰

홈 ⇨ 뷰 ⇨ 상세 뷰 ⇨ 유형 : 원형 ⇨ 경계 : 중심점과 경계점 선택 ⇨ 원점 ⇨ 위치 지정
⇨ 배율 ⇨ 2 : 1 ⇨ 위치 지정한 다음 노트에서 ⇨ 'D'와 D(2 : 1)를 입력한다.

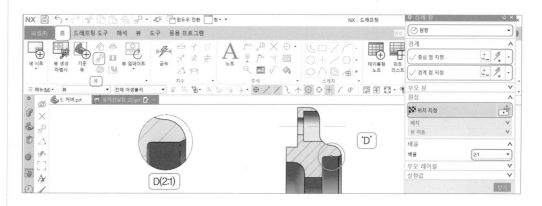

❺ 대칭 중심선 그리기

01 ≫ 홈 ⇨ 주석 ⇨ 대칭 중심선 ⇨ 유형 ⇨ 시작과 끝 ⇨ 시작 : 개체 선택 ⇨ 끝 : 개체
선택 ⇨ 치수 ⇨ (A) 간격 : 2.0 ⇨ (B) 옵셋 : 2.0 ⇨ (C) 연장 : 6.0 ⇨ 스타일 ⇨
색상 : 빨간색 ⇨ 폭 : 0.13 ⇨ 확인

02 ≫ 우측면도 절단 직선을 클릭하여 [Ctrl]+B로 숨기기 한다.

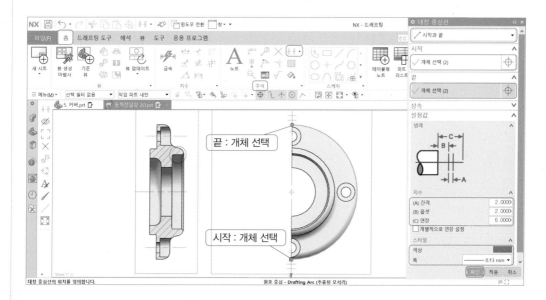

❻ 볼트 중심선 그리기

홈 ⇨ 주석 ⇨ 볼트 원 중심선 ⇨ 유형 ⇨ 중심점 ⇨ 배치 : 개체 선택 ⇨ 치수 ⇨ (A) 간격 :
1.5 ⇨ (B) 십자 중심 : 3.0 ⇨ ☑ 개별적으로 연장 설정(☑ 체크) ⇨ 스타일 ⇨ 색상 : 빨간
색 ⇨ 폭 : 0.13 ⇨ 확인

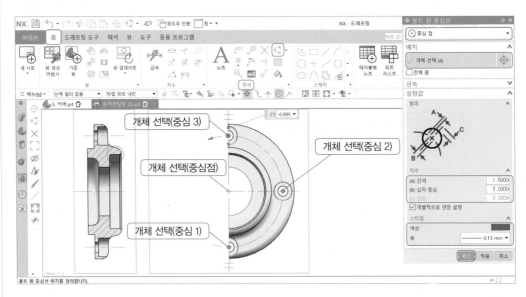

③ ▶▶ 치수 기입하기

그림과 같이 치수 및 공차 기입, 데이텀 및 형상 공차, 다듬질 정도, 지시선을 기입하여 커
버 도면을 완성한다.

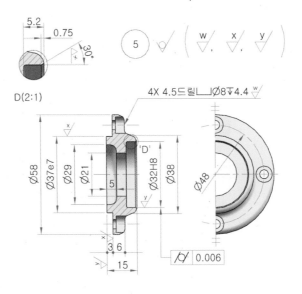

8 3D Drafting 및 도면 내보내기

① ▸▸ 3D Drafting

❶ 질량 측정하기(비중 : 주철 GC250 = 7.33, 크롬몰리브덴강 SCM440 = 7.85)

01 ≫ 메뉴 ⇨ 편집 ⇨ 특징형상 ⇨ 솔리드 밀도

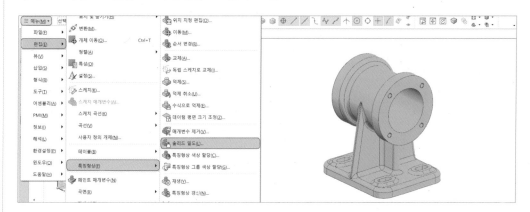

02 ≫ 솔리드 밀도 할당 ⇨ 바디 ⇨ 개체 선택 ⇨ 밀도 ⇨ 솔리드 밀도 : 7.33 ⇨ 단위 :
g/cm³ ⇨ 확인

03 ≫ 해석 ⇨ 측정▼ ⇨ √더 보기 갤러리 ⇨ √바디 갤러리 ⇨ √바디 측정(더 이상 사
용되지 않음) √(체크)

04 ≫ 해석 ⇨ 측정 ⇨ 더 보기▼ ⇨ 바디 측정(더 이상 사용되지 않음) ⇨ 개체 ⇨ 바디
선택 ⇨ 질량 ⇨ 확인

05 ≫ 같은 방법으로 2, 3, 4, 5번 부품의 무게(질량)를 측정한다.

💡 완성된 3D Drafting

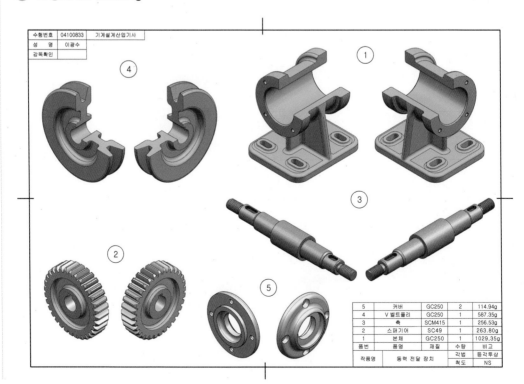

수험번호	04100833	기계설계산업기사		
성 명	이광수			
감독확인				

5	커버	GC250	2	114.94g
4	V 벨트폴리	GC250	1	587.35g
3	축	SCM415	1	256.53g
2	스퍼기어	SC49	1	263.80g
1	본체	GC250	1	1029.35g
품번	품명	재질	수량	비고

작품명	동력 전달 장치	각법	등각투상
		척도	NS

② ▶▶ AutoCAD 파일로 내보내기

01 ≫ 파일 ⇨ 내보내기 ⇨ AutoCAD 파일로 내보내기

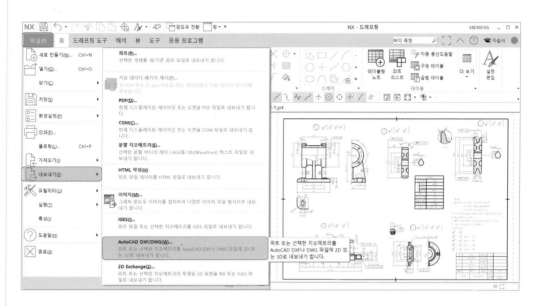

02 ≫ Steps ⇨ 입력 및 출력 ⇨ 내보내기 위치 ⇨ 디스플레이된 파트 ⇨ 내보내기할 대상 ⇨ DWG ⇨ 저장 경로 지정 ⇨ 마침

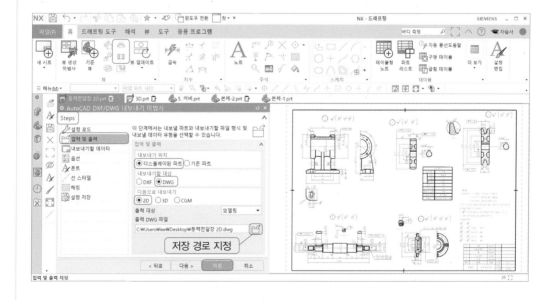

3 ▸▸ PDF 파일로 내보내기

01 ≫ 파일 ⇨ 내보내기 ⇨ PDF 파일로 내보내기

02 ≫ 저장 경로 지정 ⇨ 이미지 해상도 : 상 ⇨ 확인

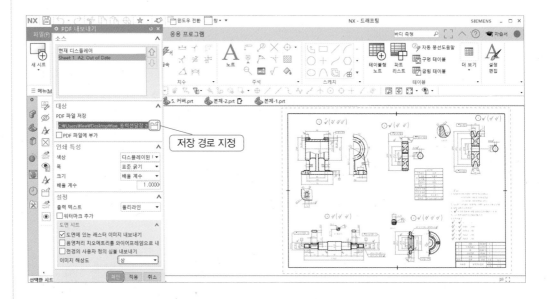

Chapter

6

분해 · 조립 및 Motion Simulation

1 조립하기

어셈블리(Assembly) 응용 프로그램은 어셈블리를 생성하는 도구를 제공한다.

어셈블리는 설계 작업에서 실제 작업하기 전에 모의 형상을 생성할 수 있다. 조립되는 부품들의 조립 상태, 거리, 각도 등을 측정할 수 있으며, 부품을 분해 · 조립하는 데 필요한 동작 등을 검증할 수 있다.

❶ 상향식 설계(Bottom-up) : 어셈블리를 구성하기 위한 각각의 부품들을 모델링하여 라이브러리로 구축한 다음 각각의 부품들을 어셈블리에서 불러 조립하는 방식으로 어셈블리 하위 부품들이 선행된다는 점에서 상향식 설계(Bottom-up) 방법이라 한다. 가장 기본이 되는 방식으로 일정한 규칙을 준수하면 STNLQRP 어셈블리를 구성할 수 있다.

❷ 하향식 설계(Top-down) : 상향식 어셈블리로부터 필요한 부품들을 모델링하는 방식으로서, 이미 조립된 부품들로부터 필요한 정보를 추출하여 부품을 모델링하여 조립하는 방식으로 연관 설계가 간단하다. 여러 부품들로부터 필요한 요소들의 정보를 추출해야 하므로 약간 복잡해질 수 있다.

❸ 컴포넌트 추가( ) : 디스크에 있는 파트 또는 로드된 파트를 선택하여 어셈블리에 컴포넌트를 추가한다.

❹ 컴포넌트 이동( ) : 어셈블리 내에서 컴포넌트를 이동한다.

❺ 어셈블리 구속조건( ) : 어셈블리에서 각각의 부품 간의 구속조건을 지정하여 다른 컴포넌트 위치를 지정한다.

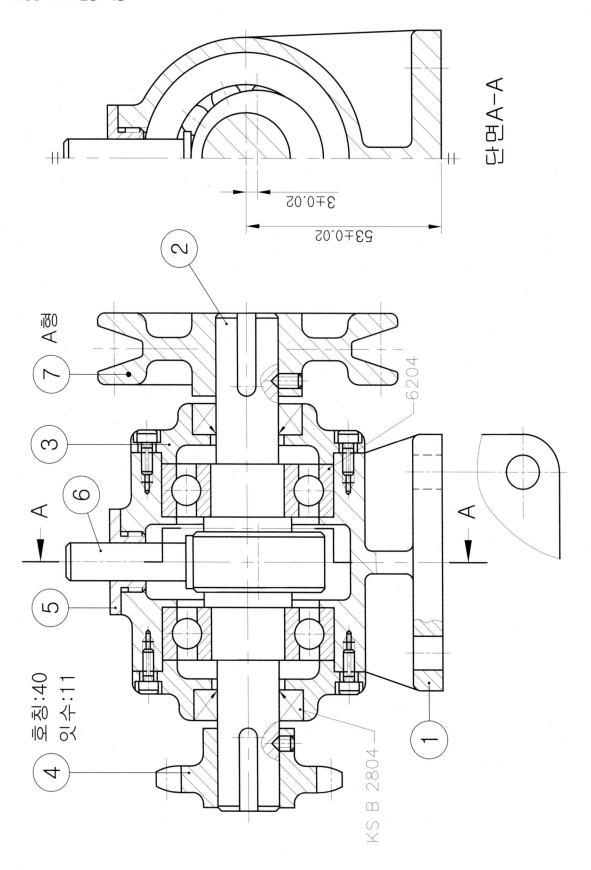

단면A-A

53±0.02

3±0.02

6204

A형

잇수:11
홈어:40

KS B 2804

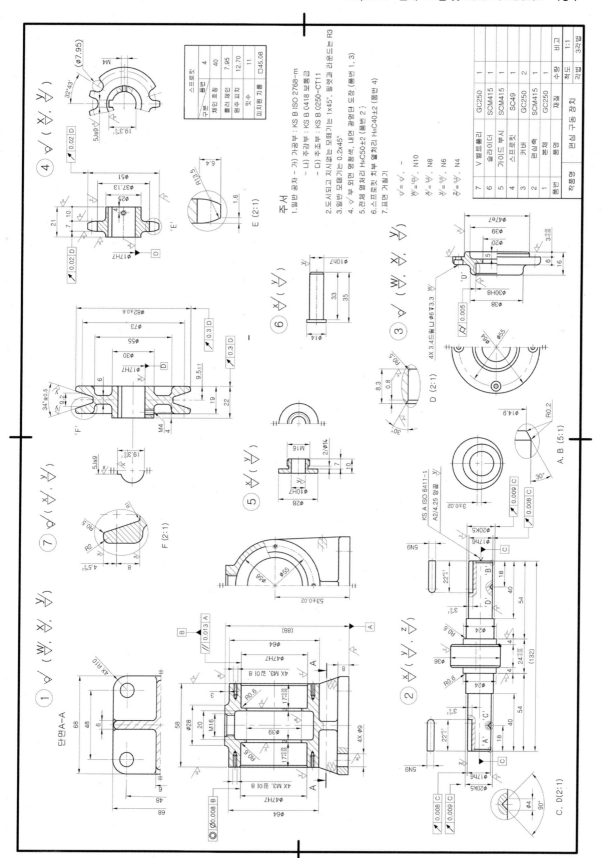

① ▶▶ 편심 구동 장치 모델링하기

(1) 본체 모델링하기

❶ 베이스 모델링하기

01 ≫ XY평면에서 사각형을 스케치하고 구속조건은 중간점으로 구속, 치수를 입력한다. 그림과 같이 원을 스케치하고 패턴 곡선한다.

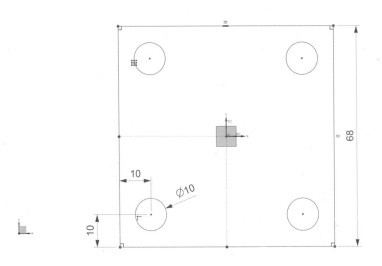

02 ≫ 홈 ⇨ 특징형상 ⇨ 돌출 ⇨ 단면 ⇨ 곡선 선택 ⇨ 한계 □ ⇨ 시작 ⇨ 거리 −45 ⇨ 확인 ⇨ 끝 ⇨ 거리 −53

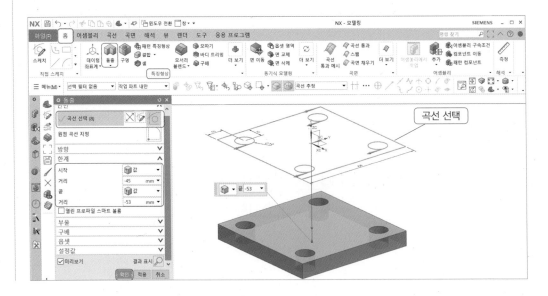

❷ 원통 돌출 모델링하기

01 ≫ YZ평면에 원을 스케치하고 구속조건은 원점과 원의 중심점을 일치 구속하고, 치수를 입력한다.

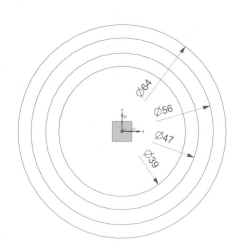

02 ≫ 홈 ⇨ 특징형상 ⇨ 돌출 ⇨ 단면 ⇨ 곡선 선택 ⇨ 한계 ⇨ 끝 : 대칭값 ⇨ 부울 :

⇨ 거리 : 29

없음 ⇨ 적용

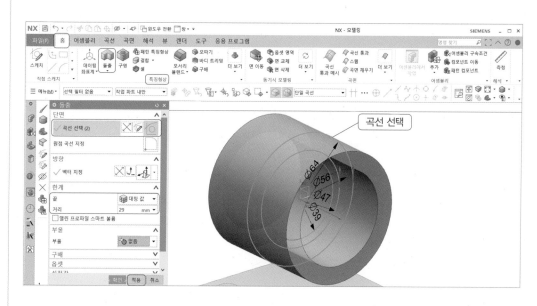

03 ≫ 홈 ⇨ 특징형상 ⇨ 돌출 ⇨ 단면 ⇨ 곡선 선택 ⇨ 한계 ⇨ 끝 : 대칭값 ⇨ 부울 :
⇨ 거리 : 12

결합 ⇨ 바디 선택 ⇨ 확인

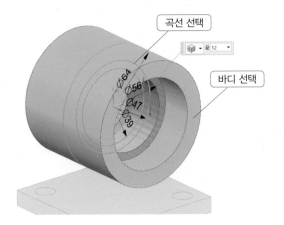

04 ≫ 홈 ⇨ 특징형상 ⇨ 돌출 ⇨ 단면 ⇨ 곡선 선택 ⇨ 한계 ⇨ 끝 : 대칭값 ⇨ 부울 :
⇨ 거리 : 10

빼기 ⇨ 바디 선택 ⇨ 확인

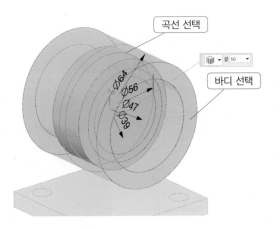

❸ 모서리 블렌드(R) 모델링하기 1

01 ≫ 홈 ⇨ 특징형상 ⇨ 모서리 블렌드 ⇨ 모서리 선택 ⇨ 반경(R) 10 ⇨ 적용

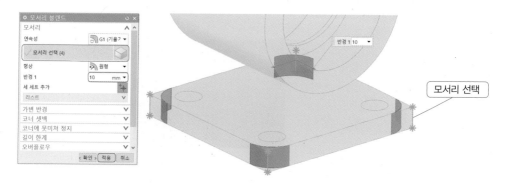

02 ≫ 홈 ⇨ 특징형상 ⇨ 모서리 블렌드 ⇨ 모서리 선택 ⇨ 반경(R) 3 ⇨ 적용

03 ≫ 홈 ⇨ 특징형상 ⇨ 모서리 블렌드 ⇨ 모서리 선택 ⇨ 반경(R) 0.6 ⇨ 확인

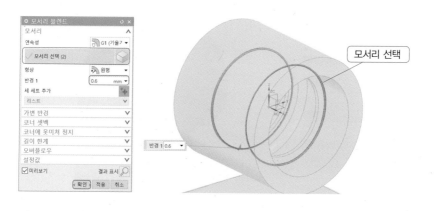

❹ 리브 돌출하기

01 ≫ XZ평면에 그림과 같이 스케치하고 구속조건은 중간점으로 구속하고, 치수를 입력한다.

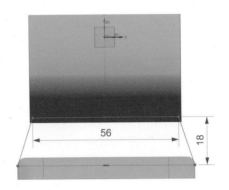

02 ≫ 홈 ⇨ 특징형상 ⇨ 돌출 ⇨ 단면 ⇨ 곡선 선택 ⇨ 한계 ⇨ 끝 : 대칭값 ⇨ 부울 :

⇨ 거리 : 3

결합 ⇨ 바디 선택 ⇨ 확인

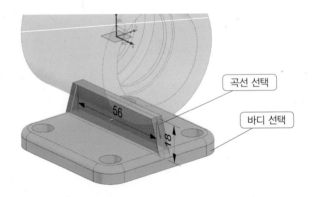

03 ≫ 홈 ⇨ 특징형상 ⇨ 결합 ⇨ 타겟 : 바디 선택 ⇨ 공구 : 바디 선택 ⇨ 확인

04 》 YZ평면에 직선을 스케치하여 구속조건은 직선의 시작점과 베이스 모서리 점에 일
치 구속과 원통에 접함 구속한다.

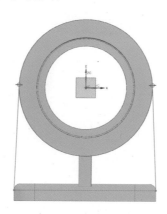

05 》 홈 ⇨ 특징형상 ⇨ 더 보기▼ ⇨ 설계 특징형상 ⇨ 리브 ⇨ 타겟 : 바디 선택 ⇨ 단
면 : 곡선 선택 ⇨ 벽면 ⇨ ⊙절단면에 평행 ⇨ 치수 : 대칭 ⇨ 두께 : 6 ⇨ ☑ 리브
와 타겟 결합 ⇨ 적용(반대쪽도 같은 방법으로 리브를 생성한다.)

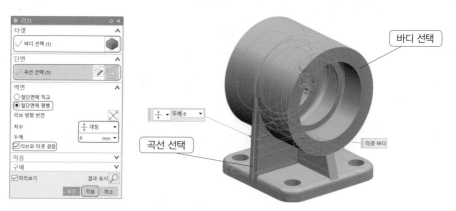

❺ 모서리 블렌드(R) 모델링하기 2

01 》 홈 ⇨ 특징형상 ⇨ 모서리 블렌드 ⇨ 모서리 선택 ⇨ 반경(R) 3 ⇨ 적용

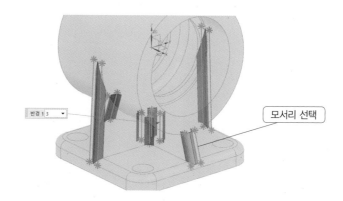

02 >> 홈 ⇨ 특징형상 ⇨ 모서리 블렌드 ⇨ 모서리 선택 ⇨ 반경(R) 3 ⇨ 확인

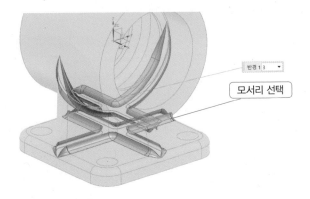

❻ 슬라이더 결합 원통 모델링하기

01 >> XY평면에 그림과 같이 원을 스케치하고 원의 중심점을 원점에 구속하고, 치수를 입력한다.

02 >> 홈 ⇨ 특징형상 ⇨ 돌출 ⇨ 단면 ⇨ 곡선 선택 ⇨ 한계

⇨ 시작 : 선택까지 ⇨ 개체 선택 ⇨ 부울 : 결합 ⇨ 바디 선택 ⇨ 확인
⇨ 끝 : 값 ⇨ 거리 35

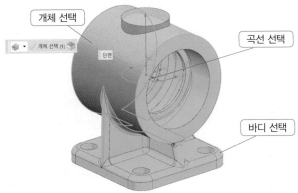

03 >> 홈 ⇨ 특징형상 ⇨ 모서리 블렌드 ⇨ 모서리 선택 ⇨ 반경(R) 3 ⇨ 확인

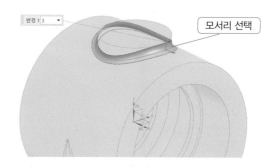

❼ 나사 작업하기

01 >> 그림처럼 원통 단면에 직선을 스 케치하여 치수를 입력하고, 구속 조건은 원점에 중간 점, 데이텀 축에 일치시키고 같은 길이로 구 속한다.

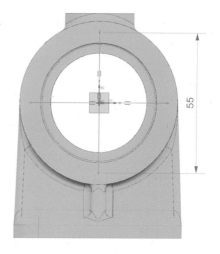

02 >> 홈 ⇨ 특징형상 ⇨ 구멍 → 스레드 구멍 → 위치 →점 지정 → 스레드 치수 → 크기 : M3×0.5 → 스레드 깊이 : 8 → 치수 → 깊이 : 11 → 공구 팁 각도 : 118 → 확인

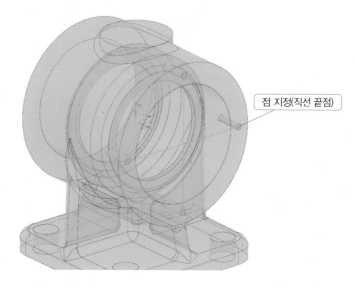

점 지정(직선 끝점)

03 >> 홈 ⇨ 특징형상 ⇨ 구멍 ⇨ 스레드 구멍 ⇨ 위치 ⇨ 점 지정 ⇨ 스레드 치수 ⇨ 크기
: M16×2 ⇨ 스레드 깊이 : 24 ⇨ 치수 ⇨ 깊이 : 32 ⇨ 공구 팁 각도 : 118 ⇨ 확인

 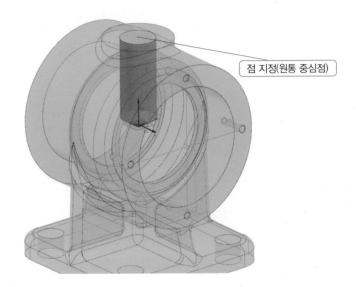

점 지정(원통 중심점)

❽ 대칭 복사하기

홈 ⇨ 특징형상 ⇨ 더 보기▼ ⇨ 연관 복사 ⇨ 대칭 특징형상 ⇨ 대칭화할 특징형상 : 특징
형상 선택 ⇨ 대칭 평면 : 평면 선택(YZ평면) ⇨ 확인

 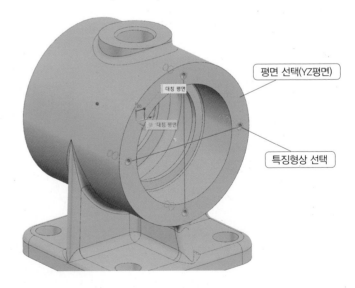

평면 선택(YZ평면)

특징형상 선택

(2) 편심축 모델링하기

❶ 회전 모델링하기

01 >> XY평면에 그림과 같이 스케치하고 구속조건은 X축과 Y축에 동일 직선으로 구속하고, 치수를 입력한다.

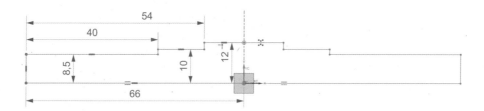

02 >> 홈 ⇨ 특징형상 ⇨ 회전 ⇨ 단면 ⇨ 곡선 선택 ⇨ 축 ⇨ 벡터 지정 ⇨ 한계

⇨ 시작 ⇨ 각도 0   ⇨ 확인
⇨ 끝 ⇨ 각도 360

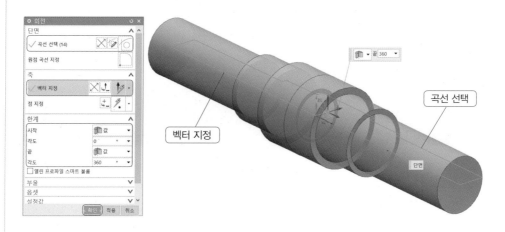

03 >> YZ평면에 그림과 같이 원을 스케치하고 구속조건은 원의 중심점을 Y축에 곡선 상의 점으로 구속하고, 원호는 원통에 접함 구속, 치수를 입력한다.

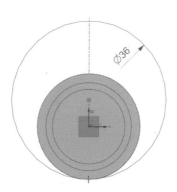

04 ▷▷ 홈 ⇨ 특징형상 ⇨ 돌출 ⇨ 단면 ⇨ 곡선 선택 ⇨ 한계 ⎡⇨ 끝 : 대칭값⎤ ⇨ 부울 :

결합 ⇨ 바디 선택 ⇨ 확인   ⎣⇨ 거리 : 10⎦

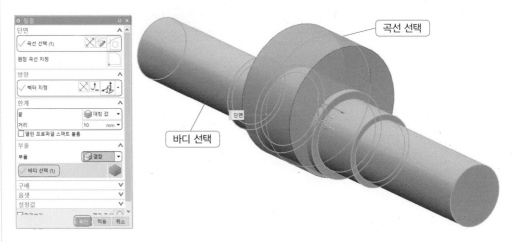

② 키 홈 모델링하기

01 ▷▷ XY평면에 그림과 같이 스케치하고 구속조건은 중간점으로 구속하고, 치수를 입력
하여 대칭한다.

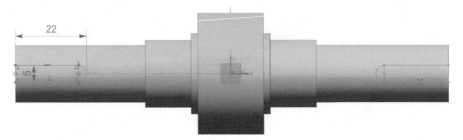

02 ▷▷ 홈 ⇨ 특징형상 ⇨ 돌출 ⇨ 단면 ⇨ 곡선 선택 ⇨ 한계 ⎡⇨ 시작 ⇨ 거리 5.5⎤

⇨ 부울 ⇨ 빼기 ⇨ 바디 선택 ⇨ 확인   ⎣⇨ 끝 ⇨ 거리 8.5⎦

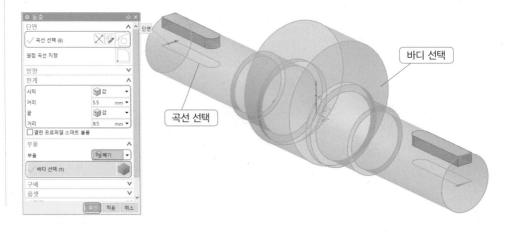

❸ 멈춤나사 자리파기

01 ≫ XZ평면에 그림과 같이 직삼각형을 스케치하고 치수를 입력하여 대칭한다.

02 ≫ 홈 ⇨ 특징형상 ⇨ 회전 ⇨ 단면 ⇨ 곡선 선택 ⇨ 축 ⇨ 벡터 지정 ⇨ 한계

⇨ 시작 ⇨ 각도 0 ⇨ 부울 : 빼기 ⇨ 바디 선택 ⇨ 확인

⇨ 끝 ⇨ 각도 360

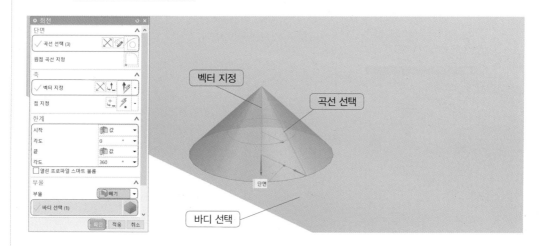

❹ 모따기하기

01 ≫ 홈 ⇨ 특징형상 ⇨ 모따기 ⇨ 모서리 선택 ⇨ 옵셋 ⇨ 단면 : 대칭 ⇨ 거리 : 1

⇨ 확인

02 >> 홈 ⇨ 특징형상 ⇨ 모따기 ⇨ 모서리 선택 ⇨ 옵셋 ⇨ 단면 : 옵셋 및 각도 ⇨ 거리
: 1.05 ⇨ 각도 : 30 ⇨ 적용

같은 방법으로 옵셋 및 각도로 반대쪽 모따기도 한다.

❺ 모서리 블렌드(R) 모델링하기

01 >> 홈 ⇨ 특징형상 ⇨ 모서리 블렌드 ⇨ 모서리 선택 ⇨ 반경(R) 0.2 ⇨ 적용

이 모서리 블렌드는 거스러미를 제거하는 정도이다.

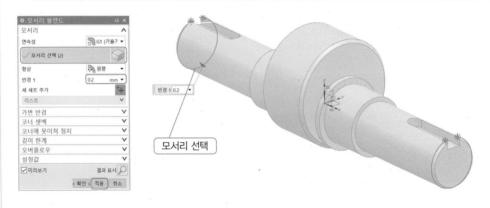

02 >> 홈 ⇨ 특징형상 ⇨ 모서리 블렌드 ⇨ 모서리 선택 ⇨ 반경(R) 0.6 ⇨ 확인

(3) 커버 모델링하기

❶ 회전 모델링하기

01 ›› XY평면에서 그림과 같이 스케치하고
좌측 수직선은 Y축에 동일 직선으로
구속하고, 치수를 입력한다.

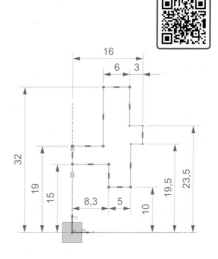

02 ›› 홈 ⇨ 특징형상 ⇨ 회전 ⇨ 단면 ⇨ 곡선 선택 ⇨ 축 ⇨ 벡터 지정 ⇨ 한계

⇨ 시작 ⇨ 각도 0 ⇨ 확인
⇨ 끝 ⇨ 각도 360

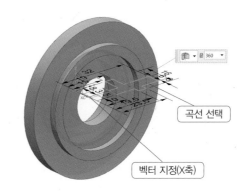

❷ 모서리 블렌드(R) 모델링하기

01 ›› 홈 ⇨ 특징형상 ⇨ 모서리 블렌드 ⇨ 모서리 선택 ⇨ 반경(R) 3 ⇨ 적용

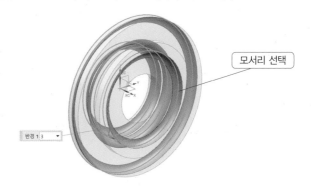

02 >> 모서리 블렌드 ⇨ 모서리 선택 ⇨ 반경(R) 0.5 ⇨ 확인

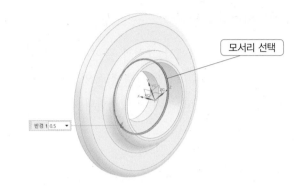

모서리 선택

반경 1 0.5

❸ 모따기하기

홈 ⇨ 특징형상 ⇨ 모따기 ⇨ 모서리 선택 ⇨ 옵셋 ⇨ 단면 : 옵셋 및 각도 ⇨ 거리 : 0.8 ⇨
각도 : 30 ⇨ 확인

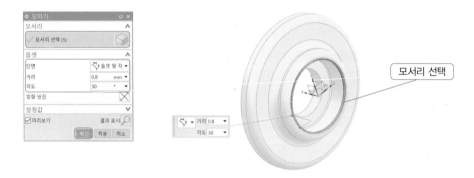

모서리 선택

거리 0.8
각도 30

❹ 깊은자리파기(카운터 보어) 작업하기

01 >> 그림처럼 원통 단면에 원을 스케치하여 치수를 입력하고, 구속조건은 원의 중심점
을 Y축에 곡선 상의 점으로 구속하고 원형 패턴(원형 배열)한다.

02 >> 홈 ⇨ 특징형상 ⇨ 구멍 ⇨ 일반 구멍 ⇨ 위치 ⇨ 점 지정 ⇨ 폼 및 치수 ⇨ 폼 : 카
운터 보어 ⇨ 치수 ⇨ 카운터 보어 직경 : 6 ⇨ 카운터 보어 깊이 : 3.3 ⇨ 직경 :
3.4 ⇨ 깊이 : 10 ⇨ 부울 : 빼기 ⇨ 바디 선택 ⇨ 확인

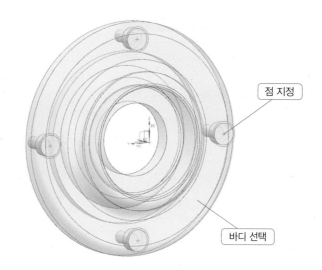

점 지정

바디 선택

(4) 스프로킷 모델링하기

❶ 회전 모델링하기

01 >> XY평면에서 스케치하고 수평선은 중간점으로 구속하고, 치수를 입력한다.

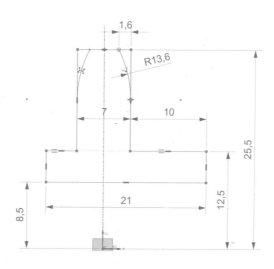

02 ›› 홈 ⇨ 특징형상 ⇨ 회전 ⇨ 단면 ⇨ 곡선 선택 ⇨ 축 ⇨ 벡터 지정 ⇨ 한계
　　 ⇨ 시작 ⇨ 각도 0　　 ⇨ 부울 : 없음 ⇨ 확인
　　 ⇨　 끝 ⇨ 각도 360

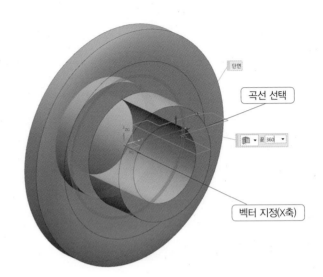

❷ 스프로킷 이 모델링하기

01 ›› XZ평면에 원을 스케치하고 치수를 입력한다. 구속조건은 원의 중심을 원점에 일치
구속하고, 작은 원의 중심을 원호와 Y축에 곡선 상의 점으로 구속, ∅12.7 원은 접
함 구속하여 대칭한다.

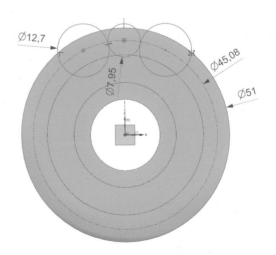

02 ≫ 홈 ⇨ 특징형상 ⇨ 돌출 ⇨ 단면 ⇨ 곡선 선택 ⇨ 한계 ⇨ 끝 : 대칭값 ⇨ 부울 :

⇨ 거리 : 5

빼기 ⇨ 바디 선택 ⇨ 확인

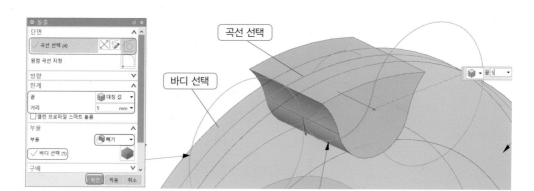

03 ≫ 홈 ⇨ 특징형상 ⇨ 패턴 특징형상 ⇨ 패턴화할 특징형상 : 특징형상 선택 ⇨ 패턴

정의 ⇨ 레이아웃 : 원형 ⇨ 회전축 : 벡터 지정(데이텀 X축) ⇨ 각도 방향 ⇨ 간격

: 개수 및 피치 ⇨ 개수 : 11 ⇨ 피치 각도 : 360/11 ⇨ 확인

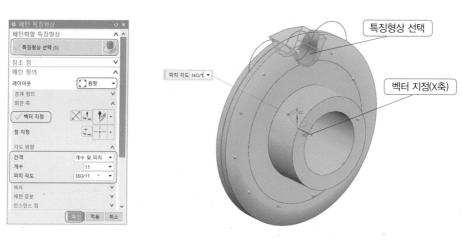

❸ 키 홈 모델링하기

01 ≫ XZ평면에 사각형을 스케치하고 구속
조건은 중간점으로 구속하여 치수를
입력한다.

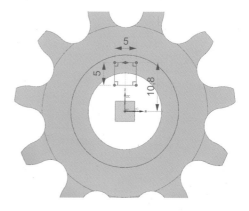

02 ≫ 홈 ⇨ 특징형상 ⇨ 돌출 ⇨ 단면 ⇨ 곡선 선택 ⇨ 한계 ⎡⇨ 끝 : 대칭값⎤ ⇨ 부울 :
　　　　　　　　　　　　　　　　　　　　　　　 ⎣⇨ 거리 : 15⎦

　　　　빼기 ⇨ 바디 선택 ⇨ 확인

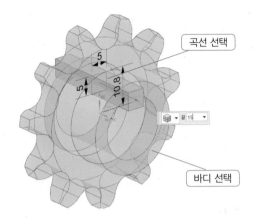

④ 멈춤나사 모델링하기

01 ≫ XY평면에서 거리 −12.5인 평면에 원을 스케치하고 구속조건은 원의 중심점을 X
　　　축에 곡선 상의 점으로 구속하여 치수를 입력한다.

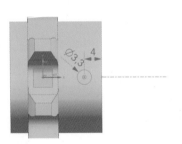

02 ≫ 홈 ⇨ 특징형상 ⇨ 돌출 ⇨ 단면 ⇨ 곡선 선택 ⇨ 한계 ⎡⇨ 시작 ⇨ 거리 0 ⎤ ⇨
　　　　　　　　　　　　　　　　　　　　　　　　　　 ⎣⇨ 끝 ⇨ 거리 10⎦

　　　　부울 : 빼기 ⇨ 바디 선택 ⇨ 확인

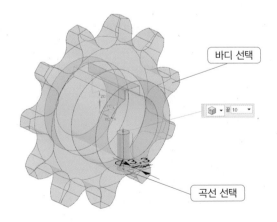

03 ▷▷ 홈 ⇨ 특징형상 ⇨ 더 보기▼ ⇨ 특징형상 설계 ⇨ 스레드 ⇨ 스레드 유형 : ⦿상세
⇨ 원통 구멍 선택 ⇨ 팝업창 스레드 : 이름 ⇨ XY데이텀 평면 선택 ⇨ 팝업창에서
확인 ⇨ 나사 재원 확인하고 ⇨ 확인

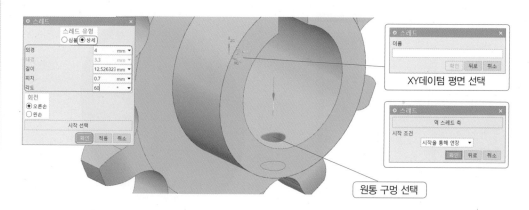

❺ 모서리 블렌드(R) 모델링하기

홈 ⇨ 특징형상 ⇨ 모서리 블렌드 ⇨ 모서리 선택 ⇨ 반경(R) 3 ⇨ 확인

(5) 가이드 부시 모델링하기

❶ 회전 모델링하기

01 ▷▷ XY평면에서 스케치하고 수직선은 Y축에 동일 직선으로 구속하고, 치수를 입력한다.

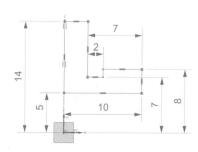

02 >> 홈 ⇨ 특징형상 ⇨ 회전 ⇨ 단면 ⇨ 곡선 선택 ⇨ 축 ⇨ 벡터 지정 ⇨ 한계

⇨ 시작 ⇨ 각도 0 ⇨ 확인

⇨ 끝 ⇨ 각도 360

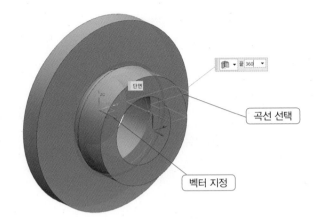

❷ 나사 모델링하기

홈 ⇨ 특징형상 ⇨ 더 보기▼ ⇨ 특징형상 설계 ⇨ 스레드 ⇨ 스레드 유형 : ⦿상세 ⇨ 원통
선택 ⇨ 나사 재원 확인하고 ⇨ 확인

(6) 슬라이더 모델링하기

❶ 회전 모델링하기

01 >> XY평면에서 스케치하고 수직선은 Y축에 동일 직선으로 구속하고, 치수를 입력한다.

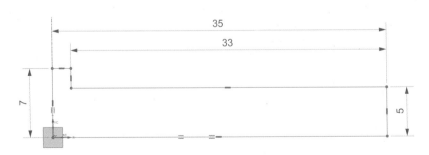

02 >> 홈 ⇨ 특징형상 ⇨ 회전 ⇨ 단면 ⇨ 곡선 선택 ⇨ 축 ⇨ 벡터 지정 ⇨ 한계

⇨ 시작 ⇨ 각도 0 ⇨ 확인
⇨ 끝 ⇨ 각도 360

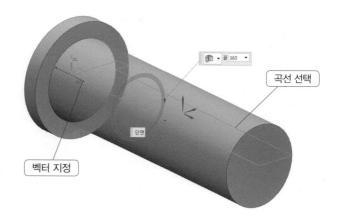

② 모따기하기

홈 ⇨ 특징형상 ⇨ 모따기 ⇨ 모서리 선택 ⇨ 옵셋 ⇨ 단면 : 대칭 ⇨ 거리 : 1 ⇨ 확인

(7) V벨트 풀리 모델링하기

① 회전 모델링하기

01 >> XY평면에서 그림과 같이 스케치하고 V홈의
참조선 9.2는 중간점 구속치수를 입력한다.
참조선 끝점은 사선에 곡선 상의 점으로 구속
한다.

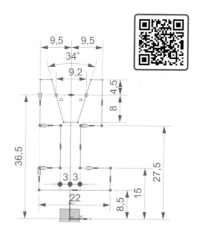

02 ≫ 홈 ⇨ 특징형상 ⇨ 회전 ⇨ 단면 ⇨ 곡선 선택 ⇨ 축 ⇨ 벡터 지정 ⇨ 한계

⇨ 시작 ⇨ 각도 0　⇨ 확인

⇨　끝 ⇨ 각도 360

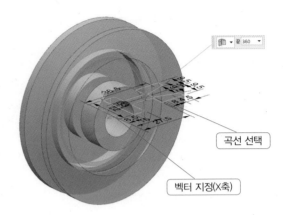

곡선 선택

벡터 지정(X축)

❷ 키 홈 모델링하기

01 ≫ XZ평면에 사각형을 스케치하고 구속조건은 중간점으로 구속하여 치수를 입력한다.

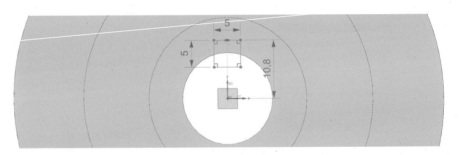

02 ≫ 홈 ⇨ 특징형상 ⇨ 돌출 ⇨ 단면 ⇨ 곡선 선택 ⇨ 한계 ⇨ 끝 : 대칭값 ⇨ 부울 :

⇨ 거리 : 15

빼기 ⇨ 바디 선택 ⇨ 확인

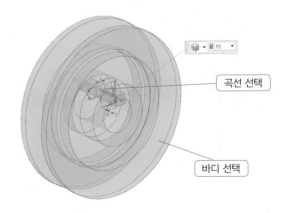

곡선 선택

바디 선택

❸ 멈춤나사 모델링하기

01 » XY평면에서 거리 15인 평면에 원을 스케치하고, 구속조건은 원의 중심점을 X축에 곡선 상의 점으로 구속하여 치수를 입력한다.

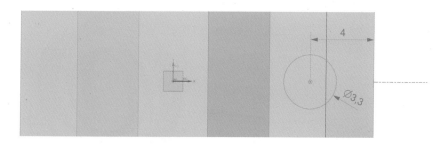

02 » 홈 ⇨ 특징형상 ⇨ 돌출 ⇨ 단면 ⇨ 곡선 선택 ⇨ 한계 $\boxed{⇨ 시작 ⇨ 거리\ 0}$ ⇨
$\boxed{⇨\ \ 끝\ ⇨ 거리\ 10}$

부울 : 빼기 ⇨ 바디 선택 ⇨ 확인

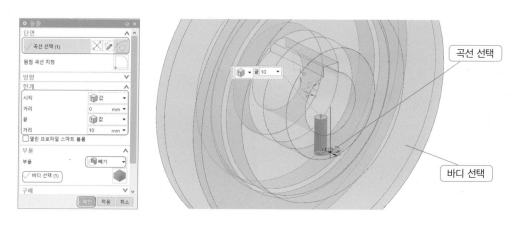

03 » 홈 ⇨ 특징형상 ⇨ 더 보기▼ ⇨ 특징형상 설계 ⇨ 스레드 ⇨ 스레드 유형 : ⦿상세 ⇨ 원통 구멍 선택 ⇨ 팝업창 스레드 : 이름 ⇨ XY데이텀 평면 선택 ⇨ 팝업창에서 확인 ⇨ 나사 재원 확인하고 ⇨ 확인

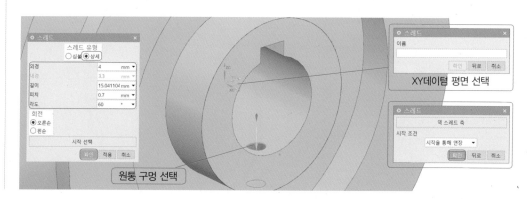

④ 모서리 블렌드(R) 모델링하기

01 ≫ 홈 ⇨ 특징형상 ⇨ 모서리 블렌드 ⇨ 모서리 선택 ⇨ 반경(R) 3 ⇨ 적용

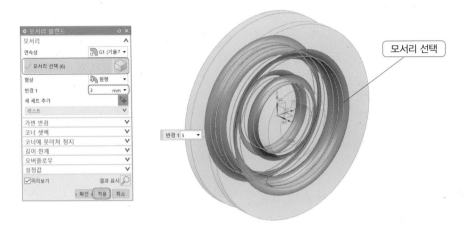

모서리 선택

02 ≫ 모서리 블렌드 ⇨ 모서리 선택 ⇨ 반경(R) 2 ⇨ 적용

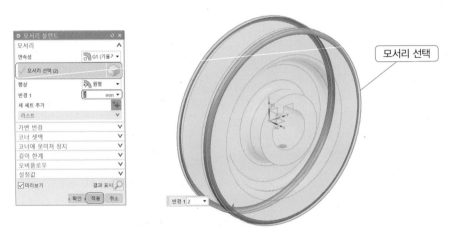

모서리 선택

03 ≫ 모서리 블렌드 ⇨ 모서리 선택 ⇨ 반경(R) 0.5 ⇨ 적용

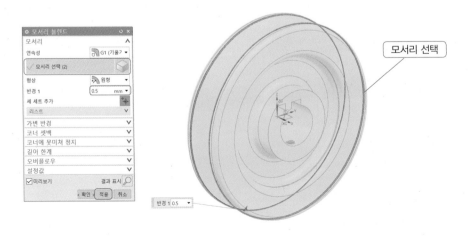

모서리 선택

04 >> 모서리 블렌드 ⇨ 모서리 선택 ⇨ 반경(R) 1 ⇨ 확인

모서리 선택

반경 1 1

(8) 기타 규격 부품

기타 규격 부품인 베어링, 키, 6각 구멍붙이 볼트, 멈춤나사, 오일 실 등의 부품은 규격품이므로 자료를 찾아 모델링하기로 한다.

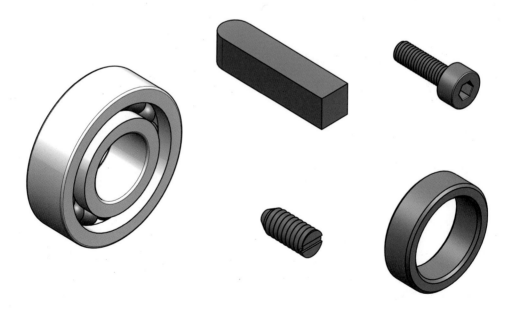

② ▶▶ 어셈블리(조립)하기

새로 만들기 ⇨ 어셈블리 ⇨ 파일명 입력 ⇨ 파일 경로 지정

❶ 1번(본체) 불러 조립하기

01 ≫ 어셈블리 ⇨ 컴포넌트 ⇨ 추가 ⇨ 열기 클릭 ⇨ 1(본체) 선택 ⇨ OK

02 ≫ 개수 : 1 ⇨ 위치 ⇨ 컴포넌트 앵커 : 절대 ⇨ 개체 선택 : 점 다이얼로그(X : 0, Y : 0, Z : 0 ⇨ 확인) ⇨ 배치 ⇨ 방향 지정 ⇨ 확인(어셈블리 구속 조건은 고정한다.)

❷ 2번(축) 부품 조립하기

01 ≫ 어셈블리 ⇨ 컴포넌트 ⇨ 추가 ⇨ 열기 클릭 ⇨ 2(축) 선택 ⇨ 확인 ⇨ 개수 : 1 ⇨ 위치 ⇨ 컴포넌트 앵커 : 절대 ⇨ 개체 선택 : 점 다이얼로그(X : 0, Y : 0, Z : 0 ⇨ 확인) ⇨ 배치 ⇨ 방향 지정 ⇨ 확인

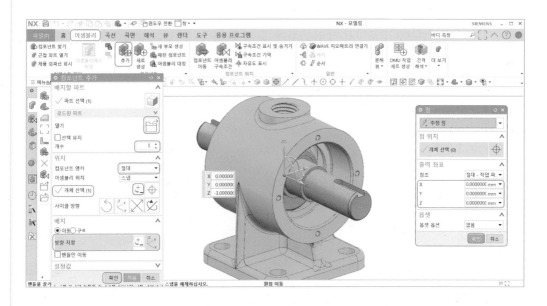

💡 축을 모델링할 때 조립을 고려하여 축의 원점을 중심에 잡는 것이 좋다.

02 >> 어셈블리 ⇨ 컴포넌트 위치 ⇨ 어셈블리 구속조건 ⇨ 유형 ⇨ 접촉 정렬 ⇨ 구속할
지오메트리 ⇨ 방향 : 접촉 선호 ⇨ 두 개체(중심선) 선택

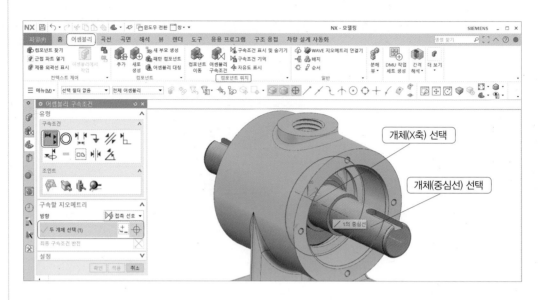

❸ 베어링 조립하기

01 >> 어셈블리 ⇨ 컴포넌트 ⇨ 추가 ⇨ 열기 클릭 ⇨ 베어링 선택 ⇨ 확인 ⇨ 개수 : 2 ⇨
위치 ⇨ 컴포넌트 앵커 : 절대 ⇨ 개체 선택 ⇨ 배치 ⇨ 방향 지정 ⇨ 확인

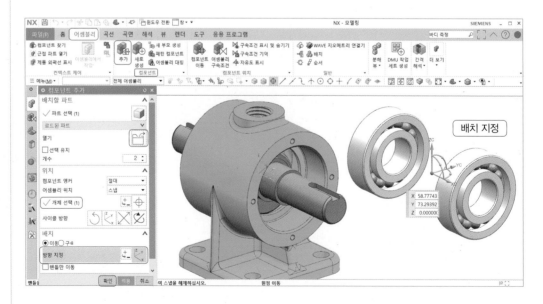

02 >> 어셈블리 ⇨ 컴포넌트 위치 ⇨ 어셈블리 구속조건 ⇨ 유형 ⇨ 접촉 정렬 ⇨ 구속할
지오메트리 ⇨ 방향 : 접촉 선호 ⇨ 두 개체(면) 선택

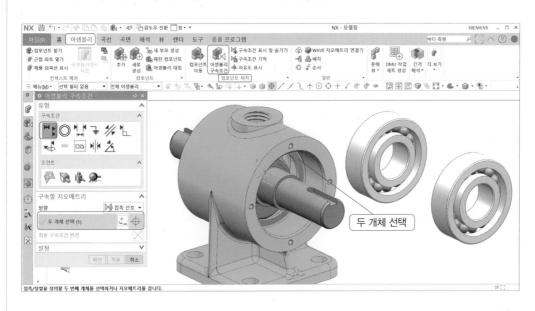

두 개체 선택

03 >> 유형 ⇨ 접촉 정렬 ⇨ 구속할 지오메트리 ⇨ 방향 ⇨ 접촉 선호 ⇨ 두 개체(면) 선택

💡 방향은 최종 구속조건으로 방향을 변환할 수 있다.

두 개체(면) 선택

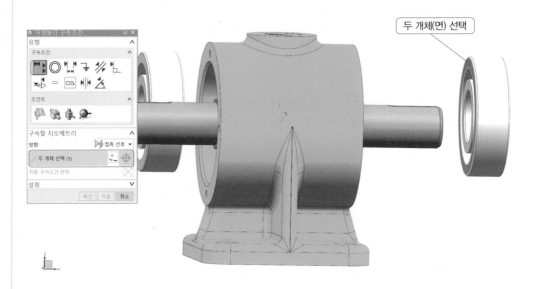

04 >> 유형 ⇨ 접촉 정렬 ⇨ 구속할 지오메트리 ⇨ 방향 ⇨ 접촉 선호 ⇨ 두 개체(중심선) 선택 ⇨ 확인

💡 같은 방법으로 반대편 베어링을 조립한다.

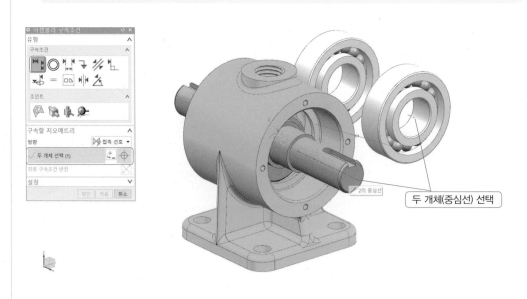

④ 커버 조립하기

01 >> 어셈블리 ⇨ 컴포넌트 ⇨ 추가 ⇨ 열기 클릭 ⇨ 커버 선택 ⇨ 확인 ⇨ 개수 : 2 ⇨ 위치 ⇨ 컴포넌트 앵커 : 절대 ⇨ 개체 선택 ⇨ 배치 ⇨ 방향 지정 ⇨ 확인

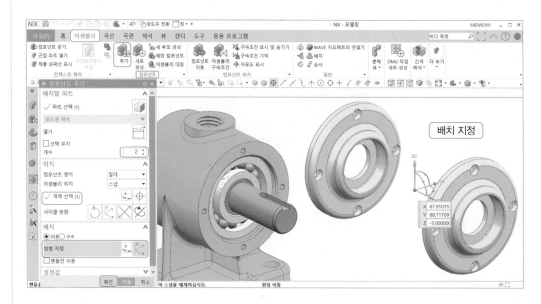

02 >> 어셈블리 ⇨ 컴포넌트 위치 ⇨ 어셈블리 구속조건 ⇨ 유형 ⇨ 접촉 정렬 ⇨ 구속할 지오메트리 ⇨ 방향 : 접촉 선호 ⇨ 두 개체(면) 선택

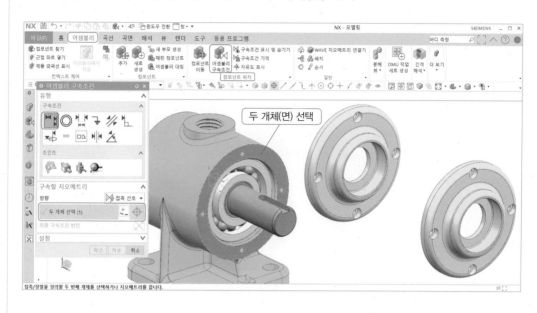

03 >> 유형 ⇨ 접촉 정렬 ⇨ 구속할 지오메트리 ⇨ 방향 ⇨ 접촉 선호 ⇨ 두 개체(면) 선택

💡 방향은 최종 구속조건으로 방향을 변환할 수 있다.

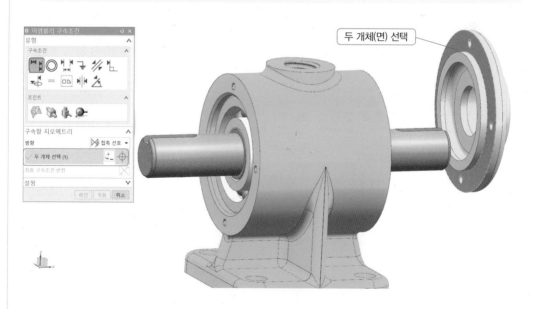

04 ⋙ 유형 ⇨ 접촉 정렬 ⇨ 구속할 지오메트리 ⇨ 방향 ⇨ 접촉 선호 ⇨ 두 개체(중심선)
선택 ⇨ 확인

💡 같은 방법으로 반대편 커버를 조립한다.

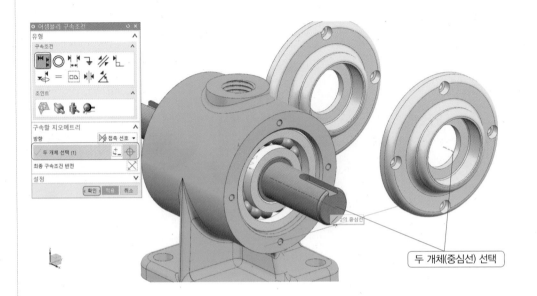

두 개체(중심선) 선택

⑤ 볼트 조립하기

01 ⋙ 어셈블리 ⇨ 컴포넌트 ⇨ 추가 ⇨ 열기 클릭 ⇨ 볼트 선택 ⇨ 확인 ⇨ 개수 : 4 ⇨
위치 ⇨ 컴포넌트 앵커 : 절대 ⇨ 개체 선택 ⇨ 배치 ⇨ 방향 지정 ⇨ 확인

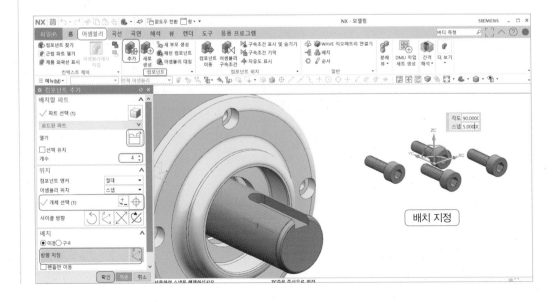

배치 지정

02 >> 어셈블리 ⇨ 컴포넌트 위치 ⇨ 어셈블리 구속조건 ⇨ 유형 ⇨ 접촉 정렬 ⇨ 구속할
지오메트리 ⇨ 방향 : 접촉 선호 ⇨ 두 개체(면) 선택

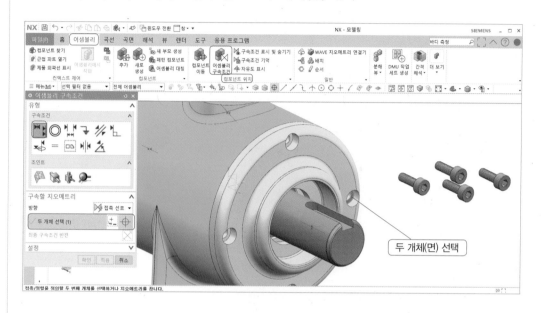

03 >> 유형 ⇨ 접촉 정렬 ⇨ 구속할 지오메트리 ⇨ 방향 ⇨ 접촉 선호 ⇨ 두 개체(면) 선택

💡 방향은 최종 구속조건으로 방향을 변환할 수 있다.

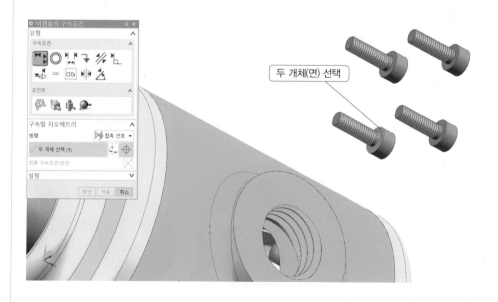

04 >> 유형 ⇨ 접촉 정렬 ⇨ 구속할 지오메트리 ⇨ 방향 ⇨ 접촉 선호 ⇨ 두 개체(중심선)

선택

💡 같은 방법으로 반대편 볼트를 조립한다.

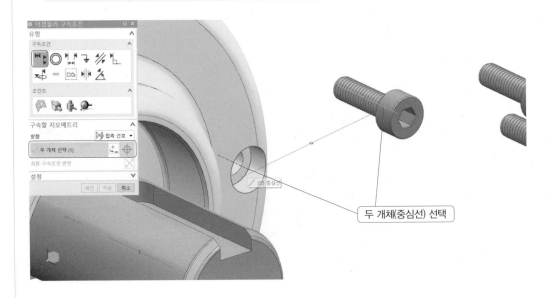

두 개체(중심선) 선택

❻ 오일 실 조립하기

01 >> 어셈블리 ⇨ 컴포넌트 ⇨ 추가 ⇨ 열기 클릭 ⇨ 오일 실 선택 ⇨ 확인 ⇨ 개수 : 2

⇨ 위치 ⇨ 컴포넌트 앵커 : 절대 ⇨ 개체 선택 ⇨ 배치 ⇨ 방향 지정 ⇨ 확인

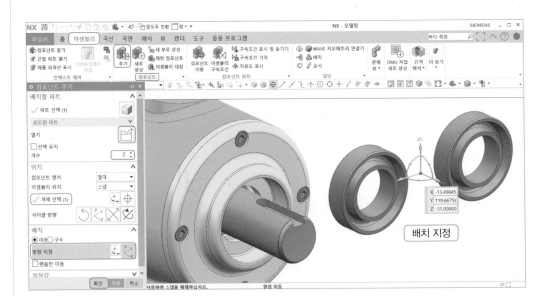

배치 지정

02 >> 어셈블리 ⇨ 컴포넌트 위치 ⇨ 어셈블리 구속조건 ⇨ 유형 ⇨ 접촉 정렬 ⇨ 구속할 지오메트리 ⇨ 방향 : 접촉 선호 ⇨ 두 개체(면) 선택

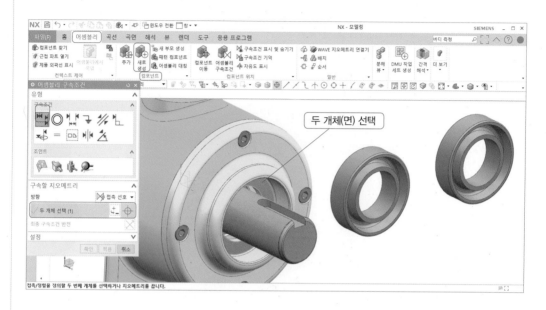

03 >> 유형 ⇨ 접촉 정렬 ⇨ 구속할 지오메트리 ⇨ 방향 ⇨ 접촉 선호 ⇨ 두 개체(면) 선택

💡 방향은 최종 구속조건으로 방향을 변환할 수 있다.

04 >> 유형 ⇨ 접촉 정렬 ⇨ 구속할 지오메트리 ⇨ 방향 ⇨ 접촉 선호 ⇨ 두 개체(중심선)
선택

💡 같은 방법으로 반대편 오일 실을 조립한다.

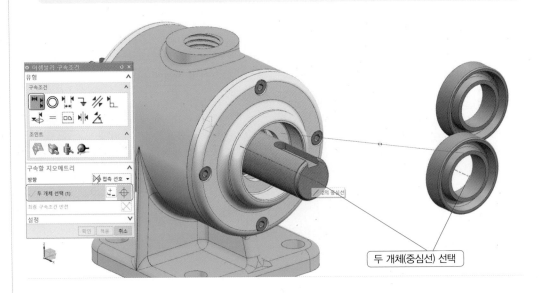

두 개체(중심선) 선택

❼ 키 조립하기

01 >> 어셈블리 ⇨ 컴포넌트 ⇨ 추가 ⇨ 열기 클릭 ⇨ 키 선택 ⇨ 확인 ⇨ 개수 : 2 ⇨ 위
치 ⇨ 컴포넌트 앵커 : 절대 ⇨ 개체 선택 ⇨ 배치 ⇨ 방향 지정 ⇨ 확인

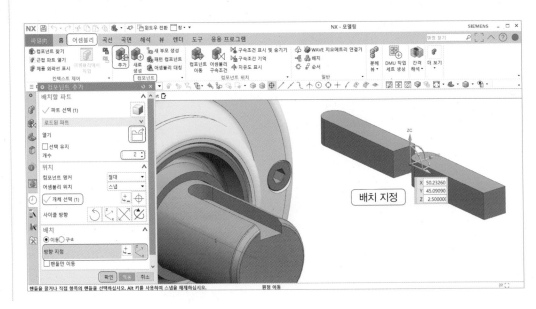

배치 지정

02 >> 어셈블리 ⇨ 컴포넌트 위치 ⇨ 어셈블리 구속조건 ⇨ 유형 ⇨ 접촉 정렬 ⇨ 구속할 지오메트리 ⇨ 방향 : 접촉 선호 ⇨ 두 개체(면) 선택

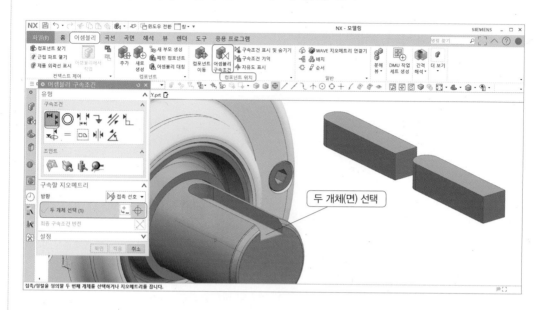

03 >> 유형 ⇨ 접촉 정렬 ⇨ 구속할 지오메트리 ⇨ 방향 ⇨ 접촉 선호 ⇨ 두 개체(면) 선택

💡 방향은 최종 구속조건으로 방향을 변환할 수 있다.

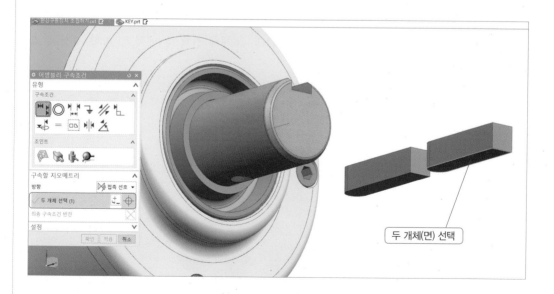

04 >> 유형 ⇨ 접촉 정렬 ⇨ 구속할 지오메트리 ⇨ 방향 ⇨ 접촉 선호 ⇨ 두 개체(중심선)
    선택

💡 같은 방법으로 반대편 키를 조립한다.

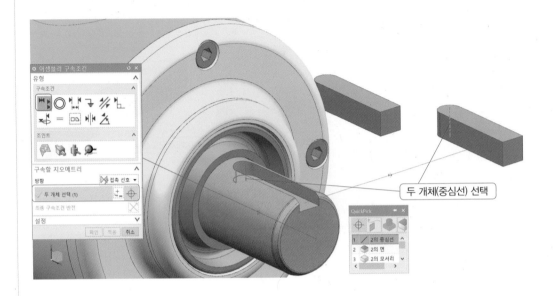

두 개체(중심선) 선택

❽ V벨트 풀리 조립하기

01 >> 어셈블리 ⇨ 컴포넌트 ⇨ 추가 ⇨ 열기 클릭 ⇨ V벨트 풀리 선택 ⇨ 확인 ⇨ 개수 :
    1 ⇨ 위치 ⇨ 컴포넌트 앵커 : 절대 ⇨ 개체 선택 ⇨ 배치 ⇨ 방향 지정 ⇨ 확인

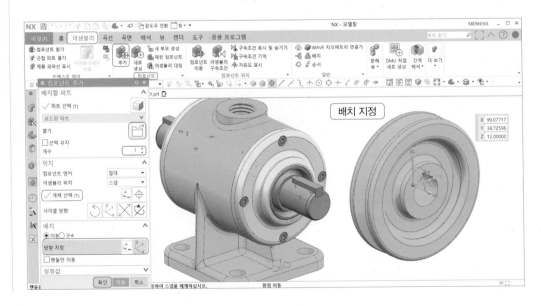

02 >> 어셈블리 ⇨ 컴포넌트 위치 ⇨ 어셈블리 구속조건 ⇨ 유형 ⇨ 접촉 정렬 ⇨ 구속할 지오메트리 ⇨ 방향 : 접촉 선호 ⇨ 두 개체(면) 선택

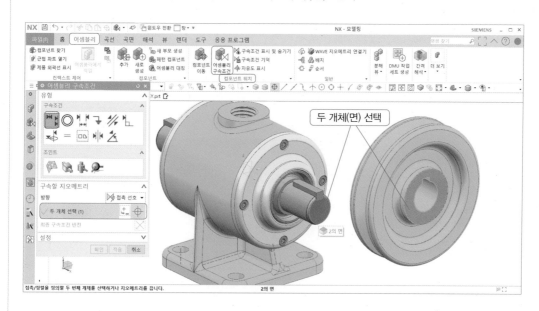

03 >> 유형 ⇨ 접촉 정렬 ⇨ 구속할 지오메트리 ⇨ 방향 ⇨ 접촉 선호 ⇨ 두 개체(중심선) 선택

💡 같은 방법으로 반대편 스프로킷을 조립한다.

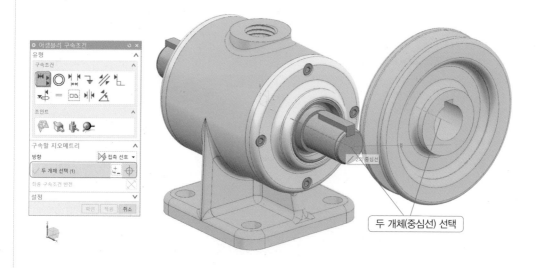

❾ 멈춤나사 조립하기

01 ≫ 어셈블리 ⇨ 컴포넌트 ⇨ 추가 ⇨ 열기 클릭 ⇨ 멈춤나사 선택 ⇨ 확인 ⇨ 개수 : 2
⇨ 위치 ⇨ 컴포넌트 앵커 : 절대 ⇨ 개체 선택 ⇨ 배치 ⇨ 방향 지정 ⇨ 확인

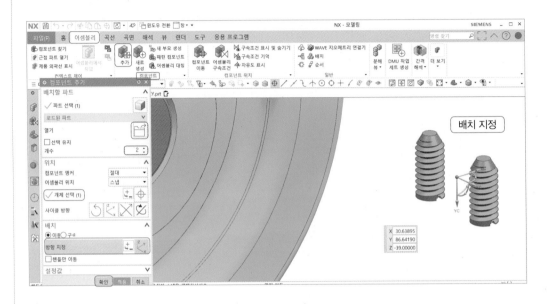

02 ≫ 어셈블리 ⇨ 컴포넌트 위치 ⇨ 어셈블리 구속조건 ⇨ 유형 ⇨ 접촉 정렬 ⇨ 구속할
지오메트리 ⇨ 방향 : 접촉 선호 ⇨ 두 개체(중심선) 선택

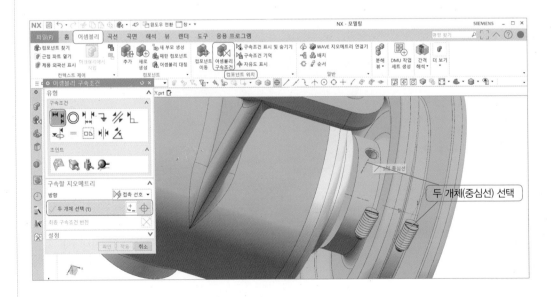

03 >> 유형 ⇨ 접촉 정렬 ⇨ 구속할 지오메트리 ⇨ 방향 ⇨ 접촉 선호 ⇨ 두 개체(면) 선택

💡 같은 방법으로 반대편 멈춤나사를 조립한다.

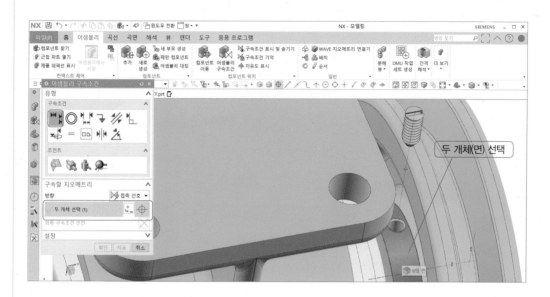

⑩ 가이드 부시 조립하기

01 >> 어셈블리 ⇨ 컴포넌트 ⇨ 추가 ⇨ 열기 클릭 ⇨ 가이드 부시 선택 ⇨ 확인 ⇨ 개수 :
1 ⇨ 위치 ⇨ 컴포넌트 앵커 : 절대 ⇨ 개체 선택 ⇨ 배치 ⇨ 방향 지정 ⇨ 확인

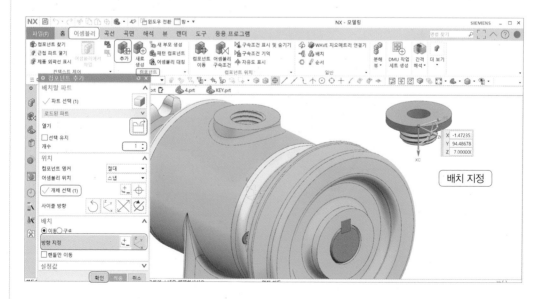

02 ≫ 어셈블리 ⇨ 컴포넌트 위치 ⇨ 어셈블리 구속조건 ⇨ 유형 ⇨ 접촉 정렬 ⇨ 구속할
지오메트리 ⇨ 방향 : 접촉 선호 ⇨ 두 개체(면) 선택

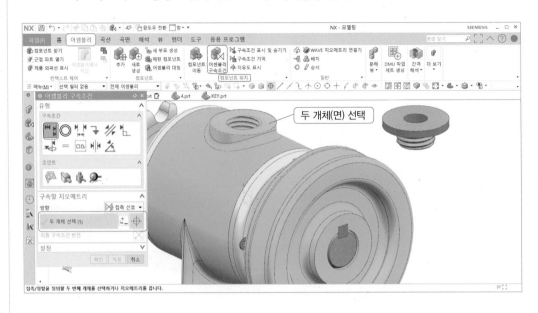

03 ≫ 유형 ⇨ 접촉 정렬 ⇨ 구속할 지오메트리 ⇨ 방향 ⇨ 접촉 선호 ⇨ 두 개체(면) 선택

04 >> 유형 ⇨ 접촉 정렬 ⇨ 구속할 지오메트리 ⇨ 방향 ⇨ 접촉 선호 ⇨ 두 개체(중심선)
　　　선택

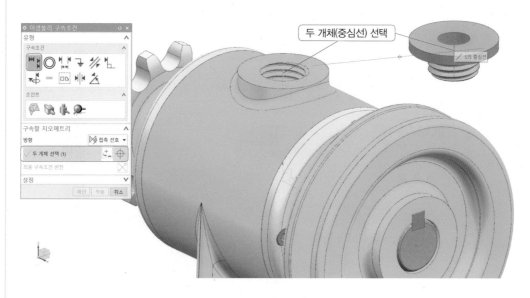

⑪ 슬라이더 조립하기

01 >> 어셈블리 ⇨ 컴포넌트 ⇨ 추가 ⇨ 열기 클릭 ⇨ 슬라이더 선택 ⇨ 확인 ⇨ 개수 : 1
　　　⇨ 위치 ⇨ 컴포넌트 앵커 : 절대 ⇨ 개체 선택 ⇨ 배치 ⇨ 방향 지정 ⇨ 확인

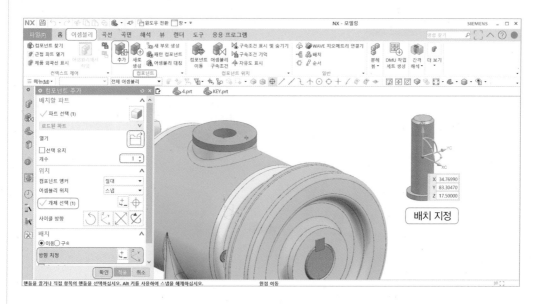

02 » 어셈블리 ⇨ 컴포넌트 위치 ⇨ 어셈블리 구속조건 ⇨ 유형 ⇨ 접촉 정렬 ⇨ 구속할
지오메트리 ⇨ 방향 : 접촉 선호 ⇨ 두 개체(중심선) 선택

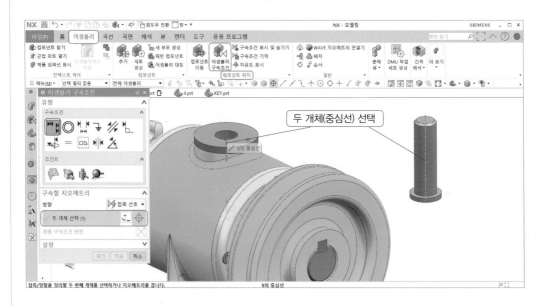

03 » 유형 ⇨ 접촉 정렬 ⇨ 구속할 지오메트리 ⇨ 방향 ⇨ 접촉 선호 ⇨ 두 개체(면) 선택

04 » 본체를 선택하여 Ctrl+B로 숨기기한 다음 원통면을 선택한다.

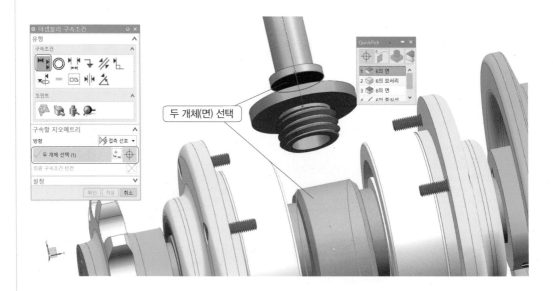

2 분해하기

1 ▶▶ 어셈블리 절단하기

01 ≫ 그림과 같이 XY평면에 사각형을 스케치하고, 구속조건은 X축에 동일직선 구속한다.

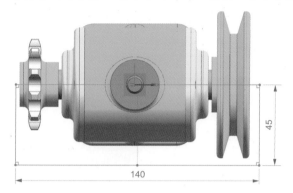

02 ≫ 홈 ⇨ 특징형상 ⇨ 돌출 ⇨ 단면 ⇨ 곡선 선택 ⇨ 한계 ⇨ 시작 ⇨ 거리 0 ⇨ 확인
　　　　　　　　　　　　　　　　　　　　　　　　⇨ 끝 ⇨ 거리 42

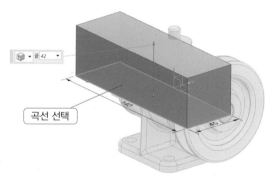

곡선 선택

03 ≫ 홈 ⇨ 특징형상 ⇨ 더 보기▼ ⇨ 결합 ⇨ 어셈블리 절단 ⇨ 타겟 ⇨ 바디 선택 ⇨ 공
　　　구 ⇨ 바디 선택

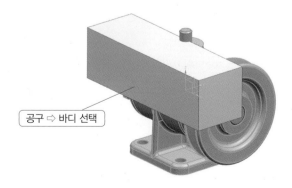

공구 ⇨ 바디 선택

타겟 바디
본체
커버
오일 실
스프로킷
V벨트 풀리
가이드 부시

② ▶▶ Exploded View(분해 전개)하기

01 ≫ 어셈블리 ⇨ 분해 뷰▼ ⇨ 새 전개 ⇨ 이름 : Explosion 1

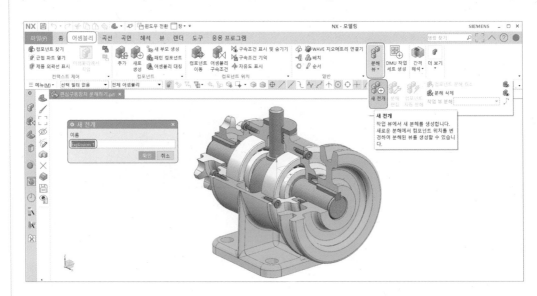

02 ≫ 어셈블리 ⇨ 분해 뷰 ⇨ 분해 편집 ⇨ 개체(멈춤나사) 선택

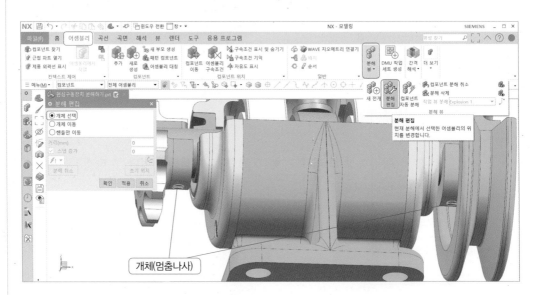

03 >> 개체 이동 – 마우스로 축 핸들을 클릭한 상태로 이동

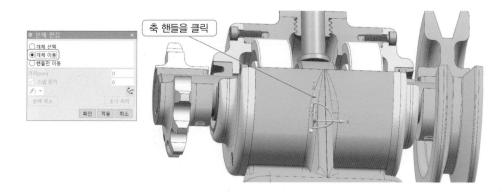

축 핸들을 클릭

04 >> 확인

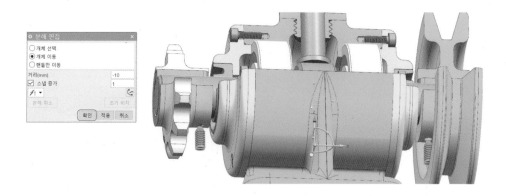

05 >> 어셈블리 ⇨ 분해 뷰 ⇨ 분해 편집 ⇨ 개체(V벨트 풀리) 선택

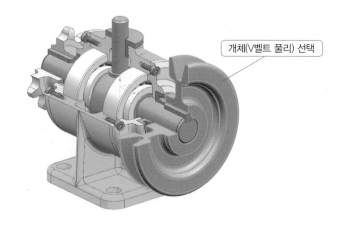

개체(V벨트 풀리) 선택

06 >> 개체 이동 – 마우스로 축 핸들을 클릭한 상태로 이동

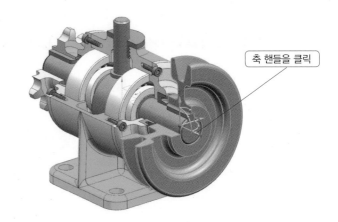

축 핸들을 클릭

07 >> 확인

08 >> 같은 방법으로 반대편 스프로킷을 분해한다.

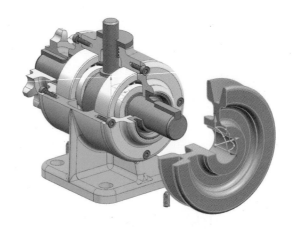

09 >> 어셈블리 ⇨ 분해 뷰 ⇨ 분해 편집 ⇨ 개체(키) 선택

개체(키) 선택

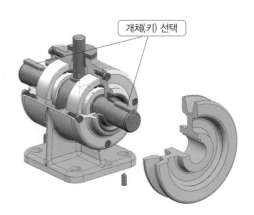

10 >> 개체 이동 – 마우스로 축 핸들을 클릭한 상태로 이동

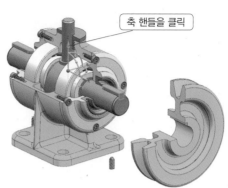

축 핸들을 클릭

11 >> 확인

12 >> 어셈블리 ⇨ 분해 뷰 ⇨ 분해 편집 ⇨ 개체(볼트, 오일 실) 선택

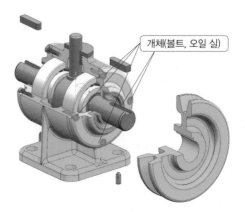

개체(볼트, 오일 실)

13 >> 개체 이동 – 마우스로 축 핸들을 클릭한 상태로 이동

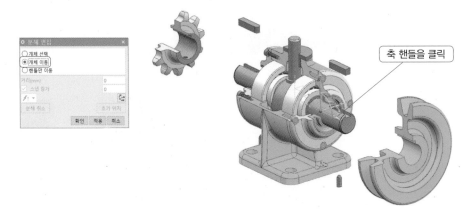

축 핸들을 클릭

14 >> 확인

15 >> 같은 방법으로 반대편 볼트와 오일 실을 분해한다.

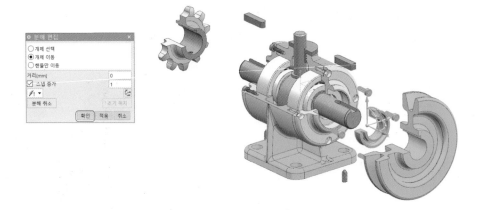

16 >> 어셈블리 ⇨ 분해 뷰 ⇨ 분해 편집 ⇨ 개체(커버) 선택

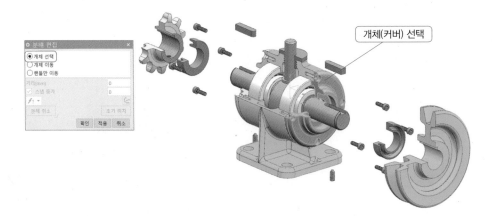

개체(커버) 선택

17 >> 개체 이동 – 마우스로 축 핸들을 클릭한 상태로 이동

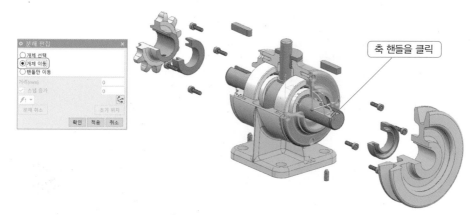

축 핸들을 클릭

18 >> 확인

19 >> 같은 방법으로 반대편 커버를 분해한다.

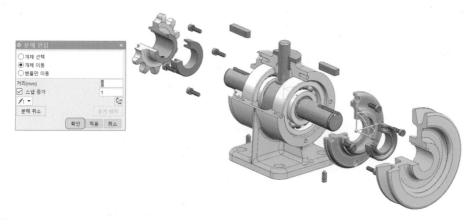

20 >> 어셈블리 ⇨ 분해 뷰 ⇨ 분해 편집 ⇨ 개체(가이드 부시) 선택

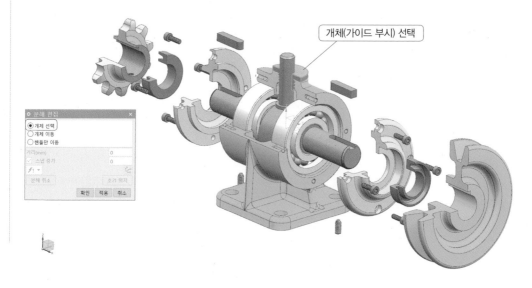

개체(가이드 부시) 선택

21 >> 개체 이동 – 마우스로 축 핸들을 클릭한 상태로 이동

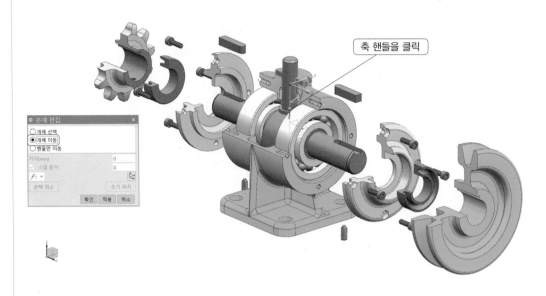

축 핸들을 클릭

22 >> 확인

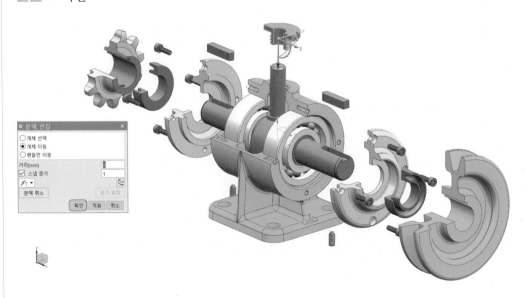

23 » 어셈블리 ⇨ 분해 뷰 ⇨ 분해 편집 ⇨ 개체(슬라이더) 선택

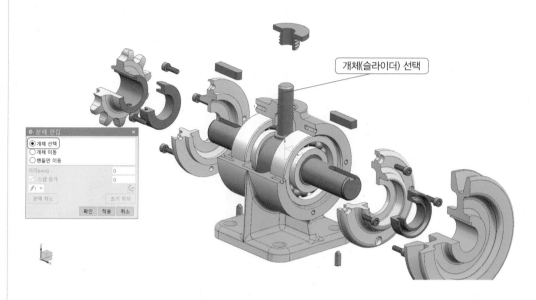

개체(슬라이더) 선택

24 » 개체 이동 – 마우스로 축 핸들을 클릭한 상태로 이동

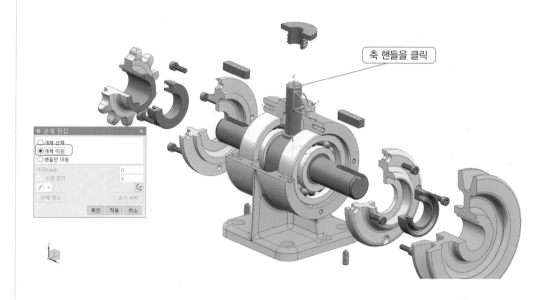

축 핸들을 클릭

25 >> 확인

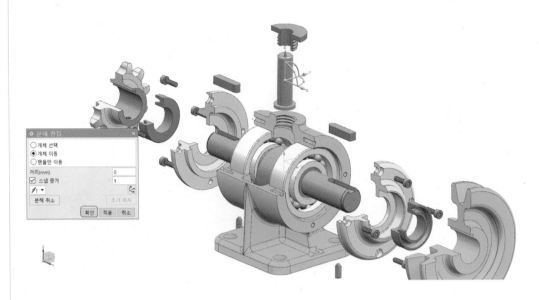

26 >> 어셈블리 ⇨ 분해 뷰 ⇨ 분해 편집 ⇨ 개체(베어링) 선택

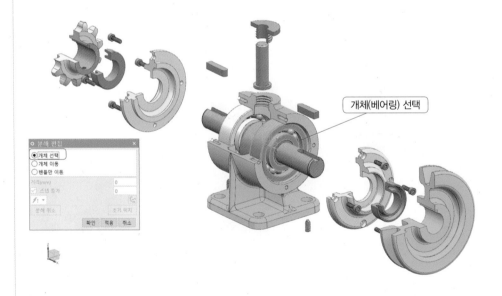

개체(베어링) 선택

27 >> 개체 이동 – 마우스로 축 핸들을 클릭한 상태로 이동

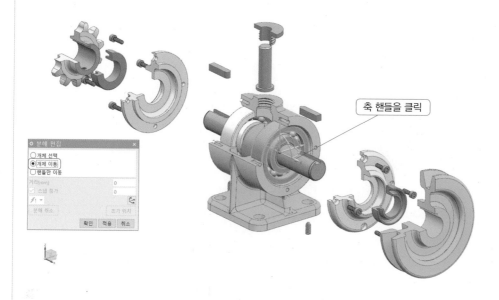

축 핸들을 클릭

28 >> 확인

29 >> 같은 방법으로 반대편 베어링을 분해한다.

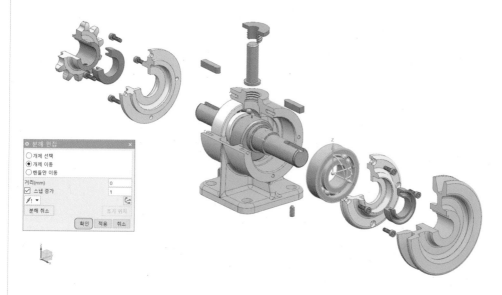

③ ▶▶ 추적선

어셈블리 ⇨ 분해 뷰 ▼ ⇨ 추적선(↗) ⇨ 시작점 지정 ⇨ 끝점 지정 ⇨ 적용

💡 추적선 방향은 좌표축을 W클릭하여 방향을 변경한다.

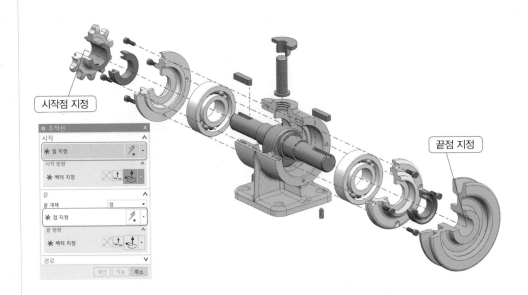

④ ▶▶ 전개 조립 변환하기

어셈블리 ⇨ 분해 뷰▼ ⇨ Explosion 1 ▼ ⇨ 분해 없음을 클릭하면 전개도에서 조립도로 변환되며, 분해 없음 ▼ ⇨ Explosion 1을 클릭하면 다시 전개도로 변환된다.

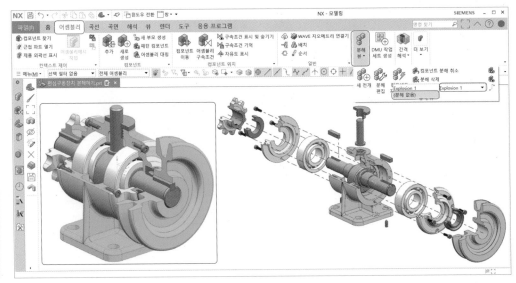

3 Motion Simulation

01 >> 파일 ➭ 동작(Motion Simulation)

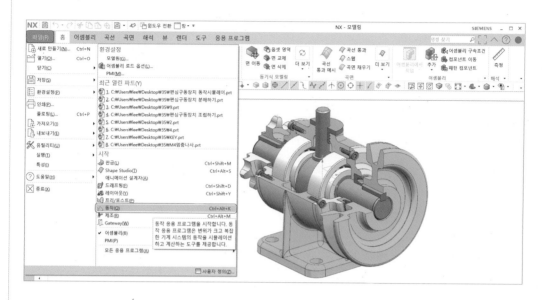

02 >> 동작 탐색기 ➭ 편심구동장치 동작 시뮬레이션(Motion Simulation)을 클릭 MB3
   ➭ 새 시뮬레이션

💡 동작 탐색기에서 어셈블리 파일을 선택하여 MB3하면 새 시뮬레이션이 생성된다.

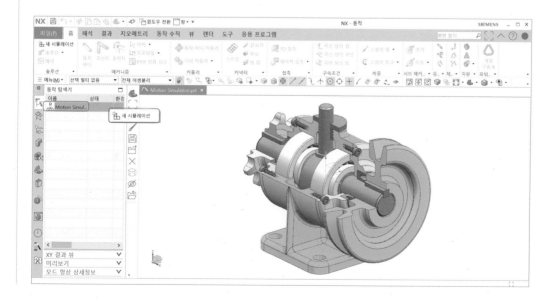

03 >> 확인

04 >> 환경 ⇨ 해석 유형 ⇨ ⦿동역학 ⇨ 확인

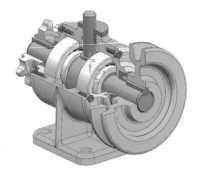

05 >> 취소

💡 확인하면 Joint가 자동으로 생성된다. 우리는 여기에서 취소하여 Joint를 수동으로 생성한다.

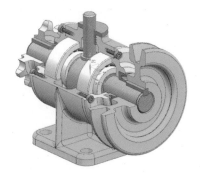

06 >> 홈 ⇨ 메커니즘 ⇨ 동작 바디 ⇨ 개체 선택 ⇨ 질량 특성 옵션 : 자동 ⇨ 설정값 ⇨
☑ 조인트 없이 동작 바디 고정(☑ 체크) ⇨ 적용

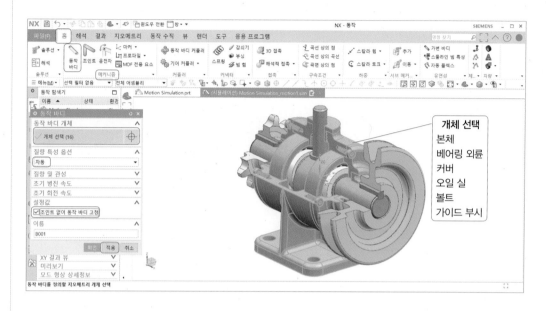

개체 선택
본체
베어링 외륜
커버
오일 실
볼트
가이드 부시

07 >> 동작 바디 ⇨ 개체 선택 ⇨ 질량 특성 옵션 : 자동 ⇨ 설정값 ⇨ ☐ 조인트 없이 동
작 바디 고정(☐ 체크 해제) ⇨ 적용

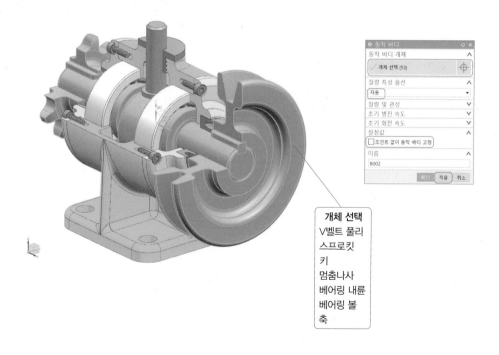

개체 선택
V벨트 풀리
스프로킷
키
멈춤나사
베어링 내륜
베어링 볼
축

08 ▷▷ 동작 바디 ⇨ 개체 선택 ⇨ 질량 특성 옵션 : 자동 ⇨ 설정값 ⇨ □ 조인트 없이 동작 바디 고정(□ 체크 해제) ⇨ 적용

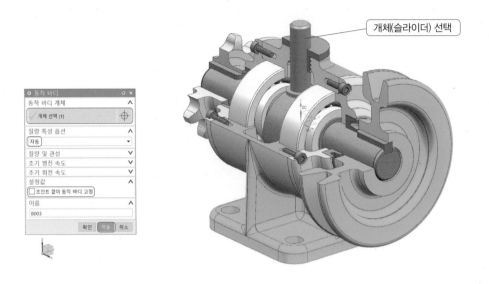

개체(슬라이더) 선택

09 ▷▷ 홈 ⇨ 메커니즘 ⇨ 조인트 ⇨ 정의 ⇨ 유형 ⇨ 회전 ⇨ 작업 ⇨ 동작 바디 선택(V벨트 풀리 모서리)

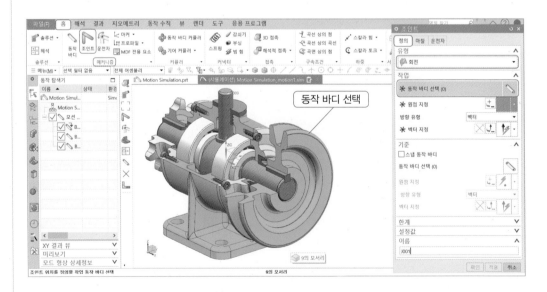

동작 바디 선택

10 >> 운전자 ⇨ 회전 ⇨ 다항식 ⇨ 초기 변위 : 0° ⇨ 속도 : 360°/s ⇨ 가속도 : 0°/s² ⇨ 적용

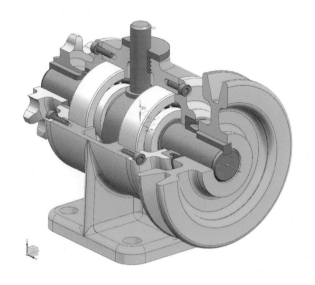

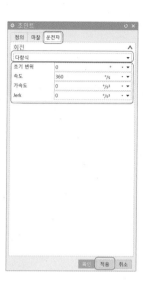

11 >> 조인트 ⇨ 정의 ⇨ 유형 ⇨ 슬라이더 ⇨ 작업 ⇨ 동작 바디 선택(슬라이더 모서리)

💡 Select Link는 5번 부품(슬라이더)의 원통 모서리를 선택한다.

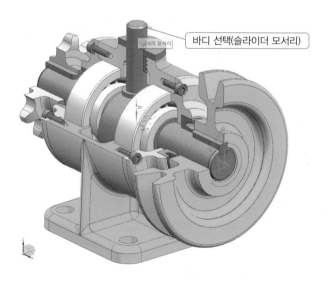

바디 선택(슬라이더 모서리)

12 ≫ 기준 ⇨ 동작 바디 선택(가이드 부시 모서리) ⇨ 확인

💡 이 기준은 시행하지 않아도 동작 시뮬레이션(Motion Simulation)은 작동한다.

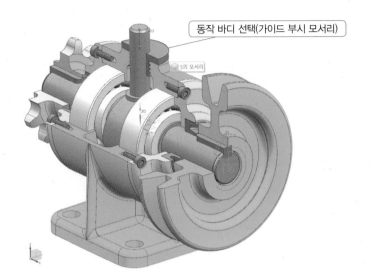

동작 바디 선택(가이드 부시 모서리)

13 ≫ 홈 ⇨ 접촉 ⇨ 3D 접촉 ⇨ 유형 : CAD 접촉 ⇨ 작업 ⇨ 바디 선택(슬라이더)

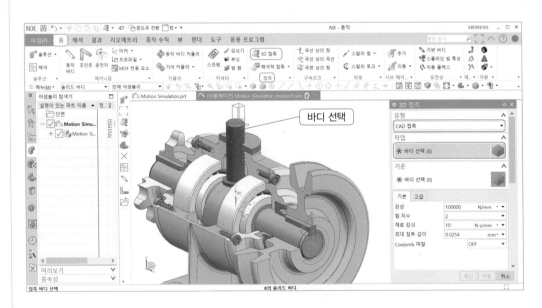

바디 선택

14 >> 작업 ⇨ 바디 선택(축) ⇨ 확인

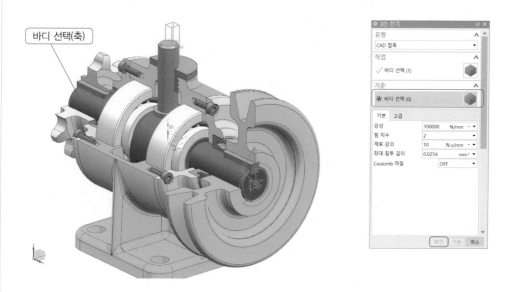

15 >> 홈 ⇨ 솔루션 ⇨ 솔루션 ⇨ 솔루션 옵션 ⇨ 솔루션 유형 : 정상 실행 ⇨ 해석 유형 :
운동학/동역학 ⇨ 시간 : 10 ⇨ 단계 : 50 ⇨ 확인

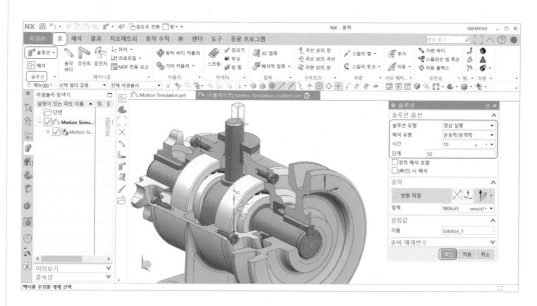

16 >> 홈 ⇨ 솔루션 ⇨ 해석

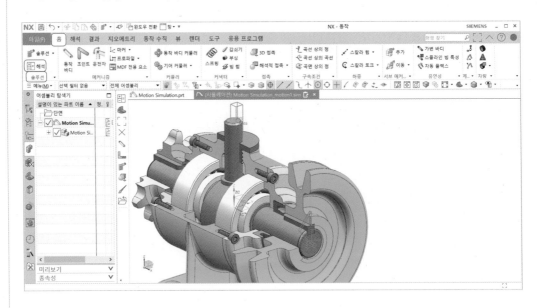

17 >> 해석 ⇨ 동작 ⇨ 애니메이션 ⇨ 재생 모드 ⇨ 루프 ⇨ 닫기

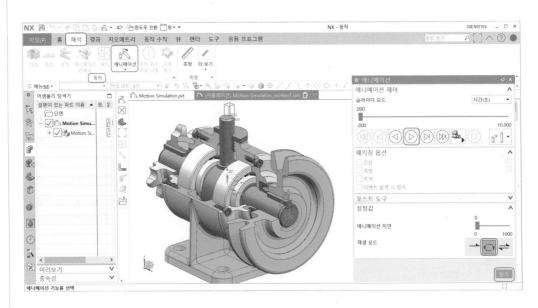

CAM 가공하기

1 Manufacturing

가공 응용 프로그램은 밀링, 드릴링, 선삭, 와이어 EDM 공구 경로 등을 대화형으로 프로그램하고 포스트프로세스하는 도구를 제공한다.

CAM 가공은 모델링에서 작업된 형상을 이용하여 다양한 가공 작업을 설정하여 여러 가지 가공을 하는 방법이다.

❶ 지오메트리 생성 : 새 지오메트리 그룹을 생성, 지오메트리의 그룹 개체는 오퍼레이션 탐색기의 지오메트리 뷰에 표시된다.

❷ 공구 생성 : 현재 오퍼레이션에 사용할 공구를 생성하고 다른 오퍼레이션 탐색기의 기계 공구 뷰에 배치한다. 작업자가 공정에 맞게 공구를 설정, 추가할 수 있으며 설정된 공구를 선택할 수 있다.

❸ 오퍼레이션 생성 : 다양한 모델링 형상에 따라 가공 방법을 설정하여 여러 가지 작업 공정에 맞추어 가공 방법을 선택하여 NC 데이터를 생성한다.

❹ 생성 방법 : 오퍼레이션에 사용할 새 방법 그룹을 생성하고, 다른 오퍼레이션에서도 사용할 수 있도록 오퍼레이션 탐색기의 가공 방법 뷰에 배치할 수 있다. 황삭, 중삭, 정삭, 잔삭 등을 구별하여 가공변수를 설정한다.

❺ 공구 경로 생성 : Tool Path를 생성한다.

❻ 절삭 매개변수 : 절삭 오퍼레이션 하위 유형에 공통적인 설정을 제어할 수 있다. 절삭 매개변수에서 공차, 커터 간격 각도, 최소 간격, 윤곽선 유형, 절삭 구속조건, 절삭 제어 등이 포함된다. 파트 재료에 절삭을 연결하는 옵션을 설정할 수 있다.

❼ 절삭 이동 : 절삭 이동 전, 후 사이에 공구 위치를 설정하는 이동을 지정한다.

❽ 이송 및 속도 : 스핀들 속도 및 이송을 지정한다.

2 컴퓨터응용가공산업기사 실기

1 ▶▶ 가공 설정하기

❶ Manufacturing하기

01 ≫ 파일 ➡ 제조(Manufacturing)

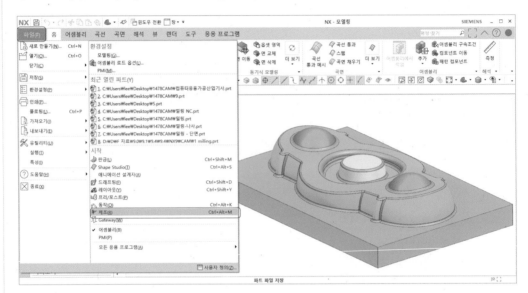

02 ≫ 가공 환경 ➡ CAM 세션 구성 ➡ cam_general ➡ 생성할 CAM 설정 ➡ mill_contour ➡ 확인

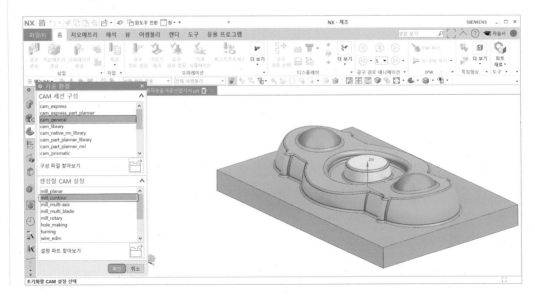

03 >> 오퍼레이션 탐색기

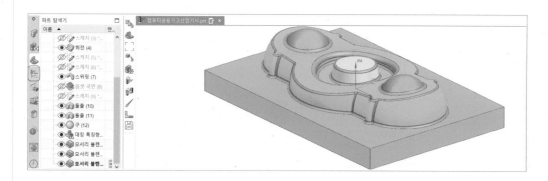

04 >> 오퍼레이션 탐색기 창에 MB3 ⇨ 지오메트리 뷰

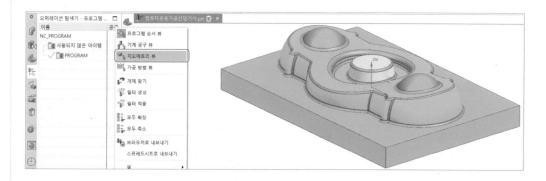

05 >> +MCS_MILL 펼치기

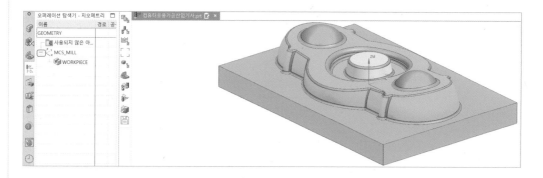

❷ 가공좌표 설정하기

01 ≫ MCS_MILL MB3 ⇨ 편집

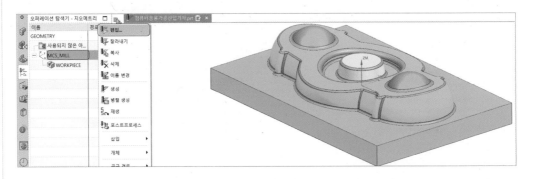

02 ≫ 기계 좌표계 ⇨ MCS 지정(모서리 끝점 선택) ⇨ 확인

💡 가공 원점은 모델링 원점과 관계없이 가공에 필요한 점에 잡는다.

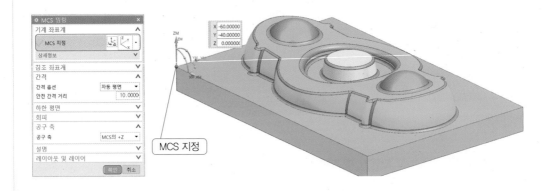

03 ≫ 간격 ⇨ 간격 옵션 ⇨ 평면 ⇨ 평면 지정 ⇨ 거리 50 ⇨ 확인

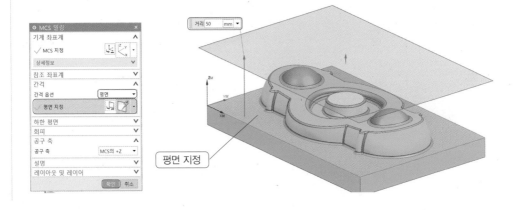

❸ WORKPIECE 편집하기

01 >> WORKPIECE MB3 ⇨ 편집

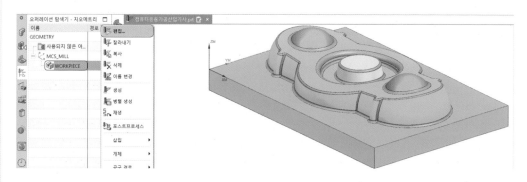

● 파트 지정(가공할 모델링 선택)

02 >> 지오메트리 ⇨ 파트 지정 ⇨ 파트 지오메트리 선택 또는 편집

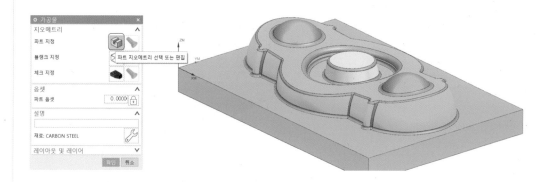

03 >> 지오메트리 ⇨ 개체 선택 ⇨ 확인

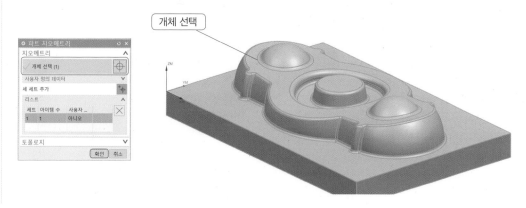

● 블랭크 지정(소재 지정)하기

04 >> 지오메트리 ➭ 블랭크 지정 ➭ 블랭크 지오메트리 선택 또는 편집

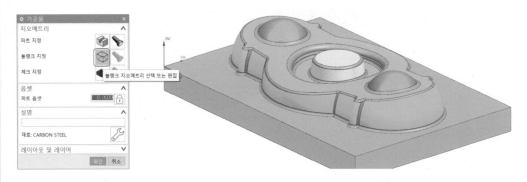

05 >> 유형 ➭ 경계 블록(ZM+10을 제외하고 X, Y, Z 모두 0으로 한다.) ➭ 확인

 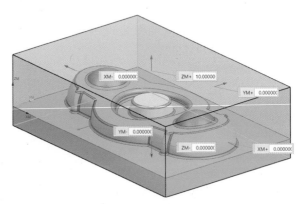

06 >> 확인

 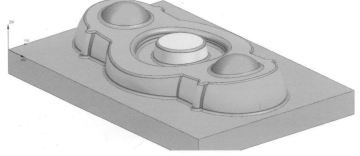

② ▶▶ 공구 생성하기

지오메트리 탐색기 창 MB3 ⇨ 기계 공구 뷰

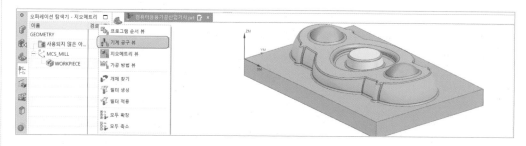

❶ 1번 공구(엔드밀 ∅12) 생성하기

01 ▶▶ 홈 ⇨ 공구 생성 ⇨ 유형 ⇨ mill_contour ⇨ 공구 하위 유형 ⇨ MILL ⇨ 이름 ⇨
FEM_12 ⇨ 확인

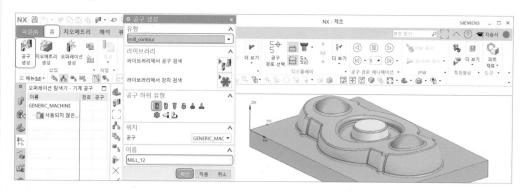

02 ▶▶ 공구 ⇨ 치수 ⇨ (D) 직경 : 12 ⇨ 번호 ⇨ 공구 번호 : 1 ⇨ 공구 보정 레지스터 : 1
⇨ 확인

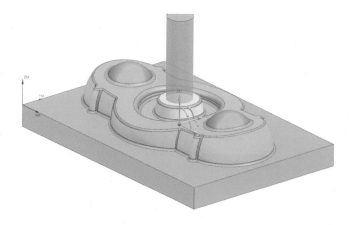

❷ 2번 공구(볼 엔드밀 ∅4) 생성하기

01 ⟫ 홈 ⇨ 공구 생성 ⇨ 유형 ⇨ mill_contour ⇨ 공구 하위 유형 ⇨ BALL_MILL ⇨ 이름 ⇨ BALL_4 ⇨ 확인

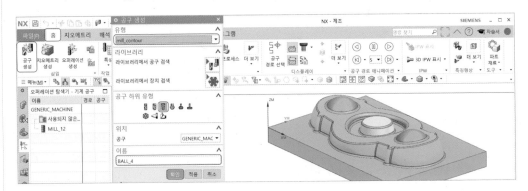

02 ⟫ 공구 ⇨ 치수 ⇨ (D) 볼 직경 : 4 ⇨ 번호 ⇨ 공구 번호 : 2 ⇨ 공구 보정 레지스터 : 2 ⇨ 확인

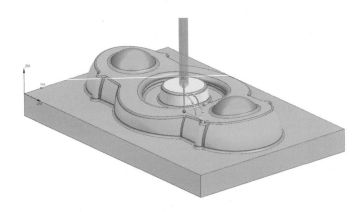

❸ 3번 공구(볼 엔드밀 ∅2) 생성하기

01 ⟫ 홈 ⇨ 삽입 ⇨ 공구 생성 ⇨ 유형 ⇨ mill_contour ⇨ 공구 하위 유형 ⇨ BALL_MILL ⇨ 이름 ⇨ BALL_2 ⇨ 확인

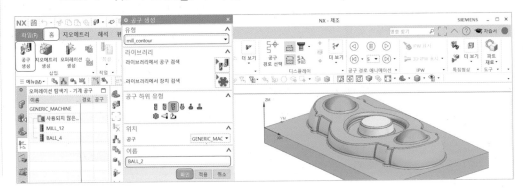

02 ≫ 공구 ⇨ 치수 ⇨ (D) 볼 직경 : 2 ⇨ 번호 ⇨ 공구 번호 : 3 ⇨ 공구 보정 레지스터 :
　　　3 ⇨ 확인

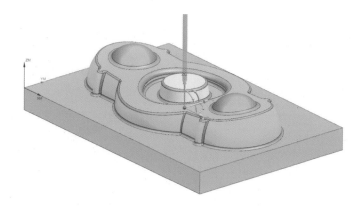

③ ▸▸ 오퍼레이션 생성하기

지오메트리 탐색기 MB3 ⇨ 프로그램 순서 뷰

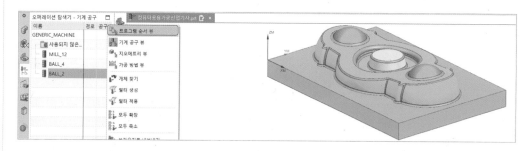

① 황삭 오퍼레이션 생성하기

01 ≫ 홈 ⇨ 삽입 ⇨ 오퍼레이션 생성 ⇨ 유형 ⇨ mill contour ⇨ 오퍼레이션 하위 유형
　　　⇨ 캐비티 밀링 ⇨ 위치 ⇨ 프로그램 : PROGRAM ⇨ 공구 : MILL_12(밀링 공구 5
　　　매개변수) ⇨ 지오메트리 : WORKPIECE ⇨ 방법 : METHOD ⇨ 확인

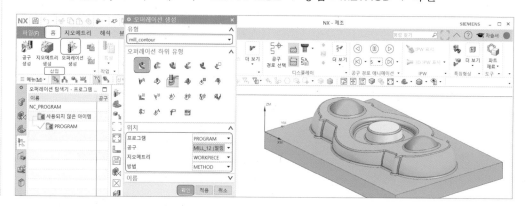

02 ≫ 경로 설정 ⇨ 절삭 패턴 : 외곽 따르기 ⇨ 스텝오버 : 일정 ⇨ 최대 거리 : 4.0 ⇨ 절
삭 당 공통 깊이 : 일정 ⇨ 최대 거리 : 4.0 ⇨ 절삭 매개변수

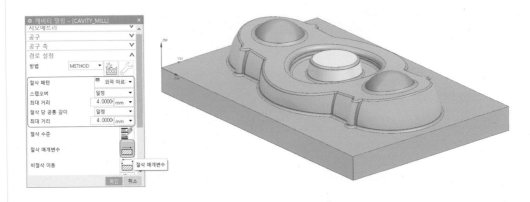

03 ≫ 전략 ⇨ 절삭 ⇨ 절삭 방향 : 하향 절삭 ⇨ 절삭 순서 : 깊이를 우선 ⇨ 패턴 방향 :
⇨ 안쪽 ⇨ 벽면 ⇨ ☑ 아일랜드 클린업(체크)

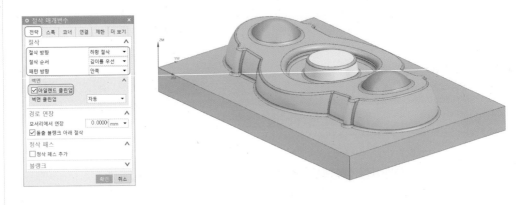

04 ≫ 스톡 ⇨ ☑측면과 동일한 바닥 사용(체크) ⇨ 파트 측면 스톡 : 0.3 ⇨ 확인

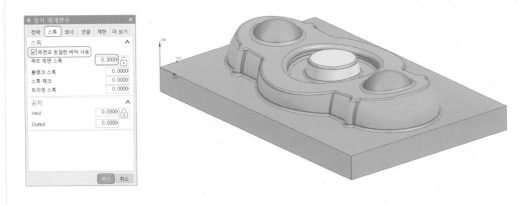

05 >> 이송 및 속도

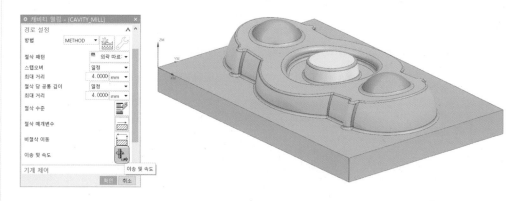

06 >> 스핀들 속도 ⇨ □ 스핀들 속도(rpm) : 1400 ⇨ 이송률 ⇨ 절삭(이송) : 100 ⇨
     확인

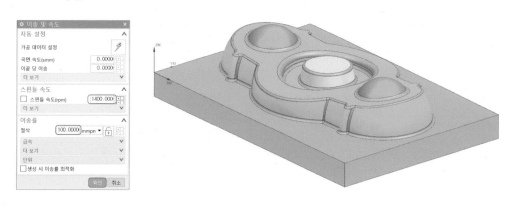

07 >> 생성 ⇨ 확인(확인을 클릭해야 NC 데이터가 생성된다.)

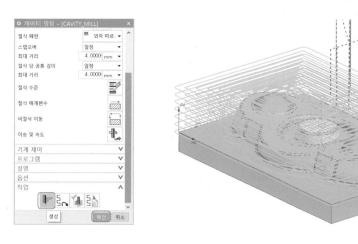

❷ 정삭 오퍼레이션 생성하기

01 ≫ 홈 ⇨ 삽입 ⇨ 오퍼레이션 ⇨ 유형 ⇨ mill contour ⇨ 오퍼레이션 하위 유형 ⇨ 윤
곽 영역 ⇨ 위치 ⇨ 프로그램 : PROGRAM ⇨ 공구 : BALL_4(밀링 공구—볼밀) ⇨
지오메트리 : WORKPIECE ⇨ 방법 : METHOD ⇨ 확인

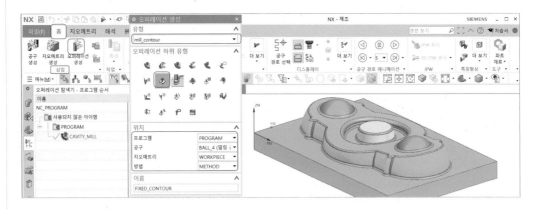

02 ≫ 지오메트리 ⇨ 절삭 영역 지정 ⇨ 절삭 영역 지오메트리 선택 또는 편집

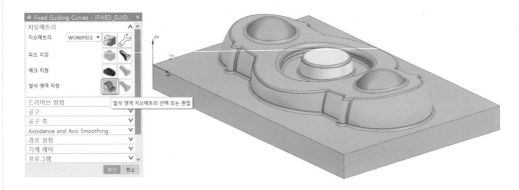

03 ≫ 지오메트리 ⇨ 개체 선택 ⇨ 확인(접하는 면에서 개체를 선택하면 개체를 쉽게 선
택할 수 있다.)

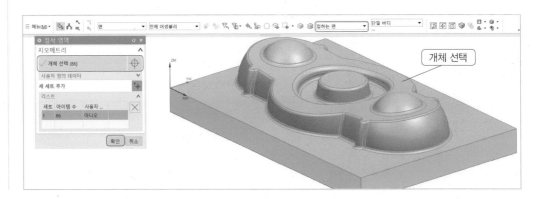

04 >> 드라이브 방법 ⇨ 방법 : 영역 밀링 ⇨ 편집

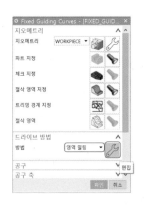
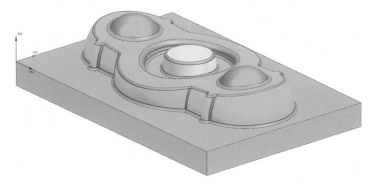

05 >> 드라이브 설정 ⇨ 비 급경사 절삭 패턴 : 지그재그 ⇨ 절삭 방향 : 하향 절삭 ⇨ 스텝오버 : 일정 ⇨ 최대 거리 : 1.0 ⇨ 적용된 스텝오버 : 평면 상에서 ⇨ 절삭 각도 : 지정 ⇨ XC로부터 각도 : 45° ⇨ 확인

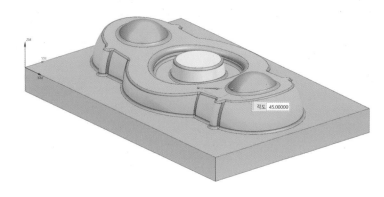

06 >> 절삭 매개변수

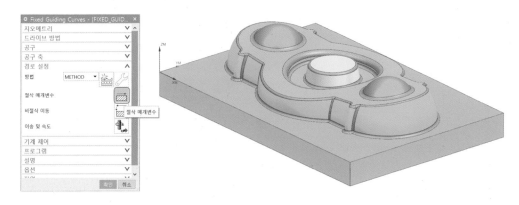

07 >> 스톡 ⇨ 파트 스톡 : 0 ⇨ 확인

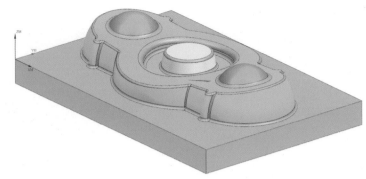

08 >> 이송 및 속도

09 >> 스핀들 속도 ⇨ □ 스핀들 속도(rpm) : 1800 ⇨ 이송률 ⇨ 절삭(이송) : 90 ⇨ 확인

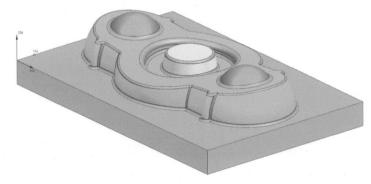

10 >> 생성 ⇨ 확인

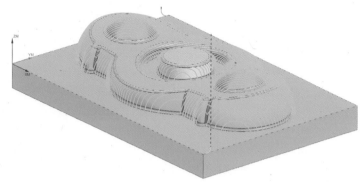

❸ 잔삭 오퍼레이션 생성하기

01 >> 홈 ⇨ 삽입 ⇨ 오퍼레이션 ⇨ 유형 ⇨ mill contour ⇨ 오퍼레이션 하위 유형 ⇨ 플로우컷 단일 ⇨ 위치 ⇨ 프로그램 : PROGRAM ⇨ 공구 : BALL_2(밀링 공구-볼밀) ⇨ 지오메트리 : WORKPIECE ⇨ 방법 : METHOD ⇨ 확인

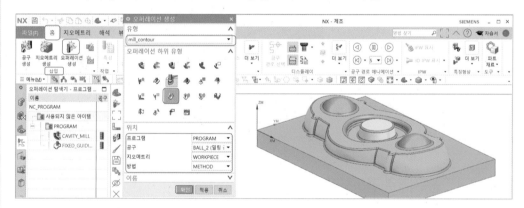

02 >> 이송 및 속도

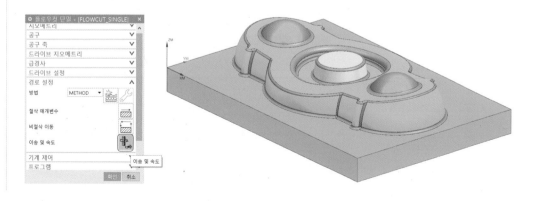

03 >> 스핀들 속도 ⇨ ☐ 스핀들 속도(rpm) : 3700 ⇨ 이송률 ⇨ 절삭(이송) : 80 ⇨ 확인

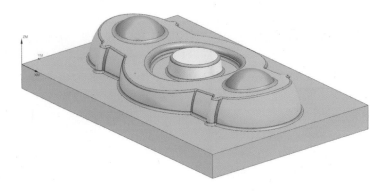

04 >> 생성 ⇨ 확인

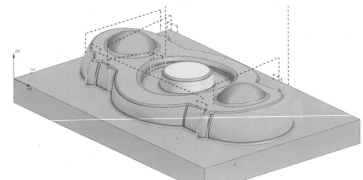

(4) ▶▶ 공구 경로 검증하기

01 >> CAVITY_MILL, FIXED_GUIDING_CURVES, FLOWCUT_SINGLE MB3 ⇨ 공구 경로 ⇨ 검증

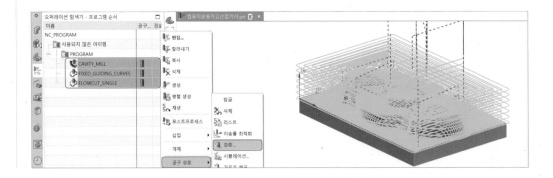

02 >> 3D 동적 ⇨ 애니메이션 속도 5 ⇨ 재생 ⇨ 확인

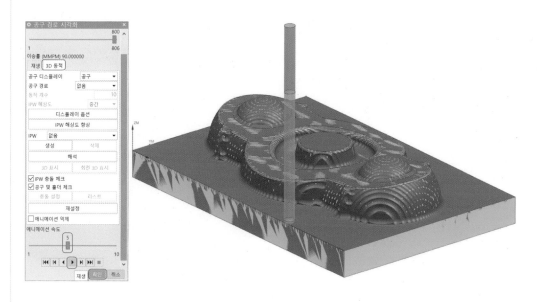

5 ▷▷ NC 데이터 저장하기

❶ 황삭 NC 데이터 저장하기

01 >> CAVITY_MILL MB3 ⇨ 포스트프로세스

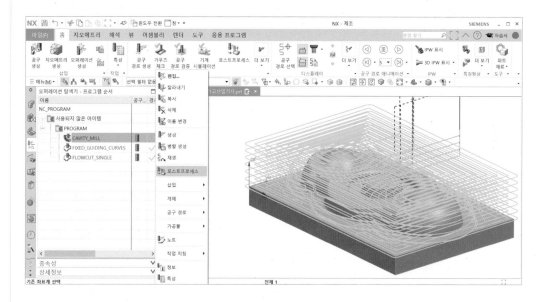

02 ≫ 포스트프로세스 ⇨ MILL_3_AXIS ⇨ 출력 파일 ⇨ 파일 이름 ⇨ 황삭 ⇨ 파일 확
장자 : NC ⇨ 설정값 ⇨ 단위 : 미터법/파트 ⇨ 확인

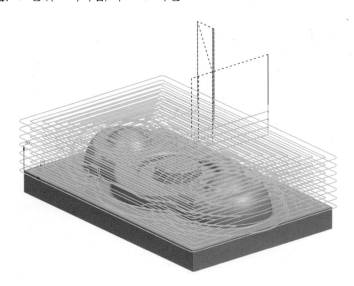

03 ≫ 확인

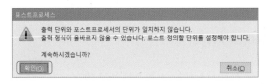

04 ≫ 같은 방법으로 정삭과 잔삭 NC 데이터를 생성한다.

황삭 NC 데이터	정삭 NC 데이터	잔삭 NC 데이터

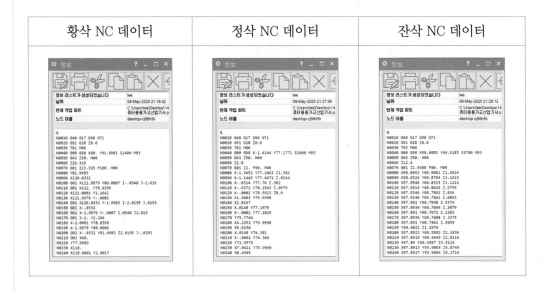

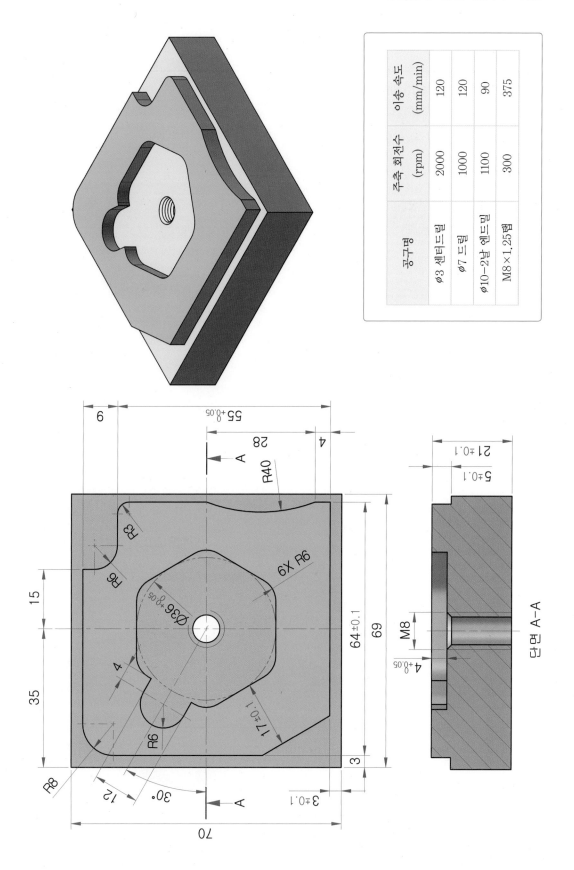

공구명	주축 회전수 (rpm)	이송 속도 (mm/min)
ø3 센터드릴	2000	120
ø7 드릴	1000	120
ø10-2날 엔드밀	1100	90
M8×1.25탭	300	375

단면 A-A

3 컴퓨터응용밀링기능사 실기

1 ▶▶ Manufacturing하기

01 ≫ 파일 ⇨ 제조

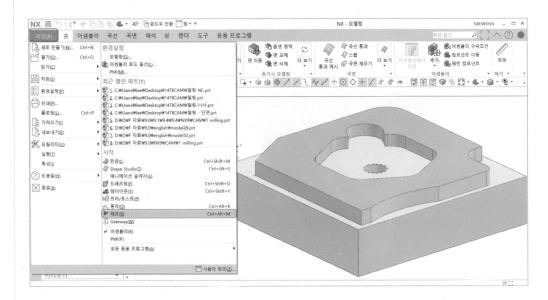

02 ≫ 오퍼레이션 탐색기 창에 MB3 ⇨ 지오메트리 뷰

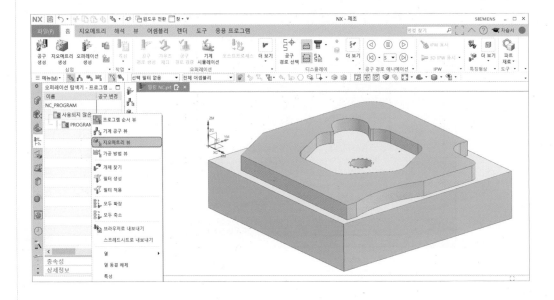

03 >> +MCS_MILL 펼치기

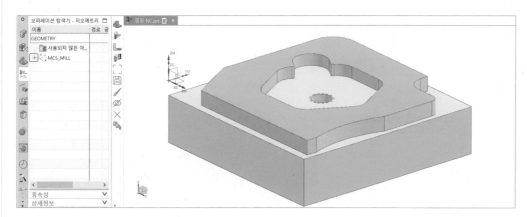

(2) ▶▶ **가공 좌표 설정하기**

01 >> MCS_MILL 더블 클릭 ⇨ 기계 좌표계 ⇨ MCS 지정 ⇨ 좌표계 다이얼로그

💡 가공 좌표는 모델링 원점과 상관없이 원하는 위치를 가공 원점으로 지정할 수 있다.

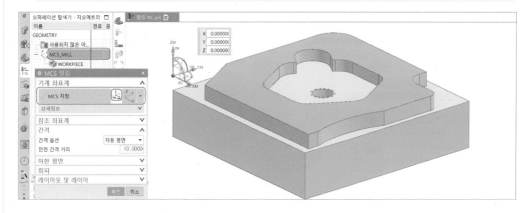

02 >> 확인

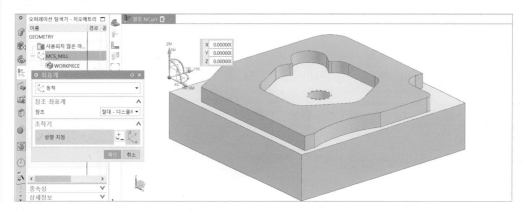

03 >> 간격 ⇨ 간격 옵션 : 자동 평면 ⇨ 안전 간격 거리 : 10 ⇨ 확인

💡 이번 NC 데이터에서 안전 높이는 공작물 윗면에서 10mm 높게 설정한다.

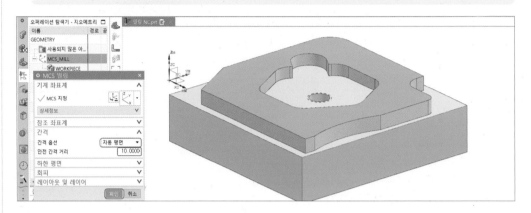

3 ▶▶ 파트 지정하기

01 >> WORKPIECE 더블 클릭 ⇨ 지오메트리 ⇨ 파트 지정 : 파트 지오메트리 선택 또는
편집 가공할 모델링을 선택한다.

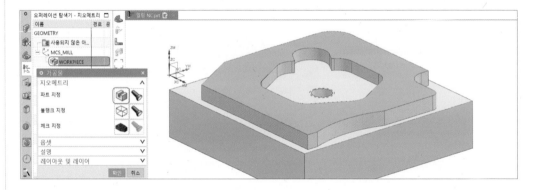

02 >> 지오메트리 ⇨ 개체 선택 ⇨ 확인

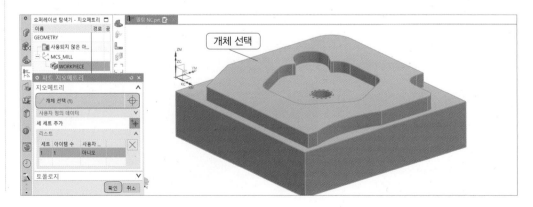

4 ▶▶ 블랭크 지정(소재 지정)하기

01 ›› 지오메트리 ➪ 블랭크 지정 : 블랭크 지오메트리 선택 또는 편집 가공할 소재를
Bounding Block(경계 블록)으로 지정한다.

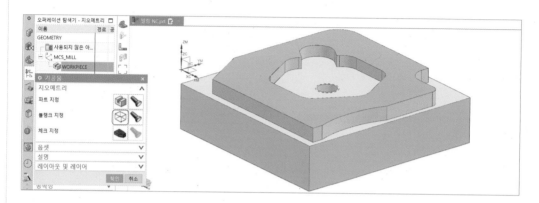

02 ›› 경계 블록(X, Y, Z 모두 0으로 한다.) ➪ 확인

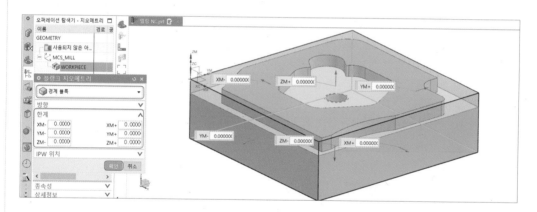

03 ›› 확인

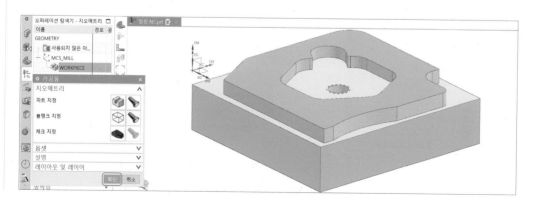

5 ▸▸ 공구 생성하기

❶ 1번 공구(센터 드릴 ∅3) 생성하기

01 ≫ 홈 ⇨ 삽입 ⇨ 공구 생성 ⇨ 유형 ⇨ hole_making ⇨ 공구 하위 유형 ⇨ CENTERDRILL ⇨ 이름 ⇨ CENTERDRILL_3 ⇨ 확인

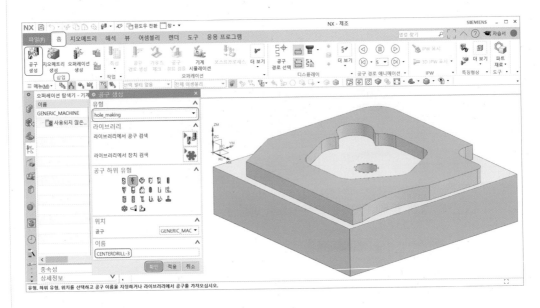

02 ≫ 공구 ⇨ 치수 ⇨ (D) 직경 : 8 ⇨ (TD) 팁 직경 : 3 ⇨ 번호 ⇨ 공구 번호 : 1 ⇨ 조정 레지스터 : 1 ⇨ 확인

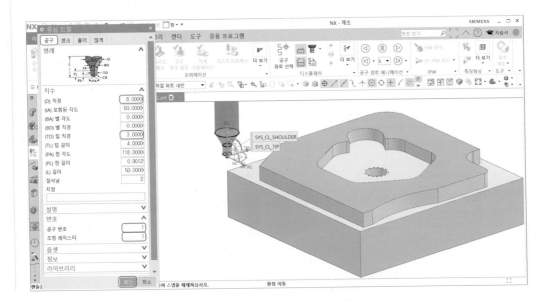

❷ 2번 공구(드릴 ∅7) 생성하기

01 ≫ 홈 ⇨ 삽입 ⇨ 공구 생성 ⇨ 유형 ⇨ hole_making ⇨ 공구 하위 유형 ⇨
STD_DRILL ⇨ 이름 ⇨ STD_DRILL7 ⇨ 확인

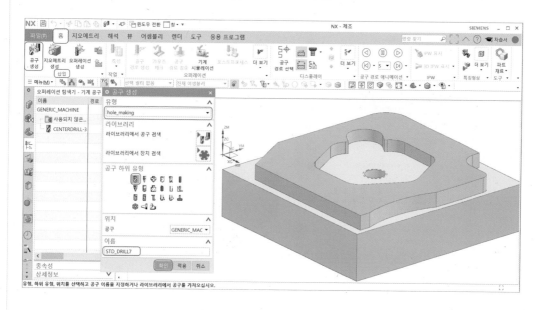

02 ≫ 공구 ⇨ 치수 ⇨ (D) 직경 : 7 ⇨ 번호 ⇨ 공구 번호 : 2 ⇨ 조정 레지스터 : 2 ⇨
확인

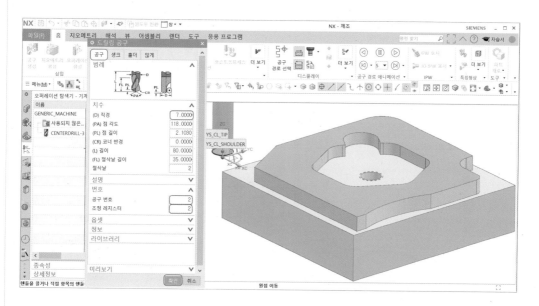

❸ 3번 공구(탭 M8) 생성하기

01 ›› 홈 ⇨ 삽입 ⇨ 공구 생성 ⇨ 유형 ⇨ hole_making ⇨ 공구 하위 유형 ⇨ TAP ⇨ 이름 ⇨ TAP_M8 ⇨ 확인

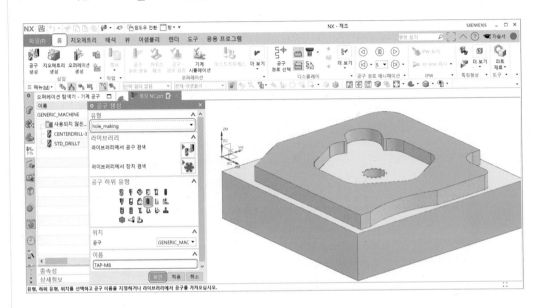

02 ›› 공구 ⇨ 치수 ⇨ (D) 직경 : 8 ⇨ (ND) 목 직경 : 6 ⇨ 절삭날 : 4 ⇨ (P) 피치 : 1.25 ⇨ 번호 ⇨ 공구 번호 : 3 ⇨ 조정 레지스터 : 3 ⇨ 확인

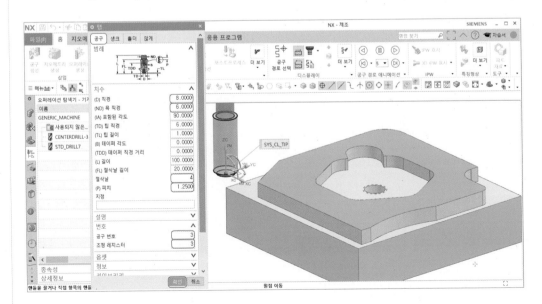

❹ 4번 공구(엔드밀 ∅10) 생성하기

01 ≫ 홈 ⇨ 삽입 ⇨ 공구 생성 ⇨ 유형 ⇨ mill_planar ⇨ 공구 하위 유형 ⇨ MILL ⇨ 이름 ⇨ MILL_10 ⇨ 확인

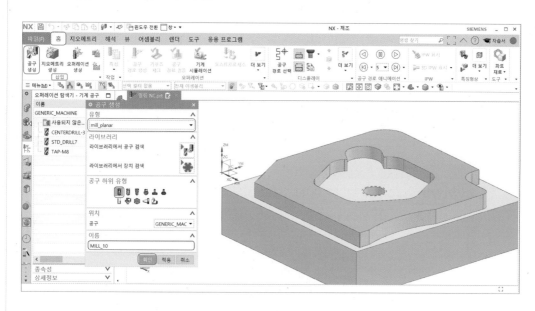

02 ≫ 공구 ⇨ 치수 ⇨ (D) 직경 : 10 ⇨ 번호 ⇨ 공구 번호 : 4 ⇨ 조정 레지스터 : 4 ⇨ 공구 보정 레지스터 : 4 ⇨ 확인

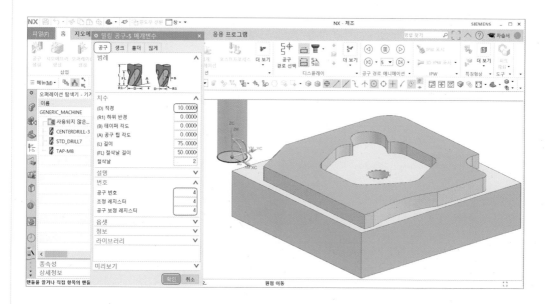

6 ▶▶ 오퍼레이션 생성하기

① 센터 드릴 오퍼레이션 생성하기(G81)

01 ›› 홈 ⇨ 삽입 ⇨ 오퍼레이션 생성 ⇨ 오퍼레이션 하위 유형 ⇨ 스폿 드릴링 ⇨ 위치 ⇨ 프로그램 : PROGRAM ⇨ 공구 : CENTERDRILL-3(중심 드릴) ⇨ 지오메트리 : WORKPIECE ⇨ 방법 : METHOD ⇨ 확인

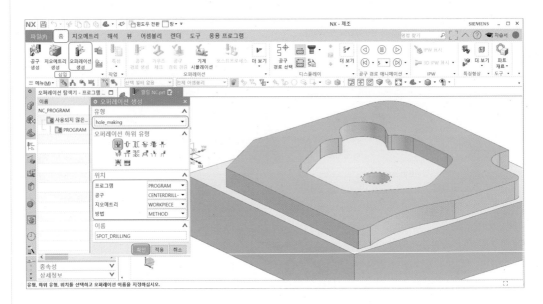

02 ›› 지오메트리 ⇨ 특징형상 지오메트리 지정 : 특징형상 지오메트리 선택 또는 편집

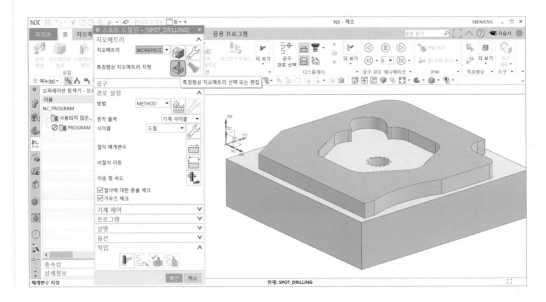

03 >> 공통 매개변수 ⇨ 처리 중인 가공물 : 3D 사용 ⇨ 중심 구멍 ⇨ 개체 선택 ⇨ 사용
자 정의 ⇨ 깊이 : 1 ⇨ 확인

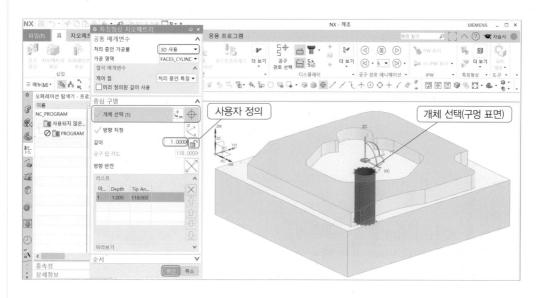

04 >> 절삭 매개변수

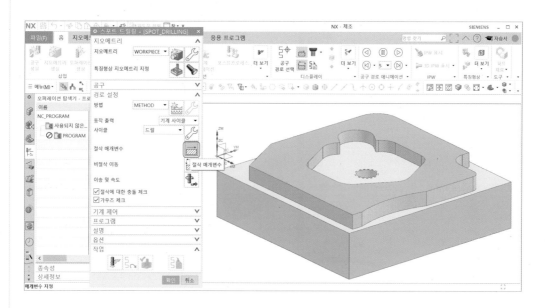

05 》 전략 ⇨ 상단 옵셋 : 3 ⇨ RAPTO 옵셋 : 1 ⇨ 확인

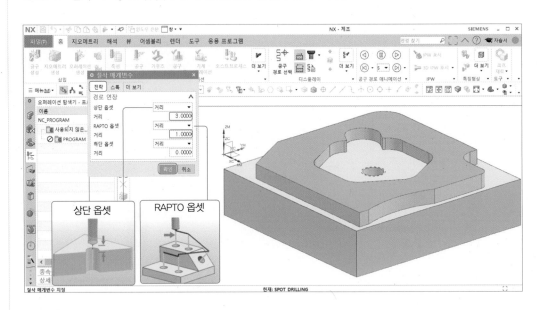

06 》 이송 및 속도

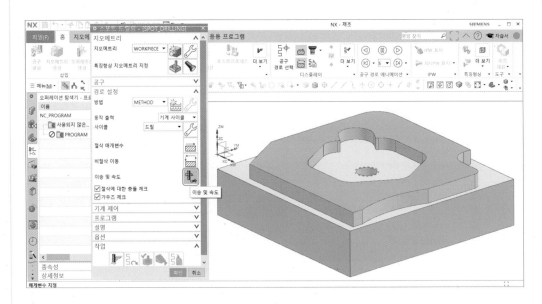

07 » □ 스핀들 속도(rpm) : 2000 ⇨ 이송률 ⇨ 절삭 : 120 ⇨ 확인

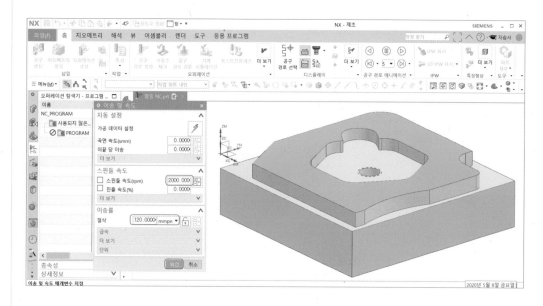

08 » 생성

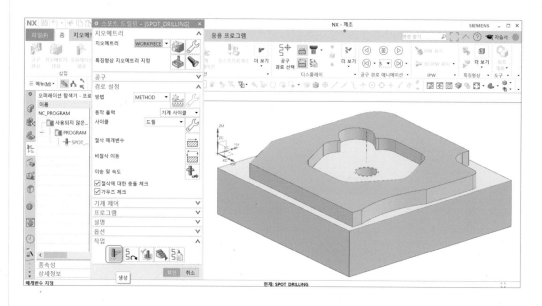

09 >> 확인

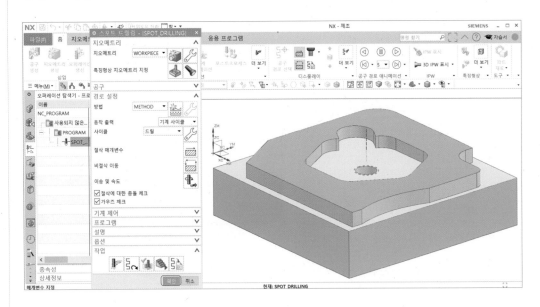

② 드릴 오퍼레이션 생성하기(G81)

01 >> 홈 ⇨ 삽입 ⇨ 오퍼레이션 생성 ⇨ 오퍼레이션 하위 유형 ⇨ 드릴링 ⇨ 위치 ⇨
프로그램 : PROGRAM ⇨ 공구 : STD_DRILL7(드릴링 공구) ⇨ 지오메트리 :
WORKPIECE ⇨ 방법 : METHOD ⇨ 확인

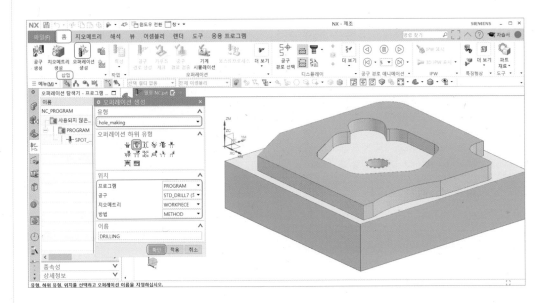

02 >> 지오메트리 ⇨ 특징형상 지오메트리 지정 : 특징형상 지오메트리 선택 또는 편집

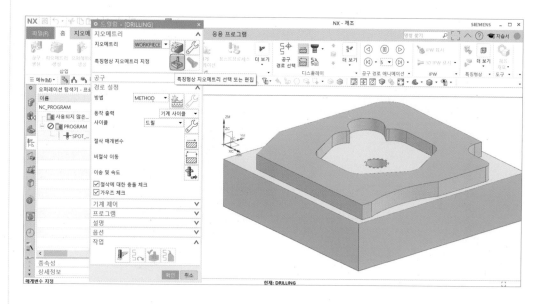

03 >> 공통 매개변수 ⇨ 처리 중인 가공물 : 3D 사용 ⇨ 중심 구멍 ⇨ 개체 선택 ⇨ 사용자 정의 ⇨ 깊이 : 21 ⇨ 시작 직경 : 7 ⇨ 확인

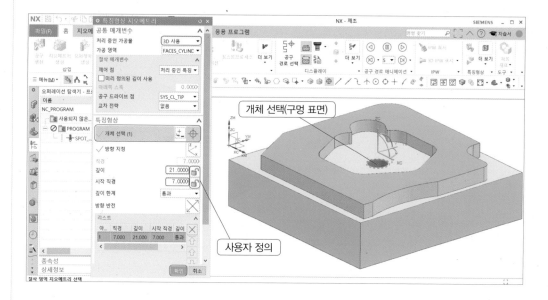

04 ≫ 절삭 매개변수

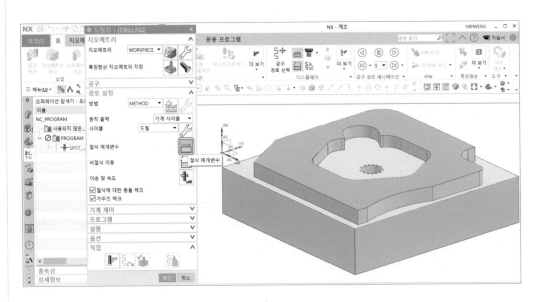

05 ≫ 절삭 매개변수 전략 ⇨ 상단 옵셋 : 3 ⇨ 하단 옵셋 : 2.5 ⇨ 확인

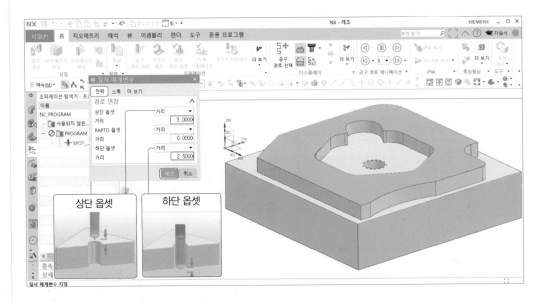

06 >> 이송 및 속도

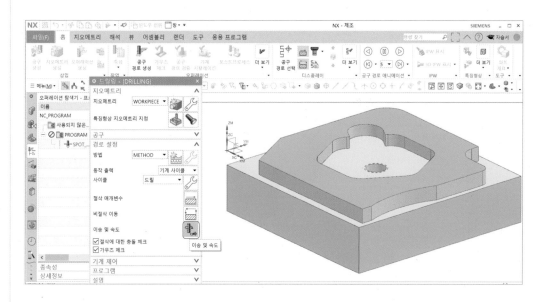

07 >> □ 스핀들 속도(rpm) : 1000 ⇨ 이송률 ⇨ 절삭 : 120 ⇨ 확인

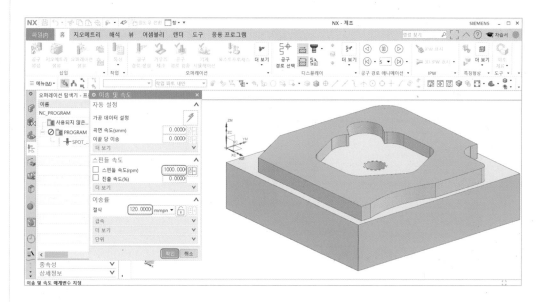

08 >> 생성

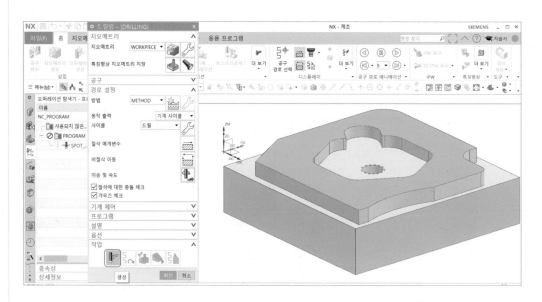

09 >> 확인

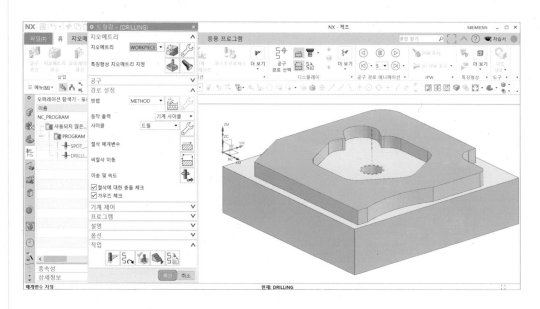

❸ 나사(탭) 오퍼레이션 생성하기(G84)

01 >> 홈 ⇨ 삽입 ⇨ 오퍼레이션 생성 ⇨ 오퍼레이션 하위 유형 ⇨ 드릴링 ⇨ 위치 ⇨ 프로그램 : PROGRAM ⇨ 공구 : TAP_M8(탭) ⇨ 지오메트리 : WORKPIECE ⇨ 방법 : METHOD ⇨ 확인

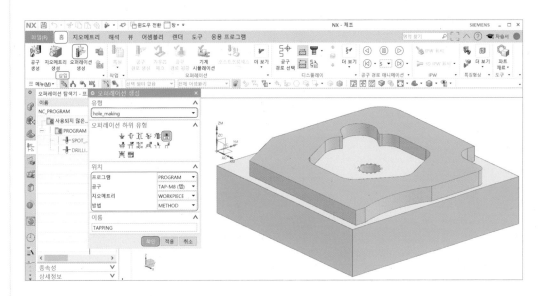

02 >> 지오메트리 ⇨ 특징형상 지오메트리 지정 : 특징형상 지오메트리 선택 또는 편집

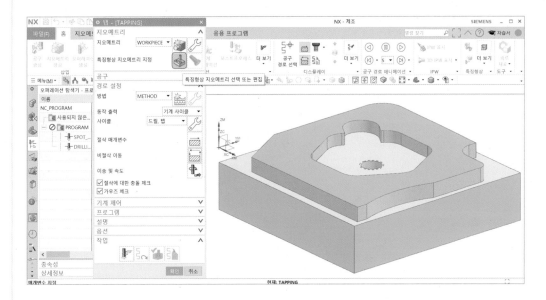

03 ≫ 공통 매개변수 ⇨ 처리 중인 가공물 : 3D 사용 ⇨ 중심 구멍 ⇨ 개체 선택 ⇨ 사용자 정의 ⇨ 탭 드릴 크기 : 7 ⇨ 깊이 : 21 ⇨ 확인

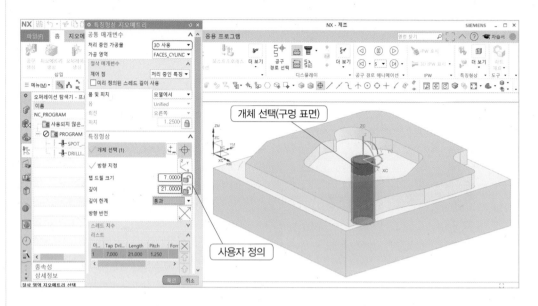

04 ≫ 절삭 매개변수

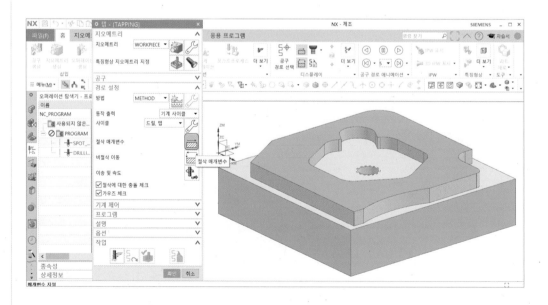

05 >> 절삭 매개변수 ⇨ 전략 ⇨ 상단 옵셋 : 3 ⇨ 하단 옵셋 : 2.5 ⇨ 확인

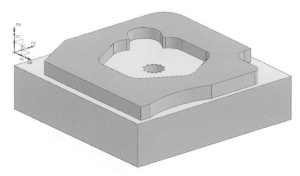

06 >> 이송 및 속도

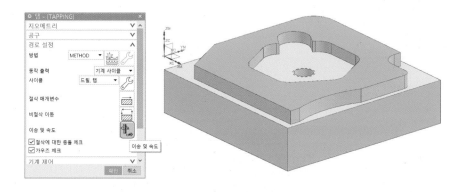

07 >> □ 스핀들 속도(rpm) : 300 ⇨ 이송률 ⇨ 절삭 : 375 ⇨ 확인

💡 절삭 속도 = 300(회전수) × 1.25(피치) = 375mm/min

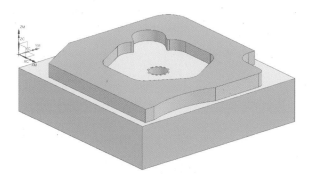

08 » 생성

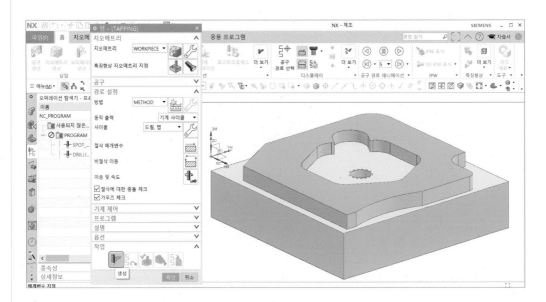

09 » 확인

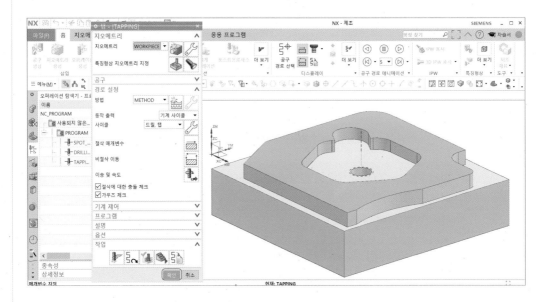

❹ CAVITY_MILL 오퍼레이션 생성하기

01 ≫ 홈 ⇨ 삽입 ⇨ 오퍼레이션 생성 ⇨ mill_contour ⇨ 오퍼레이션 하위 유형 ⇨ CAVITY_MILL ⇨ 위치 ⇨ 프로그램 ⇨ PROGRAM ⇨ 공구 ⇨ MILL_10(밀링 공구-5 매개변수) ⇨ 지오메트리 ⇨ WORKPIECE ⇨ 방법 ⇨ METHOD ⇨ 확인

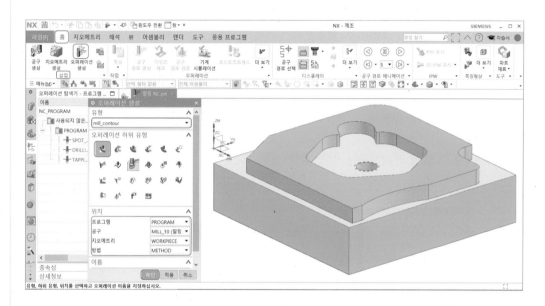

02 ≫ 경로 설정 ⇨ 절삭 패턴 : 외곽 따르기 ⇨ 스텝오버 : 일정 ⇨ 최대 거리 : 3.0 mm ⇨ 절삭 당 공통 깊이 : 일정 ⇨ 최대 거리 : 3.0 mm ⇨ 절삭 수준

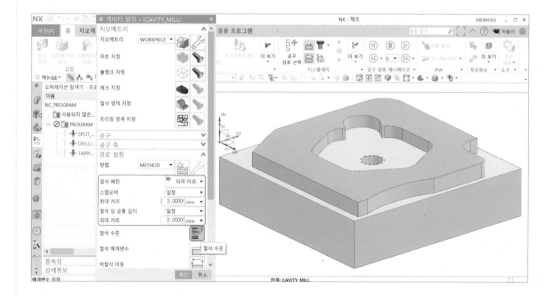

03 ≫ 범위 ⇨ 범위 유형 : 자동 ⇨ 절삭 수준 : 범위 아래만 ⇨ 확인

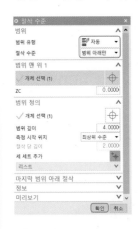
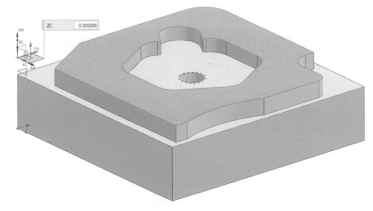

04 ≫ 절삭 매개변수는 절삭 방향(상향 또는 하향 절삭), 절삭 순서, 절삭 패턴 등을 설정한다.

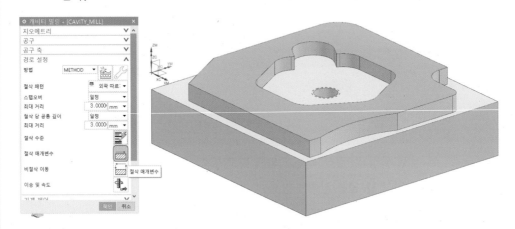

05 ≫ 전략 ⇨ 절삭 ⇨ 절삭 방향 : 하향 절삭 ⇨ 절삭 순서 : 깊이를 우선 ⇨ 패턴 방향 : 안쪽 ⇨ ☑ 아일랜드 클린업(☑ 체크) ⇨ 벽면 클린업 : 자동 ⇨ 확인

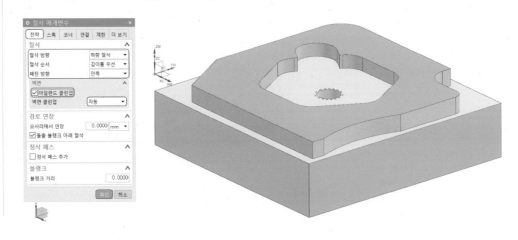

06 >> 비절삭 이동은 공구가 절삭하기 위해 이동하는 진입 방법, 시작점 등을 설정하는
것이다.

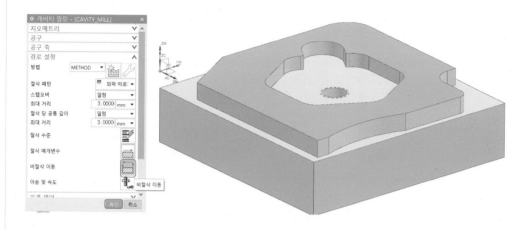

07 >> 진입 ⇨ 닫힌 영역 ⇨ 진입 유형 : 플런지 ⇨ 높이 : 10.0

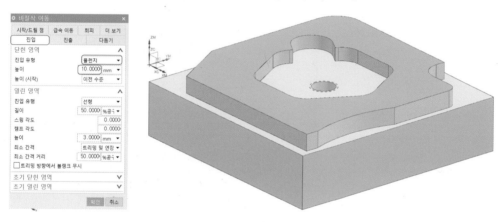

08 >> 시작/드릴 점 ⇨ 영역 시작 점 ⇨ 점 지정 ⇨ 사전 드릴 점 ⇨ 점 지정 ⇨ 확인
영역 시작점은 외곽 가공의 시작점이며, 사전 드릴 점은 포켓 가공의 시작점이다.

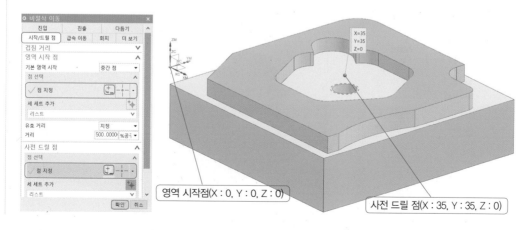

영역 시작점(X : 0, Y : 0, Z : 0)

사전 드릴 점(X : 35, Y : 35, Z : 0)

09 ≫ 이송 및 속도

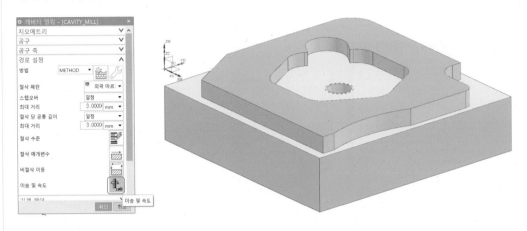

10 ≫ □ 스핀들 속도(rpm) : 1100 ⇨ 이송률 ⇨ 절삭 : 90 ⇨ 확인

주어진 엔드밀은 회전수 1100rpm과 이송속도 90mm/min이다.

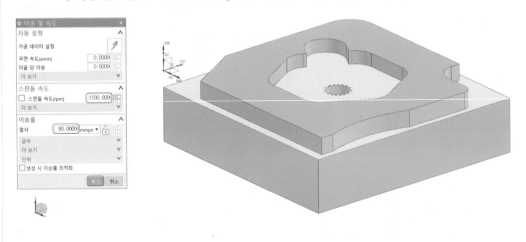

11 ≫ 생성 ⇨ 확인

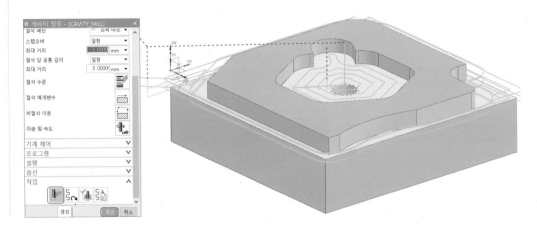

7 ▶▶ 공구 경로 검증하기

01 ›› SPOT_DRILLING, DRILLING, TAPPING, CAVITY_MILL 선택 ⇨ MB3 ⇨ 공구 경로 ⇨ 검증

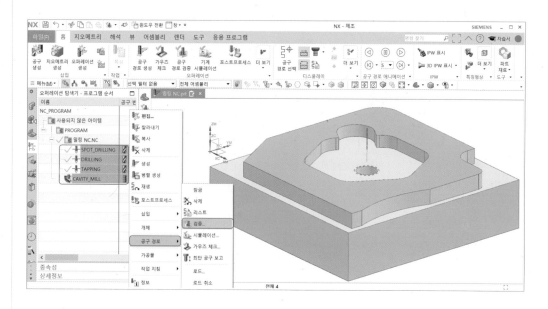

02 ›› 3D 동적 ⇨ 애니메이션 속도 6 ⇨ 재생 ⇨ 확인

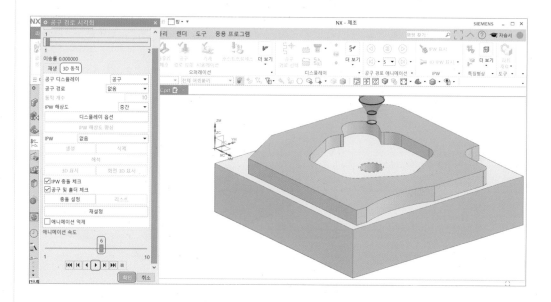

8 ▶▶ NC 데이터 저장하기

01 ≫ SPOT_DRILLING, DRILLING, TAPPING, 선택 ⇨ MB3 ⇨ 포스트프로세스

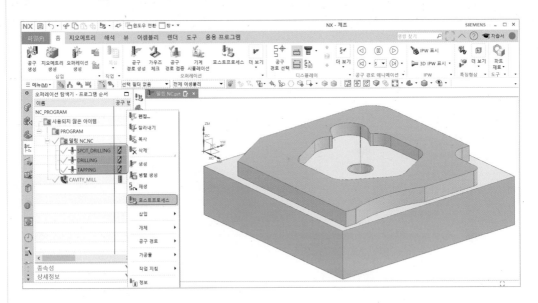

02 ≫ 포스트프로세스 ⇨ MILL_3_AXIS ⇨ 파일 이름 : 밀링기능사 ⇨ 파일 확장자 : NC ⇨ 설정값 ⇨ 단위 : 미터법/파트 ⇨ 확인

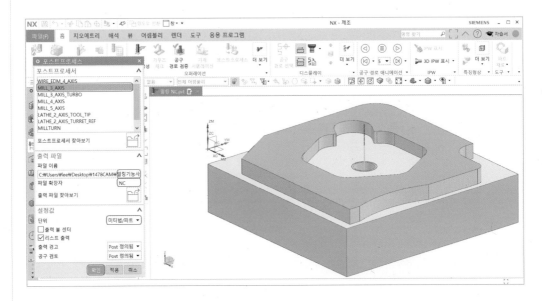

03 » 확인

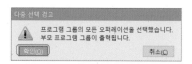

⇨ 확인

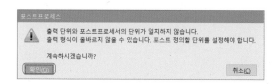

⇨ 확인

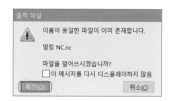

04 » NC 데이터

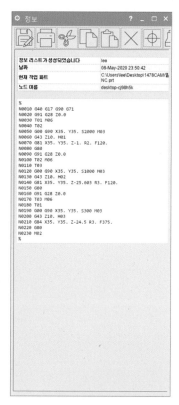

SPOT_DRILLING, DRILLING, TAPPING

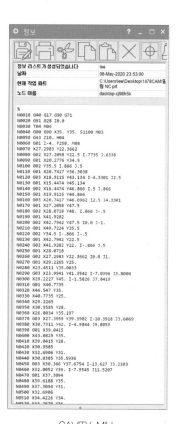

CAVITY_MILL

유니그래픽스 3D CAD 실습
NX 모델링&가공

2021년 1월 10일 인쇄
2021년 1월 15일 발행

저자 : 이광수 · 공성일
펴낸이 : 이정일

펴낸곳 : 도서출판 **일진사**
www.iljinsa.com
(우)04317 서울시 용산구 효창원로 64길 6
대표전화 : 704-1616, 팩스 : 715-3536
등록번호 : 제1979-000009호(1979.4.2)

값 30,000원

ISBN : 978-89-429-1642-9